# 工程造价控制
## (第2版)

王丽红　马桂茹　主　编
牛　萍　副主编

清华大学出版社
北京

## 内 容 简 介

建设工程造价是项目决策的重要依据，而工程造价的控制则保证了工程资金的合理利用和投资效益的最大化，它贯穿于建设项目的全过程，历来为投资方和施工方所重视。本书共分8章，首先概述了工程造价的概念、特点和职能，接着介绍了工程造价的构成、计价依据与方法，详细讲解了从项目决策到竣工各个阶段工程造价控制的具体方法。全书内容系统全面，实用性强，对培养学生的实际技能具有切实的指导意义。

本书既可以作为高职高专院校工程造价与工程管理类专业的教材，同时也可供从事工程造价、施工及经济核算的人员学习参考。

本书封面贴有清华大学出版社防伪标签，无标签者不得销售。
版权所有，侵权必究。举报：010-62782989，beiqinquan@tup.tsinghua.edu.cn。

图书在版编目(CIP)数据

工程造价控制/王丽红，马桂茹主编. —2版. —北京：清华大学出版社，2020.10
ISBN 978-7-302-56447-8

Ⅰ. ①工… Ⅱ. ①王… ②马… Ⅲ. ①工程造价控制—高等职业教育—教材 Ⅳ. ①TU723.31

中国版本图书馆CIP数据核字(2020)第178521号

责任编辑：石 伟 桑任松
装帧设计：刘孝琼
责任校对：李玉茹
责任印制：宋 林

出版发行：清华大学出版社
网　　址：http://www.tup.com.cn, http://www.wqbook.com
地　　址：北京清华大学学研大厦A座　　邮　编：100084
社 总 机：010-62770175　　邮　购：010-62786544
投稿与读者服务：010-62776969, c-service@tup.tsinghua.edu.cn
质量反馈：010-62772015, zhiliang@tup.tsinghua.edu.cn
课件下载：http://www.tup.com.cn, 010-62791865

印 装 者：大厂回族自治县彩虹印刷有限公司
经　　销：全国新华书店
开　　本：185mm×260mm　　印　张：16.75　　字　数：407千字
版　　次：2009年7月第1版　2020年11月第2版　　印　次：2020年11月第1次印刷
定　　价：49.00元

产品编号：087550-01

# 前　言

随着建筑科技的发展，新技术、新工艺、新材料层出不穷，为进一步适应建设市场计量、计价的需要，新颁布了《建设工程工程量清单计价规范》(GB 50500—2013)及2019年全国造价工程师执业资格考试培训教材，这就要求承担一线高技能应用型人才培养的高职院校在专业教学中紧跟建筑技术应用及新规范的要求，编制与学生从业岗位要求配套的适用教材，突出岗位应用技能的传授，做到理论与技能的全方位结合，促进学生综合应用能力的提高，培养受建筑业欢迎的应用型人才。"工程造价控制"是高职高专工程造价与工程管理类专业的专业课，它必须适应新的规范及市场的变化，突出学用结合。本书编者对第1版进行了修订，修订的主要内容如下。

(1) 增加了实训类的案例，有助于学生应用能力的提高。

(2) 根据新规范的要求，增加了造价从业人员的资质、工程量清单控制价的编制、工程造价新的构成、工程变更及索赔的相应计价办法等内容，以适应新规范的变化。

(3) 对书中的部分习题进行了调整，增加了图形和表格。

(4) 对第1版中存在的一些文字表达及不妥之处进行了更正。

本次修订工作主要由呼和浩特职业学院的王丽红、马桂茹以及内蒙古建筑职业技术学院的牛萍共同完成。其中，王丽红编写了第2章至第5章，马桂茹编写了第6章及第7章，牛萍编写了第1章及第8章。由于编者的理论和工程实践水平有限，在修订中难免有疏漏和不足，恳请读者继续提出建议、批评意见，使得本教材更加实用、完善。

编　者

# 目 录

## 第 1 章　工程造价的基本内容及管理 ... 1
### 1.1　工程造价的基本概念 ... 1
#### 1.1.1　工程造价的含义及作用 ... 1
#### 1.1.2　工程造价的计价特征 ... 2
### 1.2　工程造价管理的组织和内容 ... 4
#### 1.2.1　工程造价管理的基本内涵 ... 4
#### 1.2.2　建设工程造价全面管理 ... 6
### 1.3　我国工程造价工程师管理制度 ... 7
#### 1.3.1　造价工程师 ... 7
#### 1.3.2　造价工程师执业资格考试、注册和执业 ... 8
### 1.4　国内外工程造价管理的发展 ... 10
#### 1.4.1　发达国家和地区的工程造价管理 ... 10
#### 1.4.2　我国工程造价管理的发展 ... 12
### 本章小结 ... 13
### 复习思考题 ... 13

## 第 2 章　建设工程造价的构成 ... 14
### 2.1　概述 ... 14
#### 2.1.1　我国现行建设项目投资的构成和工程造价的构成 ... 14
#### 2.1.2　世界银行工程造价的构成 ... 15
### 2.2　设备及工具、器具购置费的构成 ... 17
#### 2.2.1　设备购置费的构成及计算 ... 17
#### 2.2.2　工具、器具购置费的构成及计算 ... 21
### 2.3　建筑安装工程费用的构成 ... 21
#### 2.3.1　建筑安装工程费用的内容及构成概述 ... 21
#### 2.3.2　我国现行建筑安装工程费用的构成 ... 22
#### 2.3.3　国外建筑安装费用的构成 ... 29
### 2.4　工程建设其他费用的构成 ... 31
#### 2.4.1　建设单位管理费 ... 32
#### 2.4.2　用地与工程准备费 ... 32
#### 2.4.3　与项目建设有关的其他费用 ... 36
#### 2.4.4　与未来企业生产经营有关的其他费用 ... 38
### 2.5　预备费、建设期贷款利息 ... 39
#### 2.5.1　预备费 ... 39
#### 2.5.2　建设期贷款利息 ... 40
### 本章小结 ... 41
### 复习思考题 ... 41

## 第 3 章　工程造价的计价依据与方法 ... 43
### 3.1　工程计价方法 ... 43
#### 3.1.1　工程计价的含义 ... 43
#### 3.1.2　工程计价的依据 ... 45
#### 3.1.3　工程计价的基本程序 ... 46
#### 3.1.4　工程定额的分类 ... 47
### 3.2　工程量清单计价方法 ... 50
#### 3.2.1　工程量清单计价规范概述 ... 50
#### 3.2.2　工程量清单计价的过程及程序 ... 58
#### 3.2.3　工程量清单与计价表格 ... 58
#### 3.2.4　工程量清单计价的特点及意义 ... 67
### 3.3　建筑安装工程人工、材料、机械台班消耗量的确定方法 ... 68
#### 3.3.1　施工过程分解及过程研究 ... 68
#### 3.3.2　确定人工、材料、施工机具台班定额消耗量的方法 ... 73
### 3.4　建筑安装工程人工、材料、机械台班单价的确定方法 ... 76
#### 3.4.1　人工单价的组成和确定方法 ... 76
#### 3.4.2　材料价格的组成和确定方法 ... 77
#### 3.4.3　机械台班单价的组成和确定方法 ... 78

3.5 工程定额的编制 ..................... 80
 3.5.1 预算定额 ........................ 80
 3.5.2 概算定额和概算指标 ......... 82
 3.5.3 投资估算指标 .................. 88
3.6 工程计价信息及其应用 ............ 89
 3.6.1 工程计价信息及其主要内容 ... 89
 3.6.2 工程计价信息的动态管理 ..... 91
本章小结 ......................................... 93
复习思考题 ...................................... 93

## 第4章 建设项目决策阶段工程造价的控制 ................................. 95

4.1 概述 ....................................... 95
 4.1.1 建设项目决策的含义 ........... 95
 4.1.2 建设项目决策与工程造价的关系 ............................... 95
 4.1.3 项目决策阶段影响工程造价的主要因素 ........................ 96
4.2 可行性研究 ........................... 101
 4.2.1 可行性研究的概念及作用 ... 101
 4.2.2 可行性研究的内容与编制 ... 104
 4.2.3 可行性研究报告的编制依据及要求 ............................ 106
 4.2.4 可行性报告的审批 ............ 107
4.3 建设项目投资估算 ................. 107
 4.3.1 投资估算的依据及作用 ...... 107
 4.3.2 投资估算的内容 ................ 108
 4.3.3 投资估算的阶段划分 ......... 109
 4.3.4 投资估算的要求及步骤 ...... 110
 4.3.5 投资估算的方法 ................ 111
4.4 案例解析 .............................. 117
本章小结 ....................................... 118
复习思考题 .................................... 119

## 第5章 建设项目设计阶段工程造价的控制 ................................. 120

5.1 概述 ..................................... 120
 5.1.1 工程设计的含义、设计阶段及设计程序 ........................ 120
 5.1.2 工程设计的基本原则 ......... 121
5.2 设计方案 .............................. 122
 5.2.1 设计方案的优选原则 ......... 122
 5.2.2 设计方案影响工程造价的因素 ............................... 122
 5.2.3 设计阶段工程造价控制的重要意义 ........................ 126
 5.2.4 设计方案的评价方法 ......... 126
5.3 工程设计方案的优化途径 ....... 130
 5.3.1 通过优化设计进行造价控制 ............................... 130
 5.3.2 工程设计方案的优化途径 ... 131
5.4 设计概算 .............................. 137
 5.4.1 设计概算的基本概念与作用 ............................... 137
 5.4.2 设计概算的编制原则、依据及内容 ............................ 138
 5.4.3 设计概算的编制方法 ......... 139
 5.4.4 设计概算的审查 ................ 144
5.5 施工图预算的编制与审查 ....... 146
 5.5.1 施工图预算的基本概念 ...... 146
 5.5.2 施工图预算的编制依据概述 ............................... 148
 5.5.3 工程施工图预算的编制方法 ............................... 149
 5.5.4 施工图预算的审查 ............ 154
5.6 案例分析 .............................. 155
本章小结 ....................................... 159
复习思考题 .................................... 159

## 第6章 建设项目招投标阶段工程造价的控制 ................................. 160

6.1 建设项目招投标方式和招标文件的编制 ............................... 160
 6.1.1 招标文件的组成内容及其编制要求 ............................ 160
 6.1.2 建设项目招标方式和策划 ... 163
6.2 建设项目招标工程量清单与招标控制价的编制 ........................ 166

6.2.1 招标工程量清单的编制..........166
　　6.2.2 招标控制价的编制..............171
6.3 投标文件及投标报价的编制............175
　　6.3.1 建设项目投标与投标文件的
　　　　　编制(投标报价部分).............175
　　6.3.2 投标报价的编制方法
　　　　　和内容.........................178
　　6.3.3 投标报价的策略................184
6.4 中标价及合同价款的确定..............187
　　6.4.1 中标人的确定..................187
　　6.4.2 合同价款的确定................189
　　6.4.3 施工合同的类型及选择..........190
6.5 招投标案例分析......................192
本章小结................................206
复习思考题..............................206

## 第7章 建设项目施工阶段工程造价计价与管理.........................207

7.1 合同价款的调整......................207
　　7.1.1 工程变更引起的合同价款
　　　　　调整...........................207
　　7.1.2 物价波动引起的工程价款
　　　　　调整...........................209
　　7.1.3 工程索赔引起的工程价款
　　　　　调整...........................213
　　7.1.4 法规变化类合同价款调整
　　　　　事项...........................225
7.2 建设工程价款的结算..................226
　　7.2.1 我国工程价款的结算方法........226
　　7.2.2 工程预付款及计算..............227

　　7.2.3 工程进度款的支付..............229
　　7.2.4 工程竣工结算..................230
　　7.2.5 工程价款价差调整的主要方法
　　　　　及应用.........................231
7.3 资金使用计划的编制..................237
　　7.3.1 施工阶段资金使用计划的编制
　　　　　方法...........................237
　　7.3.2 施工阶段的投资偏差分析........239
本章小结................................241
复习思考题..............................241

## 第8章 竣工决算的编制和保修费用的处理.............................242

8.1 竣工决算............................242
　　8.1.1 竣工决算的概念及作用..........242
　　8.1.2 竣工决算的内容................242
　　8.1.3 竣工决算与结算的区别..........247
　　8.1.4 竣工决算的编制................248
8.2 新增资产价值的确定..................251
　　8.2.1 新增资产价值的分类............251
　　8.2.2 新增资产价值的确定方法........251
8.3 保修费用的处理......................255
　　8.3.1 概述..........................255
　　8.3.2 建设项目保修的期限............256
　　8.3.3 工程保修费用的处理............256
本章小结................................258
习题....................................258
复习思考题..............................259

**参考文献**..............................260

# 第1章 工程造价的基本内容及管理

**本章学习要求和目标：**
- 熟悉工程造价的概念及基本特点。
- 熟悉工程造价的作用和计价特征。
- 了解造价管理的概念和特征。
- 了解国内外造价管理的异同。

## 1.1 工程造价的基本概念

### 1.1.1 工程造价的含义及作用

**1. 工程造价的含义**

第一种含义：工程造价是指建设一项工程预期开支或实际开支的全部固定资产投资费用。请注意，这里的工程造价强调的是"费用"的概念。这一含义是从投资者(业主、甲方、建设单位)的角度来定义的。业主选择一个投资项目是为了获得预期的效益，将通过评估、决策、设计、招标、施工、竣工验收等一系列活动来实现这一目的。在投资活动中所支付的全部费用形成了固定资产，这些开支就形成了工程造价。因此，工程造价也就等于建设项目固定资产投资。

第二种含义：从市场交易角度分析，工程造价指工程价格，即为建成一项工程预计或实际在各类有关市场(土地市场、设备市场、技术市场、承发包市场)等交易活动中形成的建筑安装工程价格和建设工程总费用。显然，工程造价这一含义是指以建设工程这种特定的商品形式作为交易对象，最终由市场形成的价格。这里的工程可以是整个建设工程项目，也可以是其中一个或几个单项工程或单位工程，还可以是其中一个或几个分部工程，如建筑安装工程、装饰装修工程等。

通常情况下，工程造价的第二种含义只认定为工程承发包价格，这是业主和承包商共同认可的价格。

工程造价的两种含义实际上是从不同角度把握同一事物的本质。对业主来说，选择工程项目进行投资关心的是花多少钱，也就是"购买"项目要付出的价格，这时价格的内涵有许多，如土地费用、前期费用、咨询费用等。对承包商来说，工程造价是他们出售给业主的商品和劳务的价格总和，是特指范围内的工程造价，如建筑安装工程造价、工程总承包费用等。

区别工程造价两种含义的理论意义在于：为投资者和以承包商为代表的供应商在工程建设领域的市场行为提供理论依据。当政府提出降低工程造价时，是站在投资者角度充当着市场需求主体的角色；当承包商提出要提高工程造价、提高利润率，并获得更多的实际利润时，是要实现一个市场供给主体的管理目标。这是市场运行机制的必然。不同的利益主体绝不能混为一谈。同时，两种含义也是对单一计划经济理论的一个否定和反思。区别两种含义的现实意义在于：为实现不同的管理目标，不断充实工程造价的管理内容，完善管理方法，更好地为实现各自的目标服务，从而有利于推动经济的全面增长。

### 2. 工程造价的作用

1) 工程造价是项目决策的工具

建设工程投资大、生产和使用周期长等特点决定了项目决策的重要性。工程造价决定着项目的一次投资费用。投资者是否有足够的财务能力支付这笔费用、是否认为值得支付这项费用，是项目决策中要考虑的主要问题。

2) 工程造价是制订投资计划和控制投资的有效手段

投资计划是按照建设工期、工程进度和建设工程价格等逐年分月加以制订的。正确的投资计划有助于合理和有效地使用资金。

3) 工程造价是评价投资效果的重要指标

建设工程造价是一个包含着多层次工程造价的体系，就一个工程项目来说，它既是建设项目的总造价，又包含单项工程的造价和单位工程的造价，同时也包含单位生产能力的造价，或每平方米建筑面积的造价等。所有这些，使工程造价自身形成了一个指标体系。因此，它能够为评价投资效果提供多种评价指标，并能够形成新的价格信息，为今后类似项目的投资提供参照。

4) 工程造价是筹集建设资金的依据

投资体制的改革和市场经济的建立，要求项目的投资者必须有很强的筹资能力，以保证工程建设有充足的资金供应。

5) 工程造价是调节产业结构和合理分配利益的手段

工程造价的高低，影响国民经济各部门和企业间的利益分配。在计划经济体制下，政府为了用有限的财政资金建成更多的工程项目，总是趋向压低建设工程造价，使建设中的劳动消耗得不到完全补偿，价值不能得到完全实现。而未被实现的部分价值则被重新分配到各个投资部门，为项目投资者所占有。这种利益的再分配有利于各产业部门按照政府的投资导向加速发展，也有利于按宏观经济的要求调整产业结构。

## 1.1.2 工程造价的计价特征

### 1. 计价的单件性

产品的单件性决定了每项工程都必须单独计算造价。

**2. 计价的多次性**

项目建设周期长、规模大、造价高，因此要按建设程序分阶段进行。相应地，也要在不同阶段进行多次计价，以保证工程计价的准确性和控制的有效性。多次性计价是个逐步深化、细化和接近实际造价的过程。图1-1所示为大型建设项目的计价过程。

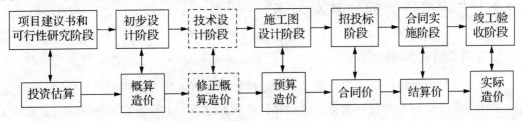

图1-1 大型建设项目的计价过程

**3. 计价的组合性**

一个建设项目是一个工程综合体，这个综合体可以分解为许多有内在联系的独立和不独立的工程。从计价和工程管理的角度，分部分项工程还可以分解。由此可以看出，建设项目的这种组合决定了计价过程是一个逐步组合的过程。这一特征在计算概算造价和预算造价时尤为明显，同时也反映到合同价和结算价中。其计价顺序是：分部分项工程单价→单位工程造价→单项工程造价→建设项目总造价。

**4. 计价方法的多样性**

工程的多次计价各有不同的计价依据，每次计价的精确度要求也各不相同，由此决定了计价方法的多样性。例如，投资估算的方法有设备系数法、生产能力指数估算法等；编制概算、预算造价的方法有单价法和实物法等。

**5. 计价依据的复杂性**

影响造价的因素很多，使得计价依据显现出复杂性。计价依据主要可分为以下七类。

(1) 设备和工程量计算依据，包括项目建议书、可行性研究报告、设计文件等。

(2) 人工、材料、机械等实物消耗量计算依据，包括投资估算指标、概算定额、预算定额等。

(3) 工程单价计算依据，包括人工单价、材料价格、材料运杂费、机械台班费等。

(4) 设备单价计算依据，包括设备原价、设备运杂费、进口设备关税等。

(5) 措施费、间接费和工程建设其他费用计算依据，主要是相关的费用定额和指标。

(6) 政府规定的税、费。

(7) 物价指数和工程造价指数。

工程计价依据的复杂性不仅使计算过程非常复杂，而且需要计价人员熟悉各类依据，并加以正确应用。

## 1.2 工程造价管理的组织和内容

### 1.2.1 工程造价管理的基本内涵

**1. 工程造价管理的概念**

工程造价管理是指综合运用管理学、经济学和工程技术等方面的知识与技能，对工程造价进行预测、计划、控制、核算、分析和评价等的过程。工程造价管理既涵盖宏观的工程建设投资管理，也涵盖微观层次的工程项目费用管理。

(1) 工程造价的宏观管理。

工程造价的宏观管理是指政府部门根据社会经济发展需求，利用法律、经济和行政等手段规范市场主体的价格行为、监控工程造价的系统活动。

(2) 工程造价的微观管理。

工程造价的微观管理是指工程参建主体根据工程计价依据和市场价格信息等预测、计划、控制、核算工程造价的系统活动。

**2. 工程造价管理的基本内容**

工程造价管理的基本内容是合理确定和有效控制工程造价。

1) 工程造价的合理确定

工程造价的合理确定就是在建设程序的各个阶段，合理确定投资估算、概算造价、预算造价、承包合同价、竣工结算价、竣工决算价。

(1) 在编制项目建议书、进行可行性研究阶段，一般可按规定的投资估算指标、类似工程的造价资料、现行的设备材料价格并结合工程的实际情况，编制投资估算。投资估算是判断项目可行性、进行项目决策的主要依据之一。经有关部门批准后，投资估算即可作为拟建项目列入计划和开展前期工作控制造价的依据。

(2) 在初步设计阶段，设计单位要根据初步设计的总体布置、建设项目、各单项工程的主要结构形式和设备清单，采用有关概算定额或概算指标等，编制初步设计概算。经有关部门批准后的初步设计概算，即可作为确定建设项目造价、编制固定资产投资计划、签订建设项目承包合同和贷款合同，以及实行建设项目投资包干的依据，从而使拟建项目的工程造价确定在最高限额范围内。

(3) 在施工图设计阶段，根据设计的施工图以及各种计价依据和有关规定，编制施工图预算，用于核实施工图设计阶段预算造价是否超过批准的初步设计概算。

(4) 在招投标阶段，对以施工图预算为基础的招投标工程，合理确定的施工图预算可作为签订建筑安装工程承包合同价的依据；对以工程量清单为基础的招投标工程，经评审的投标报价，可作为签订建筑安装工程承包合同价的依据和办理建筑安装工程价款结算的依据。

(5) 在工程实施阶段，要按照承包方实际完成的工程量，以合同价为基础，同时考虑影响工程造价的设备、材料价差、设计变更等因素，按合同规定的调整范围和调价方法对合同价进行必要的修正，合理确定结算价。

(6) 在竣工验收阶段，根据工程建设过程中实际发生的全部费用，编制竣工决算，客观、合理地确定该工程建设项目的实际造价。

2) 工程造价管理的基本原则

工程造价管理的基本原则，就是在优化建设方案、设计方案和施工方案的基础上，在建设程序的各个阶段，采用一定的科学、有效的方法和措施，把建设工程造价所发生的费用控制在合理范围和核定的造价限额以内，随时纠正其发生的偏差，以保证工程造价管理目标的实现。具体地说，要用投资估算价选择设计方案和控制初步设计概算造价，用初步设计概算造价控制技术设计和修正概算造价，用概算造价或修正概算造价控制施工图设计和施工图预算造价。力求合理使用人力、物力和财力，取得较好的投资效益。

工程造价管理应遵循以下几个原则。

(1) 工程建设全过程造价控制应以设计阶段为重点。建设工程全寿命费用包括工程造价和工程交付使用后的经常开支费用(含经营费用、日常维护修理费用、使用期内大修理和局部更新费用)以及该项目使用期满后的报废拆除费用等。工程造价控制贯穿于项目建设全过程，但各阶段工作对建筑工程投资的影响是不同的，必须重点控制影响显著的阶段。目前我国设计费用一般为工程造价的1.2%左右，但对工程造价的影响程度却占30%～75%。显然，工程造价控制的关键在于施工前的投资决策和设计阶段，而在项目作出投资决策后，其关键就在于设计，设计质量对整个工程建设的效益是至关重要的。但长期以来，我国普遍把控制工程造价的主要精力放在施工阶段，审核施工图预算，结算建筑安装工程价款，算细账，事倍功半。当前，要有效控制工程造价就必须把控制重点转到建设前期阶段，即设计阶段上来，才可取得事半功倍的效果。

(2) 主动控制与被动控制相结合，提高工程造价控制效果。以往人们一直把控制理解为目标值与实际值的比较，以及当实际值偏离目标值时，分析其产生偏差的原因，并确定下一步的对策。这种立足于调查—分析—决策基础之上的偏离—纠偏—再偏离—再纠偏的控制方法，只能发现偏离，不能使已产生的偏离消失，不能预防可能发生的偏离，这种控制虽有意义但属于被动控制，其管理效能有限。当系统论和控制论研究成果应用于工程项目管理之后，对工程造价的控制即从被动转为主动，做到事先主动地采取决策措施进行"控制"，以避免目标值与实际值偏差，这种主动的、积极的控制方法称为主动控制，较单纯的被动控制前进了一大步。

(3) 加强技术与经济相结合，控制工程造价。要有效地控制工程造价，应从组织、技术、经济、合同和信息管理等多方面采取措施。组织措施包括明确项目组织结构，明确造价控制者及其任务，明确管理职能分工；技术措施包括重视设计多方案优选，严格审查监督初步设计、技术设计、施工图设计、施工组织设计，深入技术领域研究节约投资的可能；经济措施包括动态地比较工程造价的计划值和实际值，严格审核各项费用支出，采取奖励节约投资的措施等。

## 1.2.2 建设工程造价全面管理

**1. 全面工程造价的概念**

全面工程造价是 20 世纪 90 年代由美国的造价工程师协会提出的一个新概念，是利用专业的方法和专业的技术去控制造价成本、利用资源以及进行风险管理，并使其贯穿于整个工程项目始终。将通常意义上的工程原有的施工前期准备阶段、工程施工进行阶段和施工完成阶段转化为工程决策阶段、工程设计阶段、工程施工阶段以及工程竣工决算阶段这 4 个阶段，使每个阶段的功能更加明确。

**2. 全面工程造价的内容**

1) 全过程造价管理

建设项目的全过程通常可以分为立项阶段、设计阶段、承发包阶段、实施阶段、竣工阶段，而每个阶段又是由一系列的具体活动构成的。从这个角度讲，建设项目全过程的造价是由各个不同阶段的造价构成的，而各个不同阶段的造价又是由这一阶段中的各项具体活动的造价构成的，形成这些造价的根本原因是由于开展各项具体活动所带来的资源消耗。因此，建设项目全过程的造价管理必须首先从对每项具体活动的造价管理入手，通过对各项具体活动造价的科学管理，实现对建设项目各个阶段造价的管理；然后通过对各个阶段的造价管理，实现对整个建设项目全过程的造价管理。

2) 建设项目全要素造价管理

建设项目的造价不仅要从全过程造价管理入手考虑对于工程造价的全面管理，而且还需要从如何管理好影响工程造价的全部因素入手。在建设项目的全过程中，影响造价的因素还有工期成本、质量成本、安全与环境成本。造价全要素管理的核心是按照优先性原则，协调和平衡工期、质量、安全、环保与成本之间的对立统一关系。

3) 建设项目全寿命期造价管理

建设项目全寿命期造价是指建设工程初始建造成本和建成后的日常使用成本之和，包括策划决策、建设实施、运行维护及拆除回收等各阶段费用。由于在建设工程全寿命期的不同阶段，工程造价存在诸多不确定性，因此，全寿命期造价管理主要是作为一种实现建设工程全寿命期造价最小化的指导思想，指导建设工程投资决策及实施方案的选择。

4) 全方位工程造价管理

建设工程造价管理不仅是建设单位或承包单位的任务，而且是政府建设主管部门、行业协会、建设单位、设计单位、施工单位以及有关咨询机构共同的任务。这种管理方法需要各个利益集团的人员进行及时的信息交流，加强各个阶段的协作配合，才能最终有效实现控制工程造价的目标。

## 1.3 我国工程造价工程师管理制度

### 1.3.1 造价工程师

造价工程师是指经过全国造价工程师执业资格考试合格，并注册取得"造价工程师注册证"，从事建设工程造价活动的人员。

凡从事工程建设活动的建设、设计、施工、工程造价咨询、工程造价管理等单位和部门，必须在计价、评估、审查(核)、控制及管理等岗位配备具有造价工程师执业资格的专业技术人员。

**1. 执业范围(确定、控制、鉴定、其他)**

(1) 建设项目投资估算的编制、审核及经济评价。
(2) 工程概算、预算、决算、标底、投标报价的编制审核。
(3) 工程变更及合同价款的调整和索赔。
(4) 各阶段工程造价控制。
(5) 工程经济纠纷的鉴定。
(6) 工程造价计价依据的编制审核。
(7) 其他事项。

**2. 权利(执业、开业、举报)**

(1) 称谓权，使用造价工程师名称。
(2) 执业权，依法独立执行业务。
(3) 签章权，签署造价文件并加盖执业专用章。
(4) 立业权，申请开办工程造价咨询单位。
(5) 举报权，对违反国家有关法律法规的不正当计价行为，有权报告。

**3. 义务(守法、受教、守密、守名、提供资料)**

(1) 遵守法律法规，恪守职业道德。
(2) 接受继续教育，提高业务技术水平。
(3) 严格保守执业中得知的技术和经济秘密。
(4) 不得允许他人以本人名义执业。
(5) 按照有关规定提供工程造价资料。

**4. 不予注册(失能、有过、作假)**

(1) 丧失民事行为能力。
(2) 刑事处罚完毕之日起至申请之日不满5年。

(3) 受过行政处罚或者撤职以上处分，至申请之日起不满两年。
(4) 在申请注册过程中有作假行为。

**5. 不予续期注册(无绩、不学、作假、有过)**

(1) 无业绩证明和工作总结。
(2) 同时在两个单位执业。
(3) 未按规定参加造价工程师继续教育或未达标准。
(4) 允许他人以本人名义执业。
(5) 弄虚作假。
(6) 有过失，造成重大损失。

### 1.3.2 造价工程师执业资格考试、注册和执业

1996 年 8 月，国家人事部、建设部联合发布了《造价工程师执业资格制度暂行规定》，明确国家在工程造价领域实施造价工程师执业资格制度。1997 年 3 月建设部和人事部联合发布了《造价工程师执业资格认定办法》。为了加强对造价工程师的注册管理，规范造价工程师的执业行为，2000 年 3 月建设部颁布了《造价工程师注册管理办法》(第 75 号部长令)，2002 年 7 月建设部制定了《〈造价工程师注册管理办法〉的实施意见》，2002 年 6 月中国工程造价管理协会制定了《造价工程师继续教育实施办法》和《造价工程师职业道德行为准则》，造价工程师执业资格制度逐步完善起来。

**1. 执业资格考试**

1) 一级造价工程师的报考条件

凡遵守中华人民共和国宪法、法律、法规，具有良好的业务素质和道德品行，具备下列条件之一者，可以申请参加一级造价工程师执业资格考试。

(1) 工程造价专业大学专科(或高等职业教育)学历，从事工程造价业务工作满 5 年；具有土木建筑、水利、装备制造、交通运输、电子信息、财经商贸大类大学专科(或高等职业教育)学历，从事工程造价业务工作满 6 年。

(2) 具有通过工程教育专业评估(认证)的工程管理、工程造价专业大学本科学历或学位，从事工程造价业务工作满 4 年；具有工学、管理学、经济学门类大学本科学历或学位，从事工程造价业务工作满 5 年。

(3) 具有工学、管理学、经济学门类硕士学位或者第二学位，从事工程造价业务工作满 3 年。

(4) 具有工学、管理学、经济学门类博士学位，从事工程造价业务工作满 1 年。

(5) 具有其他专业相应学历或者学位的人员，从事工程造价业务工作年限增加 1 年。

2) 二级造价工程师报考条件

凡遵守中华人民共和国宪法、法律、法规，具有良好的业务素质和道德品行，具备下列条件之一者，可以申请参加二级造价工程师执业资格考试。

(1) 工程造价专业大学专科(或高等职业教育)学历,从事工程造价业务工作满 2 年;具有土木建筑、水利、装备制造、交通运输、电子信息、财经商贸大类大学专科(或高等职业教育)学历,从事工程造价业务工作满 3 年。

(2) 具有通过工程教育专业评估(认证)的工程管理、工程造价专业大学本科学历或学位,从事工程造价业务工作满 1 年;具有工学、管理学、经济学门类大学本科学历或学位,从事工程造价业务工作满 2 年。

(3) 具有其他专业相应学历或者学位的人员,从事工程造价业务工作年限增加 1 年。

### 2. 考试科目

造价工程师执业资格考试基础科目和专业科目。

一级造价工程师执业资格考试设 4 个科目,包括"建设工程造价管理""建设工程计价""建设工程技术与计量"和"建设工程造价案例分析"。其中,"建设工程造价管理"和"建设工程计价"为基础科目,"建设工程技术与计量"和"建设工程造价案例分析"为专业科目。

二级造价工程师执业资格考试设两个科目,包括"建设工程造价管理基础知识"和"建设工程计量与计价实务"。其中"建设工程造价管理基础知识"为基础科目,"建设工程计量与计价实务"为专业科目。

### 3. 资格证书的管理

(1) 证书的检验。《全国建设工程造价员资格证书》原则上每 3 年检验一次。

(2) 验证不合格或注销资格证书和专用章。有下列情形之一者,验证不合格或注销《全国建设工程造价员资格证书》和专用章。

① 无工作业绩的。
② 脱离工程造价业务岗位的。
③ 未按规定参加继续教育的。
④ 以不正当手段取得《全国建设工程造价员资格证书》的。
⑤ 在建设工程造价活动中有不良记录的。
⑥ 涂改《全国建设工程造价员资格证书》和转借专用章的。
⑦ 在两个或两个以上单位以造价员名义从业的。

### 4. 继续教育

造价员每 3 年参加继续教育的时间原则上不得少于 30h,各管理机构和各专业委员会可根据需要进行调整。各地区、行业继续教育的教材编写及培训组织工作由各管理机构、专业委员会分别负责。

### 5. 自律管理

全国建设工程造价员行业自律工作受建设部标准定额司指导和监督。

# 1.4　国内外工程造价管理的发展

## 1.4.1　发达国家和地区的工程造价管理

当今，国际工程造价管理有着几种主要模式，主要包括英国、美国、日本、德国以及继承了英国模式又结合自身特点而形成独特工程造价管理模式的国家和地区，如新加坡、马来西亚以及我国香港地区。

### 1. 英国工程造价管理

工程造价管理最早起源于英国，也是欧洲地区的国家率先发展。在欧洲国家中，英国最具代表性，英国的工程造价管理有一定的历史，它从16世纪开始发展至今已经过四百年的历程，最终形成了统一的工程量标准计算规则(SMM)和工程造价管理体系。同时，在投资项目上对政府投资与私人投资项目的管理方式具有差异化。

政府投资的工程项目由财政部门依据不同类别工程的建设标准和造价标准，并考虑通货膨胀对造价的影响等确定投资额，各部门在核定的建设规模和投资额范围内组织实施，不得突破。对于私人投资的项目政府不进行干预，投资者一般委托中介组织进行投资估算。

英国的工程造价管理没有统一的定额与计价标准，但它具有统一的工程量计算规则，即《建筑工程量标准计算规则(SMM)》，它较详细地规定了工程项目的划分、计量单位和工程量计算规则。工程量计算规则就成为参与工程建设各方共同遵守的计量、计价的基本规则，投标报价原则上是工程量、单价合同(即 BQ 方式)。

英国的工程造价控制贯穿于立项、设计、招标、签约和施工结算等全过程，在既定的投资范围内随阶段性工作的不断深化，使工期、质量、造价的预期目标得以实现。工程造价的确定由业主和承包商依据《建筑工程量标准计算规则(SMM)》，并参照政府和各类咨询机构发布的造价指数、价格信息指标等来进行。

英国工程造价管理涉及的内容较为广泛，涉及建设工程全寿命期各个阶段，主要包括：项目策划咨询、可行性研究、成本计划和控制、市场行情的趋势预测；招投标活动及施工合同管理；建筑采购、招标文件编制；投标书分析与评价，标后谈判，合同文件准备；工程施工阶段成本控制，财务报表，洽商变更；竣工工程结算、决算，合同索赔保护；成本重新估计对承包商破产或被并购后的应对措施；应急合同财务管理，后期物业管理等。

### 2. 美国工程造价管理

美国现行的工程造价由两部分构成：一是业主经营所需费用，称为软费用，主要包括基础上所需资金的筹措，设备购置及储备资金、土地征购及动迁补偿、财务费用、税金及其他各种前期费用；二是由业主委托设计咨询公司或者总承包公司编制的建筑安装工程基础建设实际所需费用，一般称为硬费用，主要包括施工所需的人工、材料、机械消耗使用费,现场业主代表及施工管理人员工资、办公和其他杂项费用,承包商现场的生活及生产设施费用,各种保险、税金、不可预见费等。此外,承包商的利润一般占建筑安装工程造价的 5%~15%,业主通过委托咨询公司实现对工程施工阶段造价的全过程管理。

美国没有统一的计价依据和标准,是典型的市场化价格。工程估算、概算、人工、材料和机械消耗定额,不是由政府部门组织制定的,而是由几个大的行会(协会)组织,如美国土木工程师协会、总承包商协会、建筑标准协会、工程咨询业协会、国际造价管理联合会等,按照各施工企业工程积累的资料和本地区实际情况,根据工程结构、材料种类、装饰方式等,制定出每平方英尺建筑面积的消耗量和基价,并以此作为依据,将数据输入计算机,推向市场。这些数据资料虽不是政府部门的强制性法规,但因其建立在科学性、准确性、公正性及实际工程资料的基础上,能反映实际情况,得到社会的公认,并能顺利加以实施。因此,工程造价计价主要由各咨询机构制定单位建筑面积消耗量,基价和费用计算格式,由承发包双方通过一定的市场交易行为确定工程造价。

美国也没有统一标准的消耗定额,美国的工程造价管理通常也搞四算,即毛估、初估、核定估算、详细设计估算,各阶段有一定的精度要求,分别为±25%、±15%、±10%、±5%。

美国工程造价的组成内容包括设计费,环境评估费,地质土壤测试费,上下水、暖气接管费,场地平整绿化费,税金,保险费,人工费,材料费和机械费等。在上述费用的基础上营造商收取 15%~20%的利润,10%的管理费。而且在工程建设过程中,营造商可根据市场价格变化随时调整。

**3. 日本工程造价管理**

日本工程造价实行的是全过程管理,从调查阶段、计划阶段、设计阶段、施工阶段、监理检查阶段、竣工阶段直至保修阶段均严格管理。日本建筑学会成本计划分会制定出日本建筑工程分部分项定额,编制了工程费用估算手册,并根据市场价格波动变化进行定期修改,实行动态管理。投资控制大体可分为 3 个阶段。

(1) 可行性研究阶段。根据实施项目计划和建设标准,制订开发规模和投资计划,并根据可类比的工程造价及现行市场价格进行调整和控制。

(2) 设计阶段。按可行性研究阶段提出的方案进行设计,编制工程概算,将投资控制在计划之内。施工图完成后,编制工程预算,并与概算进行比较。若高于概算,则进行修改设计,降低标准,使投资控制在原计划之内。

(3) 施工中严格按图施工,核算工程量,制订材料供应计划,加强成本控制和施工管理,保证竣工决算控制在工程预算额度内。

日本政府有关部门对所投资的公共建筑、政府办公楼、体育设施、学校、医院、公寓等项目,除负责统一组织编制并发布计价依据以确定工程造价外,还对上述公共建筑项目的工程造价实施全过程的直接管理。日本的工程计价模式是:①日本建设省发布了一整套工程计价标准,如《建筑工程积算基准》《土木工程积算基准》;②量、价分开的定额制度,量是公开的,价是保密的,劳务单价通过银行调查取得,材料、设备价格由"建设物价调查会"和"经济调查会"负责定期采集、整理和编辑出版,建筑企业利用这些价格制定内部的工程复合单价，即单位估价表；③政府投资的项目与私人投资的项目实施不同的管理，对政府投资的项目，分部门直接对工程造价从调查开始，直至交工实行全过程管理。为把造价严格控制在批准的投资额度内，各级政府都掌握自己的劳务、材料、机械单价或利用出版的物价、指数编制内部掌握的工程复合单价，而对私人投资项目，政府通过市场管理，利用招标办法加以确认。

#### 4. 德国工程造价管理

德国人素以严谨著称，他们把项目投资估算的准确性、严肃性、科学性和合理性作为首要问题，以科学合理地确定工程造价为基础，实施动态管理与控制。影响投资的因素有设计、市场材料、人工价格和其他特殊情况，项目投资的估算必须根据国家质量标准 DIN 的要求慎重地计算所需要的费用，而且必须有一定的预测与浮动，一旦工程项目投资额确定后(政府工程经政府审批，私人工程经业主批准)，在实施过程中，必须严格按照投资估算执行，不能随意修改和突破。各造价控制单位均在优化设计、采用新工艺和新材料、提高工程质量、缩短工期以及科学的管理和监控手段等方面对工程实行全过程的造价控制，如控制不好超出已定的投资额而又没有充分理由，则控制单位要承担经济责任。工程费的计算基本按照国际上通用的 FIDIC 即数量乘以单价，措施项目另外单列报价。

### 1.4.2 我国工程造价管理的发展

自改革开放以来，我国工程造价管理进入黄金发展期，工程计价依据和方法不断改革，工程造价管理体系不断完善，工程造价咨询行业得到快速发展。近年来，我国工程造价管理呈现出国际化、信息化和专业化发展趋势。

#### 1. 工程造价管理国际化

随着市场经济的全球化发展，使国际性的跨国公司和工程项目越来越多。越来越多的工程项目需要在全球范围内进行招标、咨询等工作。相对地，我国的企业在国外投资经营建设的工程项目也在不断增加，这就促成了国内外市场经济的融合。而国外的建筑工程造价管理水平又在总体上高于我国，在工程总承包市场势必会对我国的企业造成冲击。

#### 2. 工程造价管理信息化

随着网络的普及，知识经济时代的供应链管理、客户关系管理、知识管理、企业资源计划管理在工程管理中形成的协同办公模式，推动了工程造价管理的信息化发展趋势。我国应重新构建中国工程造价分析的技术框架，工程造价人员在造价分析时，应具有企业级和行业级实时、准确、动态的造价关键要素的数据库支撑，即工程量、价格、消耗量指标(造价指标、企业定额)数据库。这些数据库具有低成本、高效率、自增长积累和自我完善机制，为具有快速、准确的动态造价分析能力创造条件，将工程建造过程中所有变化的因素融为一体，进行全过程的管理分析，掌控动态造价成本变化过程。

## 本 章 小 结

本章主要讲述了工程造价和造价管理的概念及内容,重点部分是工程造价的特点和计价特征,要掌握它们的概念及区别。另外,也要对工程造价内容和建设工程全面造价管理模式有一定的了解。

## 复习思考题

1-1 工程造价有两种含义,从业主和承包商的角度可以分别理解为什么?
1-2 工程造价的两种管理是什么?怎样进行区分?
1-3 工程造价的计价特征有哪些?
1-4 全面工程造价管理的内容是什么?
1-5 工程造价具有多次计价特征,其中各阶段与造价的对应关系是什么?
1-6 全国造价工程师有哪些权利和义务?
1-7 我国工程造价管理的现状是怎样的?

# 第2章 建设工程造价的构成

**本章学习要求和目标：**

- 熟悉建设工程造价的构成。
- 掌握设备及工器具购置费、建筑安装工程费和工程建设其他费用的构成与计算。
- 掌握预备费、固定资产投资方向调节税、建设期贷款利息、流动资金的内容。
- 了解世界银行建设项目费用的构成和国外建筑安装工程费的构成。

## 2.1 概 述

### 2.1.1 我国现行建设项目投资的构成和工程造价的构成

建设项目总投资是为完成工程项目建设并达到使用要求或生产条件，在建设期内预计或实际投入的全部费用总和。生产性建设项目总投资包括建设投资、建设期利息和流动资金三部分；非生产性建设项目总投资包括建设投资和建设期利息两部分。其中建设投资和建设期利息之和对应于固定资产投资，固定资产投资与建设项目的工程造价在量上相等。工程造价的基本构成包括：用于购买工程项目所含各种设备的费用，用于建筑施工和安装施工所需支出的费用，用于委托工程勘察设计应支付的费用，用于购置土地所需的费用，也包括用于建设单位自身进行项目筹建和项目管理所花费的费用等。总之，工程造价是按照确定的建设内容、建设规模、建设标准、功能要求和使用要求等将工程项目全部建成，在建设期预计或实际支出的建设费用。

工程造价中的主要构成部分是建设投资，建设投资是为完成工程项目建设，在建设期内投入且形成现金流出的全部费用。根据国家发改委和建设部发布的《建设项目经济评价方法与参数(第三版)》(发改投资〔2006〕1325号)的规定，建设投资包括工程费用、工程建设其他费用和预备费三部分。工程费用是指建设期内直接用于工程建造、设备购置及其安装的建设投资，可以分为建筑安装工程费和设备及工器具购置费；工程建设其他费用是指建设期发生的与土地使用权取得、整个工程项目建设以及未来生产经营有关的构成建设投资但不包括在工程费用中的费用；预备费是在建设期内为各种不可预见因素的变化而预留的可能增加的费用，包括基本预备费和价差预备费。建设项目总投资的具体构成内容如图2-1所示。

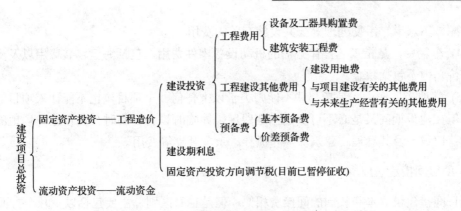

图 2-1　我国现行工程造价的构成

## 2.1.2　世界银行工程造价的构成

从1978年起，世界银行、国际咨询工程师联合会就对建设工程造价做了规定，其详细内容如下。

**1. 项目直接建设成本**

世界银行的直接建设成本相当于我国工程造价中的直接费，但是也有区别，具体内容如下。

(1) 土地征购费，主要是指土地征用或购置的各种费用。

(2) 场外设施费用，是指道路、码头、桥梁、机场、输电线路等设施费用。

(3) 场地费用，是指用于场地准备、厂区道路、铁路、围栏、场内设施等的建设费用。

(4) 工艺设备费，是指主要设备、辅助设备及零配件的购置费用，包括海运包装费用、交货港离岸价，但不包括税金。

(5) 设备安装费，是指设备供应商的监理费用，本国劳务及工资费用，辅助材料、施工设备、消耗品和工具等费用，以及安装承包商的管理费和利润等。

(6) 管道系统费用，是指与系统的材料及劳务相关的全部费用。

(7) 电气设备费，是指主要设备、辅助设备及零配件的购置费用，包括海运包装费用、交货港离岸价，但不包括税金。

(8) 电气安装费，是指设备供应商的监理费用，本国劳务与工资费用，辅助材料、电缆、管道和工具费用，以及营造承包商的管理费和利润。

(9) 仪器仪表费，是指所有自动仪表、控制板、配线和辅助材料的费用，以及供应商的监理费用、外国或本国劳务及工资费用、承包商的管理费和利润。

(10) 机械的绝缘和油漆费，是指与机械及管道的绝缘和油漆相关的全部费用。

(11) 工艺建筑费，是指原材料、劳务费以及与基础、建筑结构、屋顶、内外装修、公共设施有关的全部费用。

(12) 服务性建筑费用，其内容与第(11)项相似。

(13) 工厂普通公共设施费，包括材料和劳务费以及与供水、燃料供应、通风、蒸汽发生及分配、下水道、污物处理等公共设施有关的费用。

(14) 车辆费,是指工艺操作必需的机动设备零件费用,包括海运包装费用以及交货港的离岸价,但不包括税金。

(15) 其他当地费用,是指那些不能归类于以上任何一个项目,也不能计入项目的间接成本,但在建设期间又是必不可少的当地费用,如临时设备、临时公共设施及场地的维持费以及营地设施及其管理、建筑保险和债券、杂项开支等费用。

**2. 项目间接建设成本**

项目间接建设成本和我国的间接费相似,但是也有区别,主要包括以下几个方面。

(1) 项目管理费,具体如下。

① 总部人员的薪金和福利费,以及用于初步和详细工程设计、采购、时间和成本控制、行政和其他一般管理的费用。

② 施工管理现场人员的薪金、福利费和用于施工现场监督、质量保证、现场采购、时间及成本控制、行政及其他施工管理机构的费用。

③ 零星杂项费用,如返工、旅行、生活津贴、业务支出等各项费用。

④ 其他各种酬金。

(2) 开工试车费,是指工厂投料试车必需的劳务和材料费用(项目直接成本包括项目完工后的试车和空运转费用)。

(3) 业主的行政性费用,是指业主的项目管理人员费用及支出。

(4) 生产前费用,是指前期研究、勘测、建矿、采矿等费用。

(5) 运费和保险费,是指海运、国内运输、许可证及佣金、海洋保险、综合保险等费用。

(6) 地方税,是指地方关税、地方税及对特殊项目征收的税金。

**3. 建设成本上升费用**

在估算中使用的构成工资率、材料和设备价格基础的截止日期就是"估算日期"。一般情况下,必须对该日期或已知成本基础进行必要的调整,以补偿直至工程结束时的未知价格增长;否则这些就可能造成建设成本的不确定性。

**4. 应急费**

应急费包括以下内容。

(1) 未明确项目的准备金。未明确项目的准备金主要用于在估算时不可能明确的潜在项目,包括那些在做成本估算时因为缺乏完整、准确和详细的资料而不能完全预见和不能注明的项目,并且这些项目是必须完成的,或它们的费用是必定要发生的。此项准备金不是为了支付工作范围以外可能增加的项目,不是用于应付天灾、非正常经济情况及罢工等情况,也不是用来补偿估算的任何误差,而是用来支付那些几乎可以肯定要发生的费用。因此,它是估算不可缺少的组成部分。

(2) 不可预见准备金。不可预见准备金是指在未明确项目准备金之外,用于在估算达到了一定的完整性并符合技术标准的基础上，由于社会和经济的变化，导致估算增加的情况。不可预见准备金只是一种储备，有时候可能不动用。

## 2.2 设备及工具、器具购置费的构成

在我国，设备及工具、器具购置费用是由设备购置费和工具、器具及生产家具购置费组成的，它是固定资产投资中的积极部分。在生产性工程建设中，设备及工具、器具购置费用占工程造价比例的增大，意味着生产技术的进步和资本有机构成的提高。

### 2.2.1 设备购置费的构成及计算

设备购置费是指为了项目建设而进行购置或自制的达到固定资产标准的各种国产或进口设备、工具、器具的购置费用，它是固定资产的主要组成部分，一般由设备原价和设备运杂费构成。用公式表示为

$$\text{设备购置费} = \text{设备原价(含备品备件费)} + \text{设备运杂费} \tag{2-1}$$

式中：设备原价是指国产设备或进口设备的原价；设备运杂费是指除设备原价之外的有关设备的采购、运输、途中包装及仓库保管等方面支出的各项费用的总和。

**1. 国产设备原价的构成及计算**

国产设备原价一般是指设备制造厂的交货价或订货合同价。国产设备原价分为国产标准设备原价和国产非标准设备原价。

1) 国产标准设备原价

国产标准设备是指按照主管部门颁布的标准图纸和技术要求，由我国设备生产厂批量生产的，符合国家质量检测标准的设备。一般情况下国产标准设备原价有两种，即带有备件的原价和不带有备件的原价。在计算时一般采用带有备件的原价。

2) 国产非标准设备原价

国产非标准设备是指国家尚无定型标准厂，各设备生产厂不可能在工艺过程中采用批量生产，只能按一次订货，并根据具体的设计图纸制造的设备。非标准设备原价有多种不同的计算方法，如成本计算估价法、系列设备插入估价法、分部组合估价法、定额估价法等。

一般按成本计算估价法来计算，非标准设备的原价由以下各项组成。

(1) 材料费。其计算公式为

$$\text{材料费} = \text{材料净重} \times (1 + \text{加工损耗系数}) \times \text{每吨材料综合价} \tag{2-2}$$

(2) 加工费。包括生产工人工资和工资附加费、燃料动力费、设备折旧费、车间经费等。其计算公式为

$$\text{加工费} = \text{设备总重量(t)} \times \text{设备每吨加工费} \tag{2-3}$$

(3) 辅助材料费。如焊条、焊丝、氧气、氩气、氮气、油漆、电石等的费用。其计算

公式为

$$\text{辅助材料费} = \text{设备总重量} \times \text{辅助材料费指标} \tag{2-4}$$

(4) 专用工具费。按(1)～(3)项之和乘以一定百分比计算。

(5) 废品损失费。按(1)～(4)项之和乘以一定百分比计算。

(6) 外购配套件费。按设备设计图纸所列的外购配套件的名称、型号、规格、数量、重量，根据相应的价格加运杂费计算。

(7) 包装费。按(1)～(6)项之和乘以一定百分比计算。

(8) 利润。可按(1)～(5)项加第(7)项之和乘以一定利润率计算。

(9) 税金。主要指增值税。计算公式为

$$\text{增值税} = \text{当期销项税额} - \text{进项税额} \tag{2-5}$$

$$\text{当期销项税额} = \text{销售额} \times \text{适用增值税率} \tag{2-6}$$

这里的销售额为(1)～(8)项之和。

(10) 非标准设备设计费。按国家规定的设计费收费标准计算。

综上所述，单台非标准设备原价可用下面的公式表达，即

$$\begin{aligned}\text{单台非标准设备原价} = &\{[(\text{材料费}+\text{加工费}+\text{辅助材料费}) \times (1+\text{专用工具费率}) \\ & \times (1+\text{废品损失费率})+\text{外购配套件费}] \times (1+\text{包装费率}) \\ & -\text{外购配套件费}\} \times (1+\text{利润率})+\text{销项税金} \\ & +\text{非标准设备设计费}+\text{外购配套件费}\end{aligned} \tag{2-7}$$

【例 2-1】某工厂采购一台国产非标准设备，制造厂生产该台设备所用材料费为 20 万元，加工费为 2 万元，辅助材料费为 4000 元，专用工具费率为 1.5%，废品损失费率为 10%，外购配套件费为 5 万元，包装费率为 1%，利润率为 7%，增值税率为 13%，非标准设备设计费为 2 万元。求该国产非标准设备的销项税金和原价。

**解：** 专用工具费=(20+2+0.4)×1.5%=0.336(万元)

废品损失费=(20+2+0.4+0.336)×10%=2.274(万元)

包装费=(22.4+0.336+2.274+5)×1%=0.300(万元)

利润=(22.4+0.336+2.274+0.3)×7%=1.772(万元)

销项税金=(22.4+0.336+2.274+5+0.3+1.772)×13%=4.171(万元)

原价=22.4+0.336+2.274+0.3+1.772+4.171+2+5=38.253(万元)

### 2. 进口设备原价的构成及计算

进口设备的原价是指进口设备的抵岸价，即设备抵达买方边境、港口或车站，缴纳完各种手续费、税费后形成的价格。抵岸价通常是由进口设备到岸价(CIF)和进口从属费构成。进口设备的到岸价，即抵达买方边境港口或边境车站的价格。在国际贸易中，交易双方所使用的交货类别不同，则交易价格的构成内容也有所差异。进口从属费包括银行财务费、外贸手续费、进口关税、消费税、进口环节增值税等，进口车辆还需缴纳车辆购置税。

1) 进口设备的交易价格

在国际贸易中，较为广泛使用的交易价格术语有 FOB、CFR 和 CIF。

(1) FOB(Free On Board)，意为装运港船上交货，也称为离岸价格。FOB 是指当货物在

指定的装运港越过船舷,卖方即完成交货义务。风险转移,以在指定的装运港货物越过船舷时为分界点。费用划分与风险转移的分界点相一致。

在 FOB 交货方式下,卖方的基本义务有:办理出口清关手续,自负风险和费用,领取出口许可证及其他官方文件;在约定的日期或期限内,在合同规定的装运港,按港口惯常的方式,把货物装上买方指定的船只,并及时通知买方;承担货物在装运港越过船舷之前的一切费用和风险;向买方提供商业发票和证明货物已交至船上的装运单据或具有同等效力的电子单证。买方的基本义务有:负责租船订舱,按时派船到合同约定的装运港接运货物,支付运费,并将船期、船名及装船地点及时通知卖方;负担货物在装运港越过船舷后的各种费用以及货物灭失或损坏的一切风险;负责获取进口许可证或其他官方文件,以及办理货物入境手续;受领卖方提供的各种单证,按合同规定支付货款。

(2) CFR(Cost and Freight),意为成本加运费,或称为运费在内价。CFR 是指在装运港货物越过船舷卖方即完成交货,卖方必须支付将货物运至指定的目的港所需的运费和费用,但交货后货物灭失或损坏的风险,以及由于各种事件造成的任何额外费用,即由卖方转移到买方。与 FOB 价格相比,CFR 的费用划分与风险转移的分界点是不一致的。

在 CFR 交货方式下,卖方的基本义务有:提供合同规定的货物,负责订立运输合同,并租船订舱,在合同规定的装运港和规定的期限内,将货物装上船并及时通知买方,支付货物运至目的港的运费;负责办理出口清关手续,提供出口许可证或其他官方批准的文件;承担货物在装运港越过船舷之前的一切费用和风险;按合同规定提供正式有效的运输单据、发票或具有同等效力的电子单证。买方的基本义务有:承担货物在装运港越过船舷以后的一切风险及运输途中因遭遇风险所引起的额外费用;在合同规定的目的港受领货物,办理进口清关手续,缴纳进口税;受领卖方提供的各种约定的单证,并按合同规定支付货款。

(3) CIF(Cost Insurance and Freight),意为成本加保险费、运费,习惯称为到岸价格。在 CIF 术语中,卖方除负有与 CFR 相同的义务外,还应办理货物在运输途中最低险别的海运保险,并应支付保险费。如买方需要更高的保险险别,则需要与卖方明确地达成协议,或者自行作出额外的保险安排。除保险这项义务外,买方的义务与 CFR 相同。

2) 进口设备到岸价的构成及计算

一般情况下,进口设备采用最多的是装运港船上交货价,即 FOB 价,其抵岸价的构成用公式表示为

进口设备抵岸价=货价+国际运费+运输保险费+银行财务费+外贸手续费
$$+关税+增值税-消费税+海关监管手续费+车辆购置附加费 \qquad (2-8)$$

(1) 货价。一般指装运港船上交货价。

(2) 国际运费。即从装运港(站)到达我国抵达港(站)的运费。进口设备国际运费计算公式为

$$国际运费(海、陆、空)=原币货价(FOB)×运费率 \qquad (2-9)$$

$$国际运费(海、陆、空)=运量×单位运价 \qquad (2-10)$$

(3) 运输保险费。对外贸易货物运输保险是由保险人(保险公司)与被保险人(出口人或进口人)订立保险契约,在被保险人交付议定的保险费后,保险人根据保险契约的规定对货

物在运输过程中发生的承保责任范围内的损失给予经济上的补偿。这是一种财产保险。计算公式为

$$运输保险费=(原币货价(FOB)+国外运费)/(1-保险费率)\times 保险费率 \qquad (2\text{-}11)$$

式中，保险费率按保险公司规定的进口货物保险费率计算。

3) 进口从属费的计算

(1) 银行财务费。一般是指中国银行手续费，可按下式简化计算为

$$银行财务费=人民币货价(FOB)\times 银行财务费率 \qquad (2\text{-}12)$$

(2) 外贸手续费。这是指按对外经济贸易部(现为商务部)规定的外贸手续费率计取的费用，外贸手续费率一般取 1.5%。计算公式为

$$外贸手续费=(装运港船上交货价(FOB)+国际运费+运输保险费)\times 外贸手续费率 \qquad (2\text{-}13)$$

(3) 关税。由海关对进出国境或关境的货物和物品征收的一种税。计算公式为

$$关税=到岸价格(CIF)\times 进口关税税率 \qquad (2\text{-}14)$$

式中，到岸价格(CIF)包括离岸价格(FOB)、国际运费、运输保险费等费用，它作为关税完税价格；进口关税税率分为优惠和普通两种。

(4) 增值税。这是对从事进口贸易的单位和个人，在进口商品报关进口后征收的税种。我国增值税条例规定，进口应税产品均按组成计税价格和增值税税率直接计算应纳税额，即

$$进口产品增值税额=组成计税价格\times 增值税税率 \qquad (2\text{-}15)$$

$$组成计税价格=关税完税价格+关税+消费税 \qquad (2\text{-}16)$$

(5) 消费税。对部分进口设备(如轿车、摩托车等)征收，一般计算公式为

$$应纳消费税额=(到岸价+关税)\times 消费税税率/(1-消费税税率) \qquad (2\text{-}17)$$

式中，消费税税率根据规定的税率计算。

(6) 车辆购置附加费。进口车辆需缴进口车辆购置附加费。其公式为

$$进口车辆购置附加费=(到岸价+关税+消费税+增值税)\times 进口车辆购置附加费率 \qquad (2\text{-}18)$$

【例 2-2】从某国进口设备，重量为 1000 吨，装运港船上交货价为 400 万美元，工程建设项目位于国内某省会城市。如果国际运费标准为 300 美元/吨，海上运输保险费率为 3‰，银行财务费率为 5‰，外贸手续费率为 1.5%，关税税率为 20%，增值税税率为 16%，消费税税率为 10%，银行外汇牌价为 1 美元=6.9 元人民币，对该设备的原价进行估算。

解：进口设备 FOB=400×6.9=2760(万元)

国际运费=300×1000×6.9=207(万元)

海运保险费=(2760+207)/(1-0.3%)×0.3%=8.93(万元)

CIF=2760+207+8.93=2975.93(万元)

银行财务费：2760×5‰=13.8(万元)

外贸手续费：2975.93×1.5%=44.64(万元)

关税=2975.93×20%=595.19(万元)

消费税=(2975.93+595.19)/(1-10%)×10%=396.79(万元)

增值税=(2975.93+595.19+396.79)×16%=634.81(万元)

进口从属费=13.8+44.64+595.19+396.79+634.87=1685.29(万元)
进口设备原价=2975.93+1685.29=4661.22(万元)

**3. 设备运杂费的构成及计算**

1) 设备运杂费的构成

设备运杂费通常由下列各项构成。

(1) 运费和装卸费。国产设备由设备制造厂交货地点起至工地仓库(或施工组织设计指定的需要安装设备的堆放地点)止所发生的运费和装卸费；进口设备则由我国到岸港口或边境车站起至工地仓库止所发生的运费和装卸费。

(2) 包装费。在设备原价中没有包含的、为运输而进行的包装支出的各种费用。

(3) 设备供销部门的手续费。按有关部门规定的统一费率计算。

(4) 采购与仓库保管费。这是指采购、验收、保管和收发设备所发生的各种费用，包括设备采购人员、保管人员和管理人员的工资、工资附加费、办公费、差旅交通费、设备供应部门办公和仓库所占固定资产使用费、工具用具使用费、劳动保护费、检验试验费等。这些费用可按主管部门规定的采购与保管费费率计算。

2) 设备运杂费的计算

设备运杂费按设备原价乘以设备运杂费率计算，其计算公式为

$$\text{设备运杂费} = \text{设备原价} \times \text{设备运杂费费率} \tag{2-19}$$

式中，设备运杂费费率按各部门及省、市等的规定计取。

## 2.2.2 工具、器具购置费的构成及计算

工具、器具及生产家具购置费，是指新建或扩建项目初步设计规定的，保证初期正常生产必须购置的没有达到固定资产标准的设备、仪器、工卡模具、器具、生产家具和备品备件等的购置费用。计算公式为

$$\text{工具、器具及生产家具购置费} = \text{设备购置费} \times \text{定额费率} \tag{2-20}$$

# 2.3 建筑安装工程费用的构成

## 2.3.1 建筑安装工程费用的内容及构成概述

**1. 建筑工程费用的内容**

(1) 各类房屋建筑工程和列入房屋建筑工程预算的供水、供暖、卫生、通风、煤气等设备的费用及其装饰、油饰工程的费用，列入建筑工程预算的各种管道、电力、电信和电缆导线敷设工程的费用。

(2) 设备基础、支柱、工作台、烟囱、水塔、水池、灰塔等建筑工程以及各种炉窑的

砌筑工程和金属结构工程的费用。

(3) 为施工而进行的场地平整，工程和水文地质勘察，原有建筑物和障碍物的拆除以及施工临时用水、电、气、路和完工后的场地清理、环境绿化、美化等工作的费用。

(4) 矿井开凿、井巷延伸、露天矿剥离，石油、天然气钻井，修建铁路、公路、桥梁、水库、堤坝、灌渠及防洪等工程的费用。

**2. 安装工程费用的内容**

(1) 生产、动力、起重、运输、传动和医疗、试验等各种需要安装的机械设备的装配费用，与设备相连的工作台、梯子、栏杆等设施的工程费用，附属于被安装设备的管线敷设工程费用，以及被安装设备的绝缘、防腐、保温、油漆等工作的材料费和安装费。

(2) 为测定安装工程质量，对单台设备进行单机试运转、对系统设备进行系统联动无负荷试运转工作的调试费。

## 2.3.2 我国现行建筑安装工程费用的构成

根据住房城乡建设部、财政部颁布的《关于印发〈建筑安装工程费用项目组成〉的通知》(建标〔2013〕44号)，我国现行建筑安装工程费用项目按两种不同的方式划分，即按费用构成要素划分和按造价形成划分，其具体构成如图2-2所示。

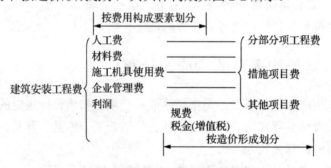

图2-2 建筑安装工程费用项目划分

**1. 按照费用构成要素划分的建筑安装工程费用的构成和计算**

建筑安装工程费包括人工费、材料费(包含工程设备)、施工机具使用费、企业管理费、利润、规费、增值税。

1) 人工费

建筑安装工程费中的人工费是指直接从事建筑安装工程施工的生产工人开支的各项费用。计算人工费的基本要素有两个，即人工工日消耗量和人工日工资单价。

(1) 人工工日消耗量。人工工日消耗量是指在正常施工生产条件下，完成规定计量单位的建筑安装产品所消耗的生产工人的工日数量。它由分项工程所综合的各个工序劳动定额包括的基本用工、其他用工两部分组成。

(2) 人工日工资单价。人工日工资单价是指直接从事建筑安装工程施工的生产工人在每个法定工作日的工资、津贴及奖金等。

人工费的计算公式为

$$人工费=\sum(工日消耗量×日工资单价) \qquad (2-21)$$

2) 材料费

建筑安装工程费中的材料费是指施工过程中耗费的构成工程实体的原材料、辅助材料、构配件、零件、半成品、工程设备等的以及周转材料等的摊销、租赁费用。计算材料费的基本要素是材料消耗量和材料单价。

(1) 材料消耗量。材料消耗量是指在正常施工条件下，完成规定计量单位的建筑安装产品所消耗的各类材料的净用量和不可避免的损耗量。

(2) 材料单价。它是指材料从其来源地运至工地仓库直至出库形成的综合平均单价。由材料原价、运杂费、运输损耗费、采购及保管费组成。当一般纳税人采用一般计税方法时，材料单价中的材料原价、运杂费等均应扣除增值税进项税额。

材料费的基本计算公式为

$$材料费=\sum(材料消耗量×材料单价) \qquad (2-22)$$

(3) 工程设备。工程设备是指构成或计划构成永久工程一部分的机电设备中的金属结构设备、仪器及其他类似的装置。

3) 施工机具使用费

建筑安装工程费中的施工机具使用费，是指施工作业所发生的施工机械使用费、仪器仪表使用费或其租赁费。

(1) 施工机械使用费。施工机械使用费是指使用施工机械作业所发生的机械使用费或租赁费。构成施工机械使用费的基本要素是施工机械台班消耗量和机械台班单价。施工机械台班消耗量是指在正常施工条件下，完成规定计量单位的建筑安装产品所消耗的施工机械台班的数量。施工机械台班单价是指折合到机械台时每台班的施工机械使用费。施工机械使用费的基本计算公式为

$$施工机械使用费=\sum(施工机械台班消耗量×机械台班单价) \qquad (2-23)$$

施工机械台班单价由折旧费、大修理费、经常修理费、安拆费及场外运费、人工费、燃料动力费、养路费及车船使用税费等组成。

(2) 仪器仪表使用费。仪器仪表使用费是指工程施工所需使用的仪器仪表的摊销及维修费用。仪器仪表使用费的基本计算公式为

$$仪器仪表使用费=\sum(仪器仪表台班消耗量×仪器仪表台班单价) \qquad (2-24)$$

4) 企业管理费

(1) 企业管理费是指施工企业为组织施工生产经营活动所发生的管理费用。内容包括以下几项。

① 企业管理人员的工资，它包括基本工资、工资性补贴、职工福利费、加班加点工资及特殊情况下支付的工资等。

② 企业办公费，是指企业办公用文具、纸张、账表、印刷、邮电、书报、会议、水、电、燃煤(气)等费用。

③ 差旅交通费，是指职工因公出差、调动工作的差旅费、住勤补助费，市内交通费和误餐补助费，职工探亲路费，劳动力招募费，职工离退休、退职一次性路费，工伤人员就医路费，工地转移费以及管理部门使用的交通工具的油料、燃料、养路费及牌照费。

④ 固定资产使用费，是指管理和试验部门及附属生产单位使用的属于固定资产的房屋、设备仪器等的折旧、大修、维修或租赁费。

⑤ 工具用具使用费，是指管理使用的不属于固定资产的生产工具、器具、家具、交通工具和检验、试验、测绘、消防用具等的购置、维修和摊销费。

⑥ 工会经费，是指企业按职工工资总额的2%计提的工会经费。

⑦ 职工教育经费，是指企业为职工学习先进技术和提高文化水平而按职工工资总额的1.5%计提的学习、培训费用。

⑧ 劳动保险费和职工福利费，是指企业支付离退休职工的退休金(包括提取的离退休职工劳保统筹基金)、价格补贴、医药费、易地安家补助费、职工退职金、夏季防暑降温冬季取暖补贴、上下班交通补贴及按规定支付给离休干部的各项经费。

⑨ 劳动保护费，是指企业按规定发放的劳动保护用品的支出，如工作服、手套、防暑降温饮料以及在有碍身体健康的环境中施工的保健费用等。

⑩ 检验实验费，是指对建筑材料、构件和建筑安装物进行一般鉴定、检查所发生的费用，包括自设实验室进行试验所耗用的材料和化学药品等费用。不包括新结构、新材料的试验费和建设单位对具有出厂合格证明的材料进行检验、对构件做破坏性试验及其他特殊要求检验试验的费用，对此类费用，由建设单位在工程其他费用中列支。但对施工企业提供的具有合格证明的材料进行检测不合格的，该检测费由施工企业支付。

⑪ 财务费，是指企业为筹集资金而发生的各项费用。

⑫ 财产保险费，是指企业管理用车辆保险及企业其他财产保险的费用。

⑬ 税金，是指企业按规定缴纳的房产税、车船使用税、土地使用税、印花税、城市维护建设税、教育费附加、地方教育附加等各项税费。

⑭ 其他费用，包括技术转让费、技术开发费、业务招待费、绿化费、广告费、公证费、法律顾问费、审计费、咨询费等。

(2) 企业管理费的计算方法。

企业管理费一般采用取费基数乘以费率的方法计算，取费基数有3种，分别是以直接费为计算基础、以人工费和施工机具使用费合计为计算基础及以人工费为计算基础。企业管理费费率的计算方法如下。

① 以直接费为计算基础时，企业管理费费率的计算公式为

$$企业管理费费率(\%) = \frac{生产工人年平均管理费}{年有效施工天数 \times 人工单价} \times 人工费占直接费比例(\%) \quad (2-25)$$

② 以人工费和施工机具使用费合计为计算基础时，企业管理费费率的计算公式为

$$企业管理费费率(\%) = \frac{生产工人年平均管理费}{年有效施工天数 \times (人工单价 + 每台班施工机具使用费)} \times 100\%$$

$$(2-26)$$

③ 以人工费为计算基础时，企业管理费费率的计算公式为

$$企业管理费费率(\%)=\frac{生产工人年平均管理费}{年有效施工天数 \times 人工单价} \times 100\% \tag{2-27}$$

5) 利润

利润是指施工单位从事建筑安装工程施工所获得的盈利，由施工企业根据企业自身需求并结合建筑市场实际自主确定。工程造价管理机构在确定计价定额中的利润时，应以定额人工费或定额人工费与施工机具使用费之和作为计算基数，其费率根据历年积累的工程造价资料，并结合建筑市场实际确定，以单位(单项)工程测算，利润在税前建筑安装工程费的比率可按不低于5%且不高于7%的费率计算。

6) 规费

(1) 规费的内容。规费是指按国家法律、法规规定，由省级政府和省级有关权力部门规定必须缴纳或计取的费用，主要包括社会保险费、住房公积金。

① 社会保险费。包括以下几项。
- 养老保险费：企业按照国家规定标准为职工缴纳的基本养老保险费。
- 失业保险费：企业按照国家规定标准为职工缴纳的失业保险费。
- 医疗保险费：企业按照国家规定标准为职工缴纳的基本医疗保险费。
- 生育保险费：企业按照国家规定标准为职工缴纳的生育保险费。
- 工伤保险费：企业按照国务院制定的行业费率为职工缴纳的工伤保险费。

② 住房公积金：企业按照国家规定标准为职工缴纳的住房公积金。

(2) 规费的计算。社会保险费和住房公积金。社会保险费和住房公积金应以定额人工费为计算依据，根据工程所在地省、自治区、直辖市或行业建设主管部门规定的费率计算。

$$社会保险费和住房公积金 = \sum(工程定额人工费 \times 社会保险费和住房公积金费率) \tag{2-28}$$

7) 增值税

建筑安装工程税金是指国家税法规定的应计入建筑安装工程费用的增值税额，按税前造价乘以增值税税率确定。

(1) 采用一般计税方法时增值税的计算。当采用一般计税方法时，建筑业增值税税率为9%，计算公式为

$$增值税 = 税前造价 \times 9\% \tag{2-29}$$

税前造价为人工费、材料费、施工机具使用费、企业管理费、利润和规费之和，各费用项目均以不包含增值税可抵扣进项税额的价格计算。

(2) 采用简易计税方法时增值税的计算。

① 简易计税的适用范围。根据《营业税改征增值税试点实施办法》以及《营业税改征增值税试点有关事项的规定》，简易计税方法主要适用于以下几种情况。

- 小规模纳税人发生应税行为适用简易计税方法计税。小规模纳税人通常是指纳税人提供建筑服务的年应征增值税销售额未超过500万元，并且会计核算不健全，不能按规定报送有关税务资料的增值税纳税人。年应税销售额超过500万元，但

不经常发生应税行为的单位也可选择按照小规模纳税人计税。
- 一般纳税人以清包工方式提供的建筑服务,可以选择适用简易计税方法计税。以清包工方式提供建筑服务,是指施工方不采购建筑工程所需的材料或只采购辅助材料,并收取人工费、管理费或者其他费用的建筑服务。
- 一般纳税人为甲供工程提供的建筑服务,就可以选择适用简易计税方法计税。甲供工程是指全部或部分设备、材料、动力由工程发包方自行采购的建筑工程。
- 一般纳税人为建筑工程老项目提供的建筑服务,可以选择适用简易计税方法计税。建筑工程老项目:《建筑施工许可证》注明的合同开工日期在2016年4月30日前的建筑工程项目;未取得《建筑工程施工许可证》的,建筑工程承包合同注明的开工日期在2016年4月30日前的建筑工程项目。

② 简易计税的计算方法。当采用简易计税方法时,建筑业的增值税税率为3%。计算公式为

$$增值税=税前造价\times 3\% \tag{2-30}$$

税前造价为人工费、材料费、施工机具使用费、企业管理费、利润和规费之和,各费用项目均以包含增值税进项税额的含税价格计算。

**2. 按造价形成划分的建筑安装工程费用项目的构成和计算**

建筑安装工程费按照工程造价由分部分项工程费、措施项目费、其他项目费、规费和税金(增值税)组成。

1) 分部分项工程费

分部分项工程费是指各专业工程的分部分项工程应予列支的各项费用。各类专业工程的分部分项工程划分遵循国家或行业工程量计算规范的规定。分部分项工程费通常用分部分项工程量乘以综合单价进行计算,即

$$分部分项工程费=\sum(分部分项工程量\times 综合单价) \tag{2-31}$$

综合单价包括人工费、材料费、施工机具使用费、企业管理费和利润以及一定范围的风险费用。

2) 措施项目费

(1) 措施项目费用的构成。措施项目费是指为完成工程项目施工,发生于该工程施工前和施工过程中的非工程实体项目的费用。措施项目及其包含的内容应遵循各类专业工程的现行国家或行业工程量计算规范。以《房屋建筑与装饰工程工程量计算规范》(GB 50854—2013)中的规定为例,措施项目费可以归纳为以下几项。

① 安全文明施工费(含环境保护费、文明施工费、安全施工费、临时设施费),是指施工单位为保证安全施工、文明施工和保护现场内外环境等所发生的措施项目费用。

② 夜间施工增加费,是指因夜间施工所发生的夜班补助费、夜间施工降噪、夜间施工照明设备摊销及照明用电等费用。内容由以下各项组成。
- 夜间固定照明灯具和临时可移动照明灯具的设置、拆除费用。
- 夜间施工时,施工现场交通标志、安全标牌、警示灯的设置、移动、拆除费用。

- 夜间照明设备摊销及照明用电、施工人员夜班补助、夜间施工劳动效率降低等费用。

③ 非夜间施工照明费,是指为保证工程施工正常进行,在地下室等特殊施工部位施工时所采用的照明设备的安拆、维护及照明用电等费用。

④ 二次搬运费,是指因施工场地狭小等特殊原因,导致材料及设备不能一次搬运到位,必须发生的二次及以上的搬运费用。

⑤ 冬雨季施工增加费,是指在冬季或雨季施工需增加的临时防滑、排除雨雪设施,人工及施工机械效率降低等费用。内容由以下各项组成。
- 冬雨(风)季施工时增加的临时设施(防寒保温、防雨、防风设施)的搭设、拆除费用。
- 冬雨(风)季施工时,对砌体、混凝土等采用的特殊加温、保温和养护措施费用。
- 冬雨(风)季施工时,施工现场的防滑处理,对影响施工的雨雪的清除费用。
- 冬雨(风)季施工时增加的临时设施、施工人员的劳动保护用品、冬雨(风)季施工劳动效率降低等费用。

⑥ 地上、地下设施以及建筑物的临时保护设施费,是为了保护地下、地上的设施及保护周围建筑物进行的遮盖、封闭、隔离等必要保护措施而发生的措施费。

⑦ 已完工程及设备保护费,竣工验收前,对已完工程及设备采取的覆盖、包裹、封闭、隔离等必要保护措施所发生的费用。

⑧ 脚手架费,是指施工需要的各种脚手架搭、拆、运输费用以及脚手架购置费的摊销(或租赁)费用。通常包括以下内容。
- 施工时可能发生的场内、场外材料搬运费用。
- 搭、拆脚手架、斜道、上料平台费用。
- 安全网的铺设费用。
- 拆除脚手架后材料的堆放费用。

⑨ 混凝土模板及支架(撑)费,是指混凝土施工过程中需要的各种钢模板、木模板、支架等的支拆、运输费用及模板、支架的摊销(或租赁)费用。内容由以下各项组成。
- 混凝土施工过程中需要的各种模板制作费用。
- 模板安装、拆除、整理堆放及场内外运输费用。
- 清理模板黏结物及模板内杂物、刷隔离剂等费用。

⑩ 垂直运输费,是指现场所用材料、机具从地面运至相应高度以及施工人员上下工作面等所发生的运输费用。内容由以下各项组成。
- 垂直运输机械的固定装置、基础制作、安装费。
- 行走式垂直运输机械轨道的铺设、拆除、摊销费。

⑪ 超高施工增加费,当单层建筑物檐口高度超过20m,多层建筑物超过6层时,可计算超高施工增加费,内容由以下各项组成。
- 建筑物超高引起的人工工效降低以及由于人工工效降低引起的机械降效费。
- 高层施工用水加压水泵的安装、拆除及工作台班费。
- 通信联络设备的使用及摊销费。

⑫ 大型机械设备进出场及安拆费,机械整体或分体自停放场地运至施工现场或由一个

施工地点运至另一个施工地点,所发生的机械进出场运输机械转移费用及机械在施工现场进行安装、拆卸所需的人工费、材料费、机械费、试运转费和安装所需的辅助设施的费用。内容由安拆费和进出场费组成。

- 安拆费包括施工机械、设备在现场进行安装拆卸所需人工、材料、机具和试运转费用以及机械辅助设施的折旧、搭设、拆除等费用。
- 进出场费包括施工机械、设备整体或分体自停放地点运至施工现场或由一施工地点运至另一施工地点所发生的运输、装卸、辅助材料等费用。

⑬ 施工排水及降水费,施工排水及降水费是指将施工期间有碍施工作业和工程质量的水排到施工场地以外,以及防止在地下水位较高的地区开挖深基坑出现基坑浸水,地基承载力下降,在动水压力作用下还可能引起流砂、管涌和边坡失稳而必须有效降水和排水的措施费用。该项费用由成井和排水、降水两个独立的费用项目组成。

- 成井。成井的费用主要包括:准备钻孔机械、埋设护筒、钻机就位,泥浆制作,固壁,成孔、出渣、清孔,对接上、下井管,焊接,下滤料,洗井,连接试抽等费用。
- 排水、降水。排水、降水的主要费用包括:管道安装、撤除,场内搬运费用;抽水、值班、降水设备维修等费用。

⑭ 其他,根据项目的专业特点或所在地区不同,可能会出现其他的措施项目,工程定位复测费和特殊地区施工增加费。

(2) 措施项目费的计算。按照有关专业工程量计算规范规定,措施项目分为应予计量的措施项目和不宜计量的措施项目两类。

① 应予计量的措施项目。基本与分部分项工程费的计算方法相同,公式为

$$措施项目费=\sum(措施项目工程量\times综合单价) \quad (2-32)$$

② 不宜计量的措施项目。对于不宜计量的措施项目,通常用计算基数乘以费率的方法予以计算。计算基数应为定额人工费或定额人工费与定额施工机具使用费之和,其费率由工程造价管理机构根据施工项目专业工程的特点和调查资料综合分析后确定。

### 3. 其他项目费

1) 暂列金额

暂列金额是指建设单位在工程量清单中暂定并包括在工程合同价款中的一笔款项。用于施工合同签订时尚未确定或者不可预见的所需材料、工程设备、服务的采购,施工中可能发生的工程变更、合同约定调整因素出现时的工程价款调整以及发生的索赔、现场签证确认等的费用。暂列金额由建设单位根据工程特点,按有关计价规定估算,施工过程中由建设单位掌握使用、扣除合同价款调整后如有余额,归建设单位。

2) 暂估价

暂估价是指招标人在工程量清单中提供的用于支付必然发生但暂时不能确定价格的材料、工程设备的单价以及专业工程的金额。

暂估价中的材料、工程设备暂估单价按工程造价信息或参照市场价格估算,计入综合

单价；专业工程暂估价分不同专业，按有关计价规定估算。

3) 计日工

计日工是指在施工过程中，施工企业完成建设单位提出的施工图纸以外的零星项目或工作所需的费用。计日工由建设单位和施工企业按施工过程中的签证计价。

4) 总承包服务费

总承包服务费是指总承包人为配合、协调建设单位进行的专业工程发包，对建设单位自行采购的材料、工程设备等进行保管以及施工现场管理、竣工资料汇总整理等服务所需的费用。总承包服务费由建设单位在招标控制价中根据总包服务范围和有关计价规定编制，施工企业投标时自主报价，施工过程中按签约合同价执行。

4．规费和税金

规费和税金的构成、计算与按费用构成要素划分建筑安装工程费用项目组成部分是相同的。

## 2.3.3 国外建筑安装费用的构成

1．费用的构成

国外的建筑安装工程费用一般是在建筑市场上通过招投标方式确定的。工程费的高低受建筑产品供求关系的影响较大。国外建筑安装工程费用的构成可用图 2-3 表示。

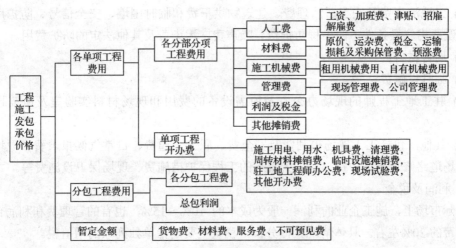

图 2-3 国外建筑安装费用的构成

1) 直接工程费

(1) 工资。

(2) 材料费主要包括以下内容。

① 材料原价。在当地材料市场采购的材料称为采购价，包括材料出厂价和采购供销手续费等。进口材料一般是指到达当地海港的交货价。

② 运杂费。在当地采购的材料是指从采购地点至工程施工现场的短途运输费、装卸费。进口材料则为从当地海港运至工程施工现场的运输费、装卸费。

③ 税金。在当地采购的材料，采购价格中已经包括税金；进口材料则为工程所在国的进口关税和手续费等。

④ 运输损耗及采购保管费。

⑤ 预涨费。根据当地材料价格年平均上涨率和施工年数，按材料原价、运杂费、税金之和的一定比例计算。

(3) 施工机械费。大型自有机械台时单价，一般由每台时应摊折旧费、应摊维修费、台时消耗的能源和动力费、台时应摊的驾驶工人工资以及工程机械设备险投保费、第三者责任险投保费等组成。如使用租赁施工机械时，其费用则包括租赁费、租赁机械的进出场费等。

2) 管理费

管理费包括工程现场管理费(占整个管理费的 20%～30%)和公司管理费(占整个管理费的 70%～80%)。管理费除了包括与我国施工管理费构成相似的管理人员工资、管理人员辅助工资、办公费、差旅交通费、固定资产使用费、生活设施使用费、工具用具使用费、劳动保护费、检验试验费以外，还包含业务经费。

3) 开办费

开办费包括以下几种。

(1) 施工用水、用电费。

(2) 工地清理费及完工后清理费、建筑物烘干费和临时围墙、安全信号、防护用品的费用以及恶劣气候条件下的工程防护费、噪声费、污染费及其他法定的防护费用。

(3) 周转材料费。

(4) 临时设施费。

(5) 驻工地工程师的现场办公室及所需设备的费用和现场材料实验室及所需设备的费用。

(6) 其他。包括工人现场福利费及安全费、职工交通费、日常气候报表费、现场道路及进出场道路修筑及维护费、恶劣天气下的工程保护措施费、现场保卫设施费等。

4) 利润及税金

国际市场上，施工企业的利润一般为成本的 10%～15%，也有的管理费和利润合取，为直接费的 30%左右。具体情况具体分析。税金主要是指单独列项的增值税。

5) 暂定金额

暂定金额是指包括在合同中，供工程任何部分的施工或提供货物、材料、设备或服务、不可预料事件的费用使用的一项金额，这项金额只有在工程师批准后才能使用。

6) 分包工程费用

分包工程费用是指业主提供的用于必然发生的分包专业工程的费用，包括分包工程的直接费、管理费和利润，也包括分包单位向总包单位交纳的总包管理费、其他服务费和利润。

**2. 费用的组成形式和分摊比例**

1) 组成形式

上述组成造价的各项费用体现在承包商投标报价中有 3 种形式，即组成分部分项工程单价、单独列项、分摊进单价。

(1) 组成分部分项工程单价。人工费、机械费和材料费直接消耗在分部分项工程上，在费用和分部分项工程之间存在着直观的对应关系，所以人工费和材料费组成分部分项工程单价，单价与工程量相乘的分部分项工程价格。

(2) 单独列项。开办费中的项目有临时设施、为业主提供的办公和生活设施、脚手架等费用，经常在工程量清单的开办费部分单独分项报价。

(3) 分摊进单价。承包商总部管理费、利润和税金以及开办费中的项目经常以一定的比例分摊进单价。

需要注意的是，开办费项目在单独列项和分摊进单价这两种方式中采用哪一种，要根据招标文件和计算规则的要求决定。

2) 分摊比例

(1) 固定比例。税金和政府收取的各项管理费的比例是工程所在地政府规定的费率，承包商不能随意变动。

(2) 浮动比率。总部管理费和利润的比例由承包商自行确定。承包商根据自身经营状况、工程具体情况等投标策略确定。

(3) 测算比例。开办费的比率需要详细测算，首先计算出需要分摊的项目金额，然后计算分摊金额与分部分项工程价格的比例。

(4) 公式法。可参考下列公式来制定，即

$$A=a(1+K_1)(1+K_2)(1+K_3) \tag{2-33}$$

式中：$A$——分摊后的分部分项工程单价；

$a$——分摊前的分部分项工程单价；

$K_1$——开办费项目的分摊比例；

$K_2$——总部管理费和利润的分摊比例；

$K_3$——税率。

## 2.4 工程建设其他费用的构成

工程建设其他费用是指从工程筹建起到工程竣工验收交付使用止的整个建设期间，除建筑安装工程费用和设备及工器具购置费用以外，为保证工程建设顺利完成和交付使用后能够正常发挥效用而发生的各项费用。

## 2.4.1 建设单位管理费

**1. 建设单位管理费的内容**

建设单位管理费是指建设单位发生的管理性质的开支,包括工作人员工资、工资性补贴、施工现场津贴、职工福利费、住房基金、基本养老保险费、基本医疗保险费、失业保险费、工伤保险费、办公费、差旅交通费、劳动保护费、工具用具使用费、固定资产使用费、必要的办公及生活用品购置费、必要的通信设备及交通工具购置费、零星固定资产购置费、招募生产工人费、技术图书资料费、业务招待费、设计审查费、工程招标费、合同契约公证费、法律顾问费、咨询费、完工清理费、竣工验收费、印花税和其他管理性质开支。

**2. 建设单位管理费的计算**

建设单位管理费按照工程费用之和(包括设备工器具购置费和建筑安装工程费用)乘以建设单位管理费费率计算。

$$建设单位管理费=工程费用之和 \times 建设单位管理费费率 \qquad (2-34)$$

## 2.4.2 用地与工程准备费

**1. 土地使用费和补偿费**

任何一个建筑项目都固定于一定地点与地面相连接,必须占用一定量的土地,也就必然要发生为获得建筑用地而支付的费用,这就是土地使用费。它是指通过划拨方式取得土地使用权而支付的土地征用及迁移补偿费,或通过土地使用权出让方式取得土地使用权而支付的土地使用权出让金。

**2. 建设用地获得的方式**

建设用地的取得实质是依法获取国有土地的使用权。根据我国《房地产管理法》规定,获取国有土地使用权的基本方式有两种:一是出让方式;二是划拨方式。建设土地取得的其他方式还包括租赁方式和转让方式。

1) 通过出让方式获取国有土地使用权

国有土地使用权出让,是指国家将国有土地使用权在一定年限内出让给土地使用者,由土地使用者向国家支付土地使用权出让金的行为。土地使用权出让最高年限按下列用途确定。

① 居住用地的最高年限为 70 年。
② 工业用地的最高年限为 50 年。
③ 教育、科技、文化、卫生、体育用地的最高年限为 50 年。
④ 商业、旅游、娱乐用地的最高年限为 40 年。

⑤ 综合或者其他用地的最高年限为50年。

通过出让方式获取国有土地使用权又可以分成两种具体方式：一是通过招标、拍卖、挂牌等竞争出让方式获取国有土地使用权；二是通过协议出让方式获取国有土地使用权。

(1) 通过竞争出让方式获取国有土地使用权。

具体的竞争方式又包括3种，即投标、竞拍和挂牌。按照国家相关规定，工业(包括仓储用地，但不包括采矿用地)、商业、旅游、娱乐和商品住宅等各类经营性用地，必须以招标、拍卖或者挂牌方式出让；上述规定以外用途的土地供地计划公布后，同一宗地有两个以上意向用地者的，也应当采用招标、拍卖或者挂牌方式出让。

(2) 通过协议出让方式获取国有土地使用权。

按照国家相关规定，出让国有土地使用权，除依照法律、法规和规章的规定应当采用招标、拍卖或者挂牌方式外，还可采取协议方式。以协议方式出让国有土地使用权的出让金不得低于按国家规定所确定的最低价。协议出让底价不得低于拟出让地块所在区域的协议出让最低价。

2) 通过划拨方式获取国有土地使用权

国有土地使用权划拨，是指县级以上人民政府依法批准，在土地使用者缴纳补偿、安置等费用后将该幅土地交付其使用，或者将土地使用权无偿交付给土地使用者使用的行为。国家对划拨用地有着严格的规定，下列建设用地，经县级以上人民政府依法批准，可以以划拨方式取得。

(1) 国家机关用地和军事用地。

(2) 城市基础设施用地和公益事业用地。

(3) 国家重点扶持的能源、交通、水利等基础设施用地。

(4) 法律、行政法规规定的其他用地。

依法以划拨方式取得土地使用权的，除法律、行政法规另有规定外，没有使用期限的限制。因企业改制、土地使用权转让或者改变土地用途等不再符合本目录的，应当实行有偿使用。

**3. 取得建设用地所需的费用**

建设用地如通过行政划拨方式取得，则须承担征地补偿费用或对原用地单位或个人的拆迁补偿费用；若通过市场机制取得，则不但承担以上费用，还须向土地所有者支付有偿使用费，即土地出让金。

1) 征地补偿费

土地征用及迁移补偿费是指建设项目通过划拨方式取得无限期的土地使用权，依照《中华人民共和国土地管理法》等规定所支付的费用。其总和一般不得超过被征土地年产值的30倍，土地年产值则按该地被征用前3年的平均产量和国家规定的价格计算。其内容包括以下几项。

(1) 土地补偿费。征用耕地(包括菜地)的补偿标准，按政府规定，为该耕地被征用前3年平均年产值的6~10倍，具体补偿标准由省、自治区、直辖市人民政府在此范围内制定。

征用园地、鱼塘、林地、牧场等的补偿标准，由省、自治区、直辖市人民政府参照征用耕地补偿费标准制定。征收无收益土地不予补偿。土地补偿费归农村集体经济组织所有。

(2) 青苗补偿费和被征用土地上的房屋、水井、树木等附着物补偿费。这些补偿费的标准由省、自治区、直辖市人民政府制定。征用城市郊区菜地时，还应该按照有关规定向国家缴纳新菜地开发建设基金。地上附着物及青苗补偿费归其所有者所有。

(3) 安置补助费。安置补助费是指国家在征用土地时，为了安置以土地为主要生产资料并取得生活来源的农业人口的生活所给予的补助费用。征用耕地和菜地的安置补助费标准按照需要安置的农业人口计算。需要安置的农业人口数，按照被征用的耕地数量除以征地前被征用单位平均每人占有耕地的数量计算。每个需要安置的农业人口的安置补助费标准，为该耕地被征用前3年平均年产值的4～6倍。但是，每公顷被征用耕地的安置补助费最高不得超过被征用前3年平均年产值的15倍。

2) 新菜地开发建设基金

新菜地开发建设基金是指征用城市郊区商品菜地时支付的费用。这项费用交给地方财政，作为开发建设新菜地的投资。菜地是指城市郊区为供应城市居民蔬菜，连续3年以上常年种菜或者养殖鱼、虾等的商品菜地和精养鱼塘。一年只种一茬或因调整茬口安排种植蔬菜的，均不作为需要收取开发基金的菜地。征用尚未开发的规划菜地，不缴纳新菜地开发建设基金。在蔬菜产销放开后，能够满足供应，不再需要开发新菜地的城市，不收取新菜地开发基金。

3) 耕地占用税

耕地占用税是对占用耕地建房或者从事其他非农业建设的单位和个人征收的一种税收，目的是合理利用土地资源、节约用地、保护农用耕地。耕地占用税征收范围，不仅包括占用耕地，还包括占用鱼塘、园地、菜地及其农业用地建房或者从事其他非农业建设，均按实际占用的面积和规定的税额一次性征收。其中，耕地是指用于种植农作物的土地。占用前3年曾用于种植农作物的土地也视为耕地。

4) 生态补偿与压覆矿产资源补偿费

水土保持等生态补偿费是指建设项目对水土保持等生态造成影响所发生的除工程费之外补救或者补偿费用；压覆矿产资源补偿费是指项目工程对被压覆的矿产资源利用造成影响所发生的补偿费用。

5) 土地管理费。

土地管理费主要作为征地工作中所发生的办公、会议、培训、宣传、差旅、借用人员工资等必要的费用。土地管理费的收取标准，一般是在土地补偿费、青苗费、地面附着物补偿费、安置补助费四项费用之和的基础上提取 2%～4%。如果是征地包干，还应在四项费用之和后再加上粮食价差、副食补贴、不可预见费等费用，在此基础上提取 2%～4%作为土地管理费。

**4. 拆迁补偿费用**

在城市规划区内国有土地上实施房屋拆迁，拆迁人应当对被拆迁人给予补偿、安置。

1) 拆迁补偿

拆迁补偿的方式可以实行货币补偿，也可以实行房屋产权调换。

(1) 货币补偿的金额，根据被拆迁房屋的区位、用途、建筑面积等因素，以房地产市场评估价格确定。具体办法由省、自治区、直辖市人民政府制定。

(2) 实行房屋产权调换的，拆迁人与被拆迁人按照计算得到的被拆迁房屋的补偿金额和所调换房屋的价格，结清产权调换的差价。

2) 拆迁、安置补助费

拆迁人应当对被拆迁人或者房屋承租人支付搬迁补助费，对于在规定的搬迁期限届满前搬迁的，拆迁人可以付给提前搬家奖励费；在过渡期限内，被拆迁人或者房屋承租人自行安排住处的，拆迁人应当支付临时安置补助费；被拆迁人或者房屋承租人使用拆迁人提供的周转房的，拆迁人不支付临时安置补助费。搬迁补助费和临时安置补助费的标准，由省、自治区、直辖市人民政府规定。有些地区规定，拆除非住宅房屋，造成停产、停业引起经济损失的，拆迁人可以根据被拆除房屋的区位和使用性质，按照一定标准给予一次性停产停业综合补助费。

**5. 土地使用权出让金**

土地使用权出让金是指建设项目通过土地使用权出让方式，取得有限期的土地使用权，依照《中华人民共和国城镇国有土地使用权出让和转让暂行条例》规定，支付的土地使用权出让金。

在有偿出让和转让土地时，政府对地价不作统一规定，但应坚持以下原则。

① 地价对目前的投资环境不产生大的影响。

② 地价与当地的社会经济承受能力相适应。

③ 地价要考虑已投入的土地开发费用、土地市场供求关系、土地用途和使用年限。

**6. 场地准备及临时设施费**

1) 场地准备及临时设施费

(1) 场地准备及临时设施费是指为使工程项目的建设场地达到开工条件时，由建设单位组织进行的场地平整等准备工作而发生的费用。

(2) 建设单位临时设施费是指建设单位为满足施工建设需要而提供的未列入工程费的临时水、电、路、信、气、热等工程和临时仓库等建(构)筑物的建设、维修、拆除、摊销费用或租赁费用，以及货场、码头租赁等费用。

2) 场地准备及临时设施费的计算

(1) 场地准备及临时设施应尽量与永久性工程统一考虑。建设场地的大型土石方工程应计入工程费用的总体运输费用中。

(2) 新建项目的场地准备和临时设施费应根据实际工程费用，或按工程费用的比例计算。改扩建项目一般只计拆除清理费。

$$\text{场地准备和临时设施费} = \text{工程费用} \times \text{费率} + \text{拆除清理费} \tag{2-35}$$

(3) 发生拆除清理费时可按新建同类工程造价或主材费、设备费的比例计算。凡可回收材料的拆除工程采用以料抵工方式冲抵拆除清理费。

(4) 此项费用不包括已列入建筑安装工程费用中的施工单位临时设施费用。

### 2.4.3　与项目建设有关的其他费用

根据项目的不同，与项目建设有关的其他费用的构成也不尽相同，一般包括以下各项，在进行工程估算及概算中可根据实际情况进行计算

**1. 可行性研究费**

可行性研究费是指在工程项目投资决策阶段，依据调研报告对有关建设方案、技术方案或生产经营方案进行的技术经济论证以及编制、评审可行性研究报告所需的费用。此项费用应依据前期研究委托合同计列，或参照《国家计委关于印发〈建设项目前期工作咨询收费暂行规定〉的通知》(计投资〔1999〕1283号)规定计算。

**2. 专项评价费**

专项评价费是指建设单位按照国家规定委托相关单位开展专项评价及进行验收工作发生的费用。

专项评价费包括环境影响评价费、安全预评价费、职业病危害预评价费、地震安全性评价费、地质灾害危险性评价费、水土保持评价费、压覆矿产资源评价费、节能评估费、危险与可操作性分析及安全完整性评价费以及其他专项评价费。

**3. 研究试验费**

研究试验费是指为建设项目提供和验证设计参数、数据、资料等所进行的必要的试验费用以及设计规定在施工中必须进行试验、验证所需费用，包括自行或委托其他部门研究试验所需人工费、材料费、试验设备及仪器使用费等。这项费用按照设计单位根据本工程项目的需要提出的研究试验内容和要求计算。在计算时要注意不应包括以下项目。

(1) 应由科技三项费用(即新产品试制费、中间试验费和重要科学研究补助费)开支的项目。

(2) 应在建筑安装费用中列支的施工企业对建筑材料、构件和建筑物进行一般鉴定、检查所发生的费用及技术革新的研究试验费。

(3) 应由勘察设计费或工程费用中开支的项目。

**4. 勘察设计费**

勘察设计费是指对工程项目进行工程水文地质勘察、工程设计所发生的费用，包括工程勘察费、初步设计费(基础设计费)、施工图设计费(详细设计费)、设计模型制作费。此项费用应按《关于发布〈工程勘察设计收费管理规定〉的通知》(计价格〔2002〕10号)的规定计算。建设单位临时设施费是指建设期间建设单位所需临时设施的搭设、维修、摊销费用或租赁费用。

### 5. 监理费

监理费是指受建设单位委托，工程监理单位为工程建设提供监理服务所发生的费用。

### 6. 引进技术和进口设备其他费用

引进技术和进口设备其他费用包括出国人员费用、国外工程技术人员来华费用、技术引进费、分期或延期付款利息、担保费以及进口设备检验鉴定费。

### 7. 监造费

监造费是指对项目所需设备材料制造过程、质量进行驻厂监督所发生的费用。

设备材料监造是指承担设备监造工作的单位受项目法人或建设单位的委托，按照设备、材料供货合同的要求，坚持客观公正、诚信科学的原则，对工程项目所需设备、材料在制造和生产过程中的工艺流程、制造质量等进行监督，并对委托人负责的服务。

### 8. 招标费

招标费是指建设单位委托招标代理机构进行招标服务所发生的费用。

### 9. 工程保险费

工程保险费是指为转移工程项目建设的意外风险，在建设期内对建筑工程、安装工程、机械设备和人身安全进行投保而发生的费用，包括建筑安装工程一切险、引进设备财产保险和人身意外伤害险等。

### 10. 特殊设备安全监督检验费

特殊设备安全监督检验费是指安全监察部门对在施工现场组装的锅炉及压力容器、压力管道、消防设备、燃气设备、电梯等特殊设备和设施实施安全检验收取的费用。此项费用按照建设项目所在省(自治区、直辖市)安全监察部门的规定标准计算。无具体规定的，在进行编制投资估算和概算时可按受检设备现场安装费的比例估算。

### 11. 市政公用设施费

市政公用设施费是指使用市政公用设施的工程项目，按照项目所在地省级人民政府有关规定建设或缴纳的市政公用设施建设配套费用以及绿化工程补偿费用。此项费用按工程所在地省级人民政府规定标准计列。

### 12. 设计评审费

设计评审费是指建设单位委托有资质的机构对设计文件进行评审的费用。设计文件包括初步设计文件和施工图设计文件等。

### 13. 技术经济标准使用费

技术经济标准使用费是指建设项目投资确定与计价、费用控制过程中使用相关技术经济标准所发生的费用。

**14. 工程造价咨询费**

工程造价咨询费是指建设单位委托造价咨询机构进行各阶段相关造价业务工作所发生的费用。

## 2.4.4 与未来企业生产经营有关的其他费用

**1. 联合试运转费**

联合试运转费是指新建企业或新增加生产工艺过程的扩建企业在竣工验收前，按照设计规定的工程质量标准，进行整个车间的负荷或无负荷联合试运转所发生的费用支出大于试运转收入的亏损费用。试运转收入包括试运转产品销售和其他收入，不包括设备安装工程费项下开支的单台设备调试费及试车费用。

**2. 专利及专有技术使用费**

1) 专利及专有技术使用费的主要内容
(1) 国外设计及技术资料费，引进有效专利、专有技术使用费和技术保密费。
(2) 国内有效专利、专有技术使用费。
(3) 商标权、商誉和特许经营权费等。

2) 专利及专有技术使用费的计算
在计算专利及专有技术使用费时，应注意以下问题。
(1) 按专利使用许可协议和专有技术使用合同的规定计列。
(2) 专有技术的界定应以省、部级鉴定批准为依据。
(3) 项目投资中只计算需在建设期支付的专利及专有技术使用费。协议或合同规定在生产期支付的使用费应在生产成本中核算。
(4) 一次性支付的商标权、商誉及特许经营权费按协议或合同规定计列。协议或合同规定在生产期支付的商标权或特许经营权费应在生产成本中核算。
(5) 为项目配套的专用设施投资，包括专用铁路线、专用公路、专用通信设施、送变电站、地下管道、专用码头等，如由项目建设单位负责投资但产权不归属本单位的，应作无形资产处理。

3) 生产准备及开办费
(1) 生产准备及开办费的内容。
在建设期内，建设单位为保证项目正常生产而发生的人员培训费、提前进厂费以及投产使用必备的办公、生活家具用具及工器具等的购置费用。包括以下几项。

① 人员培训费及提前进厂费。包括自行组织培训或委托其他单位培训的人员工资、工资性补贴、职工福利费、差旅交通费、劳动保护费、学习资料费等。

② 为保证初期正常生产(或营业、使用)所必需的生产办公、生活家具用具购置费。

③ 为保证初期正常生产(或营业、使用)所必需的达到固定资产标准的生产工具、器具、用具购置费。不包括备品备件费。

(2) 生产准备及开办费的计算。

① 新建项目按设计定员为基数计算，改扩建项目按新增设计定员为基数计算，即

$$\text{生产准备费} = \text{设计定员} \times \text{生产准备费指标(元/人)} \tag{2-36}$$

② 可采用综合的生产准备费指标进行计算，也可以按费用内容的分类指标计算。

## 2.5 预备费、建设期贷款利息

### 2.5.1 预备费

按我国现行规定，预备费包括基本预备费和价差预备费。

**1. 基本预备费**

基本预备费是指在初步设计及概算内难以预料的工程费用，费用内容包括以下几项。

(1) 在批准的初步设计范围内，技术设计、施工图设计及施工过程中所增加的工程费用；设计变更、局部地基处理等增加的费用。

(2) 一般自然灾害造成的损失和预防自然灾害所采取的措施费用。实行工程保险的工程项目费用应适当降低。

(3) 竣工验收时为鉴定工程质量对隐蔽工程进行必要的挖掘和修复费用。

(4) 超规超限设备运输增加的费用。

基本预备费是以设备及工器具购置费、建筑安装工程费用和工程建设其他费用三者之和为计取基础，乘以基本预备费费率进行计算。计算公式为

$$\text{基本预备费} = (\text{工程费用} + \text{工程建设其他费用}) \times \text{基本预备费费率} \tag{2-37}$$

**2. 价差预备费**

1) 价差预备费的内容

价差预备费是指为在建设期内利率、汇率或价格等因素的变化而预留的可能增加的费用，也称为价格变动不可预见费。价差预备费的内容包括：人工、设备、材料、施工机械的价差费，建筑安装工程费及工程建设其他费用调整，利率、汇率调整等增加的费用。

2) 价差预备费的测算方法

价差预备费一般根据国家规定的投资综合价格指数，以估算年份价格水平的投资额为基数，采用复利方法计算。计算公式为

$$PF = \sum_{t=1}^{n} I_t \left[ (1+f)^m (1+f)^{0.5} (1+f)^{t-1} - 1 \right] \tag{2-38}$$

式中：$PF$——价差预备费；

$I_t$——建设期中第 $t$ 年的投资计划额，包括工程费用、工程建设其他费用及基本预备费，即第 $t$ 年的静态投资计划额；

$n$——建设期年份数；

$f$——年平均投资价格上涨率；

$m$——建设前期年限(从编制估算到开工建设)，年。

【例 2-3】某建设项目建筑安装工程费为 5000 万元，设备购置费为 3000 万元，工程建设其他费用为 2000 万元，已知基本预备费费率为 5%，项目建设前期年限为 1 年，建设期为 3 年，各年投资计划额为：第一年完成投资额 20%，第二年完成 60%，第三年完成 20%，年均投资价格上涨率为 6%，求建设期间价差预备费。

解：基本预备费=(5000+3000+2000)×5%=500(万元)

静态投资=5000+3000+2000+500=10500(万元)

建设期第一年完成投资额=10500×20%=2100(万元)

第一年价差预备费为：$PF_1 = I_1[(1+f)(1+f)^{0.5} - 1] = 191.8$(万元)

建设期第二年完成投资额=10500×60%=6300(万元)

第二年价差预备费为：$PF_2 = I_1[(1+f)(1+f)^{0.5}(1+f) - 1] = 987.9$(万元)

建设期第三年完成投资额=10500×20%=2100(万元)(在此处输入公式)。

第三年价差预备费为：$PF_3 = I_1[(1+f)(1+f)^{0.5}(1+f)^2 - 1] = 475.1$(万元)

所以建设期的价差预备费为：PF=191.8+987.9+475.1=1654.8(万元)

### 2.5.2 建设期贷款利息

建设期贷款利息包括向国内银行和其他非银行金融机构贷款、出口信贷、外国政府贷款、国际商业银行贷款以及在境内外发行的债券等在建设期间内应偿还的贷款利息。

当总贷款是分年均额发放时，建设期利息的计算可按当年借款在年终支用考虑，即当年贷款按半年计息，上年贷款按全年计息。计算公式为

$$q_j = (p_{j-1} + \frac{1}{2}A_j)i \tag{2-39}$$

式中：$q_j$——建设期第 $j$ 年应计利息；

$p_{j-1}$——建设期第 $j$-1 年年末贷款累计金额与利息累计金额之和；

$A_j$——建设期第 $j$ 年贷款金额；

$i$——年利率。

【例 2-4】某新建项目，建设期为两年，分年均衡进行贷款，第一年贷款 300 万元，第二年贷款 600 万元，年利率为 12%，建设期内只计息不支付，计算建设期贷款利息。

解：建设期隔年利息计算如下：

$q_1 = (0 + \frac{1}{2}A_1)i = 0.5 \times 300 \times 12\% = 18$(万元)

$q_2 = (p_{2-1} + \frac{1}{2}A_2)i = (300 + 18 + 0.5 \times 600) \times 12\% = 74.16$(万元)

建设期贷款利息为：$q_1 + q_2 = 18 + 74.16 = 92.16$(万元)

# 本 章 小 结

本章主要讲解工程造价的构成及其计算，在本章要熟悉建设工程造价的构成，掌握设备及工器具购置费、建筑安装费和工程建设其他费用的构成与计算，掌握预备费、固定资产投资方向调节税、建设期贷款利息、流动资金的内容，了解世界银行建设项目费用的构成和国外建筑安装工程费用的构成。

# 复习思考题

2-1 建筑安装工程费用由哪些项目构成？各自关系如何？

2-2 我国现行工程造价的构成是怎样的？

2-3 某项目进口一批工艺设备，其银行财务费为4.25万元，外贸手续费为18.9万元，关税税率为20%，增值税税率为17%，抵岸价为1792.19万元。该批设备无消费税、海关监管手续费，则该批进口设备的到岸价格(CIF)为多少万元？

2-4 某项目购买一台国产设备，其购置费为1325万元，运杂费费率为12%，则该设备的原价为多少万元？

2-5 在进口设备交货类别中，总共有几种类型？特点是什么？

2-6 按照成本计算估价法，国产非标准设备原价的组成是什么？怎样进行计算？

2-7 工程建设其他费用有哪些？

2-8 国外建筑安装工程费用构成中的材料费与我国现行建筑安装工程直接费中的材料费相比，区别是什么？

2-9 我国税金都包括哪些？怎么进行计算？

2-10 土地的取得方式有哪些？有什么不同？

2-11 按现行对基本预备费内容的规定，基本预备费的范围是什么？

2-12 建筑安装工程的间接费有哪些？

2-13 某进口设备，到岸价格(CIF)为5600万元，关税税率为21%，增值税税率为17%，无消费税，则该进口设备应缴纳的增值税为多少？

2-14 某建设项目投资构成中，设备购置费为1000万元，工具、器具及生产家具购置费为200万元，建筑工程费为800万元，安装工程费为500万元，工程建设其他费用为400万元，基本预备费为150万元，涨价预备费为350万元，建设期贷款为2000万元，应计利息120万元，流动资金400万元，则该建设项目的工程造价为多少？

2-15 关于土地征用及拆迁补偿费的标准是怎样的？

2-16 国外建筑安装工程费用中的暂定金额是怎么规定的？

2-17 我国建设工程造价由哪几部分组成？

2-18 设备费与工器具费用有什么区别？

2-19 我国建设工程造价与国际工程造价存在哪些异同点？试进行分析比较。

2-20 某项目静态投资1000万元，建设前期为1年，建设期为3年，各年投资使用比率为20%、50%、30%。建设期内年平均价格变动率预测为5%，计算该项目建设期的涨价预备费。

2-21 某新建项目，建设期为3年，分年均衡进行贷款，第一年贷款300万元，第二年贷款600万元，第三年贷款400万元，年利率为12%，计算建设期贷款利息。

# 第 3 章 工程造价的计价依据与方法

**本章学习要求和目标:**

- 了解工程计价的方法。
- 熟悉人工、材料、机械台班单价的确定方法以及工程量清单的概念和内容。
- 掌握工程定额计价的基本方法。
- 掌握人工、材料、机械台班的定额消耗量确定方法。
- 掌握工程量清单计价的基本方法。

## 3.1 工程计价方法

### 3.1.1 工程计价的含义

**1. 工程计价概述**

工程计价是按照法律、法规和标准规定的程序、方法和依据,对工程项目实施建设各个阶段的工程造价及其构成内容进行预测和确定的行为。

工程计价的含义应该从以下三方面进行解释。

(1) 工程计价是工程价值的货币形式。工程计价是自下而上的分部组合计价,建设项目兼具单件性与多样性的特点。

(2) 工程计价是投资控制的依据。后一次估算不能超过前一次估算的幅度。

(3) 工程计价是合同价款管理的基础。定额形成企业管理的一门科学,产生于 19 世纪末资本主义企业管理科学发展初期。

**2. 工程计价的基本原理**

1) 利用函数关系对拟建项目的造价进行类比匡算

当一个建设项目还没有具体的图纸和工程量清单时,需要利用产出函数对建设项目投资进行匡算。在建筑工程中,产出函数建立了产出的总量或规模与各种资源投入(如人工、材料、机具)之间的关系。房屋建筑面积的大小和消耗的人工之间的关系是产出函数的一个例子。

投资的匡算常常基于某个表明设计能力或者形体尺寸的变量,如建筑面积、公路长度、工厂生产能力等。在这种类比估算方法下尤其要注意规模对造价的影响。项目的造价并不总是和规模大小呈线性关系。因此,要慎重选择合适的产出函数,寻找规模和经济效益的经验数据。例如,生产能力指数法就是利用生产能力与投资额之间的关系函数来进行投资估算的方法。

2) 分部组合计价原理

工程计价的基本原理是项目的分解和价格的组合,即将建设项目自下而上细分至最基本的构造单元,采用适当的计量单位计算其工程量,以及当时当地的工程单价,首先计算稳中有降基本构造单元的价格,再对费用按照类别进行组合汇总,计算出相应的工程造价。

工程计价基本原理的表达式为

$$\text{分部分项工程费(或措施项目费)} = \sum[\text{基本构造单元工程量(定额项目或清单项目)} \times \text{相应的单价}] \quad (3-1)$$

工程造价的计价可分为工程计量和工程计价环节。

(1) 工程计量。工程计量包括工程项目的划分和工程量的计算。

单位工程基本构造单元的确定,即划分工程项目。编制工程概预算时,主要是按工程定额进行项目的划分;编制工程量清单时主要是按照清单工程量计算规范规定的清单项目进行划分。

工程量的计算就是按照工程项目的划分和工程量计算规则,就不同的设计文件对工程实物量进行计算。工程实物量是计价的基础,不同的计价依据有不同的计算规则规定。

(2) 工程计价。工程计价包含工程单价的确定和总价的确定。

① 工程单价是指完成单位工程基本构造单元的工程量所需要的基本费用。工程单价包括工料单价和综合单价。

工料单价仅包括人工、材料、机具使用费,是人工消耗量、各种材料消耗量、各类施工机具消耗相应单价的乘积,用公式表示为

$$\text{工料单价} = \sum(\text{人材机消耗量} \times \text{人材机单价}) \quad (3-2)$$

综合单价除包括人工、材料机具使用费外,还包括可能分摊在单位工程基本构造单元上的费用。根据我国现行有关规定,又可以分成清单综合单价(不完全综合单价)与全费用综合单价(完全综合单价)两种。清单综合单还包括企业管理费、利润和风险因素;全费用综合单价包括企业管理费、利润、规费和税金。

② 工程总价是指按规定的程序或办法形成的相应工程造价。根据计算程序的不同,分为单价法和实物量法。

(A) 单价法包括工料单价法和综合单价法。

(a) 工料单价法。首先依据相应计价定额的工程量计算项目工程量;其次依据定额的人、材、机要素消耗量和单价,计算各个项目的直接费,汇总成直接费合计;最后再按照相应的取费程序计算其他各项费用,汇总后形成相应工程造价。

(b) 综合单价法。若采用全费用综合单价,首先依据工程量计算规范计算工程量,并依据相应的计价依据确定综合单价,然后用工程量乘以综合单价并汇总,即可得出分部分项工程及单价措施项目费,再按相应的办法计算各项费用、其他项目费,汇总后形成相应工程造价。

(B) 实物量法。实物量法是依据施工图纸和预算定额的项目划分,即工程量计算规则,先计算出分部分项工程量,然后依据预算定额计算人、材、机等要素的消耗量,再根据各

要素的实际价格及各项费率汇总形成相应工程造价的方法。

## 3.1.2 工程计价的依据

我国工程计价依据为工程造价管理的标准体系、工程计价定额体系和工程计价信息体系。

**1. 工程造价管理标准**

工程造价管理的标准体系按照管理性质不同可分为：统一工程造价管理的基本术语、费用构成等的基础标准；规范工程造价管理行为、项目划分和工程量计算规则等管理性规范；各类工程造价成果文件编制的业务操作规程；工程造价咨询质量和档案的质量标准；规范工程造价指数发布信息交换的信息标准等。

(1) 基础标准。包括《工程造价术语标准》(GB/T 50875)、《建设工程计价设备材料划分标准》(GB/T 50531)。

(2) 管理规范。包括《建设工程工程量清单计价规范》(GB 50500)、《建设工程造价规范》(GB/T 51095)、《建设工程造价鉴定规范》(GB/T 51262)、《建筑工程建筑面积计算规范》(GB/T 50353)以及不同专业的建设工程工程量计算规范等。

(3) 操作规程。主要包括中国建设工程造价管理协会陆续发布的各类成果文件编审的操作规程，即《建设项目投资估算编审规程》(CECA/GC-1)、《建设项目设计概算编审规程》(CECA/GC-2)、《建设项目施工图预算编审规程》(CECA/GC-5)、《建设项目工程结算编审规程》(CECA/GC-3)、《建设项目竣工决算编制规程》(CECA/GC-9)、《建设工程招标控制价编审规程》(CECA/GC-6)、《建设工程造价鉴定规程》(CECA/GC-8)、《建设项目全过程造价咨询规程》(CECA/GC-4)。

(4) 质量管理标准。主要包括《建设工程造价咨询成果文件质量标准》(CECA/GC-7)，该标准编制的目的是对工程造价咨询成果文件和过程文件的组成、表现形式、质量管理要素、成果质量标准等进行规范。

(5) 信息管理规范。主要包括《建设工程人工材料设备机械数据标准》(GB/T 50851)和《建设工程造价指标指数分类与测算标准》(GB/T 51290)等。

**2. 工程定额**

工程定额主要指国家、地方或行业主管部门制定的各种定额，包括工程消耗量定额和工程计价定额等。

《住房和城乡建设部关于进一步推进工程造价管理的指导意见》(建标〔2014〕142 号)要求，工程定额的定位应为"对国有资金投资工程，作为其编制估算、概算、最高投标限价的依据；对其他工程仅供参考"，并应鼓励企业编制企业定额。就建立工程定额全面修订和局部修订的动态调整机制，及时修订为符合市场实际的内容，提高定额时效性。编制有关建筑产业化、建筑节能与绿色建筑等工程定额，发挥定额在新技术、新工艺、新材料、新设备推广应用中的引导约束作用，支持建筑升级。

3. 工程计价信息

工程计价信息是指工程造价管理机构发布的建设工程人工、材料、工程设备、施工机具的价格信息，以及各类工程的造价指数、指标等。

### 3.1.3 工程计价的基本程序

#### 1. 工程概预算编制的基本程序

以定额单价法确定工程造价，即按预算定额规定的分部分项子目，逐项计算工程量，套用预算定额单价(或单位估价表)确定直接工程费，然后按规定的取费标准确定措施费、间接费、利润和税金，加上材料调差系数和适当不可预见费，经汇总后为工程预算造价。由此可以看出，编制建设工程造价最基本的两个过程是工程量计算和工程计价。定额计价方法的特点就是量与价的结合。

下面用公式进一步表明工程定额计价的基本方法。

每一计量单位建筑产品包括的内容如下。

基本构造要素(建筑产品)的直接工程费单价=人工费+材料费+施工机械使用费　　(3-3)

其中：

$$人工费=\sum(人工工日数量 \times 人工日工资标准) \quad (3-4)$$

$$材料费=\sum(材料用量 \times 材料预算价格) \quad (3-5)$$

$$施工机械使用费=\sum(机械台班用量 \times 台班单价) \quad (3-6)$$

$$单位工程直接费=\sum(建筑产品工程量 \times 直接工程费单价)+措施费 \quad (3-7)$$

$$单位工程预算造价=\sum 单位工程直接费+间接费+利润+税金 \quad (3-8)$$

$$单位工程概算造价=\sum 单位工程预算造价+设备、器具购置费 \quad (3-9)$$

$$建设项目全部工程概算造价=\sum 单项工程概算造价+预备费+有关其他费用 \quad (3-10)$$

#### 2. 工程量清单计价的基本程序

工程量清单计价的过程可以分为两个阶段，即工程量清单的编制和工程量清单的应用两个阶段。工程量清单的编制程序如图 3-1 所示，工程量清单应用过程如图 3-2 所示。

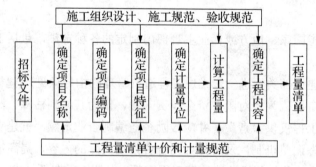

图 3-1　工程量清单编制程序

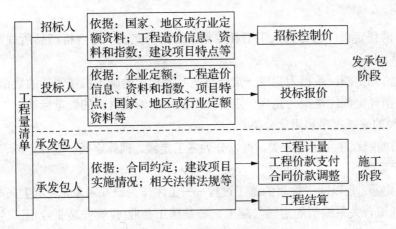

图 3-2 工程量清单应用程序

工程量清单计价的基本原理可以描述为：按照工程量清单计价规范规定，在各相应专业工程量计算规范规定的清单项目设置和工程量计算规则基础上，针对具体工程的施工图纸和施工组织设计计算出规定清单项目的工程量，根据规定的方法计算出综合单价，并汇总清单合价得出工程总价。

分部分项工程费=∑分部分项工程量清单项目工程量×清单项目综合单价　　(3-11)

其中，清单项目综合单价是由人工费、材料费、施工机械使用费、企业管理费、利润和一定范围内的风险费用组成的。

措施项目费=∑各措施项目费

其他项目费=暂列金额+暂估价(材料暂估单价和专业工程暂估价)+计日工+总承包服务费

规费和税金应按国家或省级、行业建设主管部门的规定计算，不作为竞争性费用。

单位工程报价=分部分项工程费+措施项目费+其他项目费+规费+税金　　(3-12)
单项工程报价=∑单位工程报价　　(3-13)
建设项目总报价=∑单项工程报价　　(3-14)

工程单价是指完成一个规定清单项目所需的人工费、材料和工程设备费、施工机具使用费和企业管理费、利润以及一定范围内的风险费用。

## 3.1.4 工程定额的分类

工程定额是指在正常施工条件下完成规定计量单位的合格建筑安装工程所消耗的人工、材料、施工机具台班、工期天数及相关费率等的数量标准。

**1. 工程建设定额的分类**

工程建设定额是工程建设中各类定额的总称，可以按照不同的原则和方法对它进行科学的分类。

1) 按定额反映的物质消耗内容分类

按定额反映的物质消耗内容分类，可以分为劳动消耗定额、机械消耗定额和材料消耗定额 3 种。

(1) 劳动消耗定额：也称为人工消耗定额，是指为完成一定合格产品所规定的劳动消耗的数量标准。

(2) 机械消耗定额：是指为完成一定合格产品所规定的施工机械消耗的数量标准。

(3) 材料消耗定额：是指为完成一定合格产品所需消耗材料的数量标准。

2) 按定额的编制程序和用途分类

按定额的编制程序和用途分类，可以分为施工定额、预算定额、概算定额、概算指标、投资估算指标等。

(1) 施工定额：是以同一性质的施工过程——工序作为研究对象，表示生产产品数量与生产要素消耗综合关系编制的定额。施工定额是施工企业(建筑安装企业)组织生产和加强管理在企业内部使用的一种定额，属于企业生产定额的性质。它由劳动定额、机械定额、材料定额 3 个相对独立的部分组成，主要用于工程的直接施工管理，以及作为编制工程施工设计、施工预算、施工作业计划、签发施工任务单、限额领料卡及结算计件工资或计量奖励工资的依据，它同时也是编制预算定额的基础。

(2) 预算定额：是完成规定计量单位分项工程计价的人工、材料、施工机械台班消耗量的标准，是统一预算工程量计算规则、项目划分、计量单位的依据，是编制地区单位计价表、确定工程价格、编制施工图预算的依据，也是编制概算定额(指标)的基础；也可作为制定招标工程标底、企业定额和投标报价的基础。预算定额一般适用于新建、扩建、改建工程。

(3) 概算定额：是在预算定额基础上以主要分项工程综合相关分项的扩大定额，是编制初步设计概算的依据，还可作为编制施工图预算的依据，也可作为编制估算指标的依据。

(4) 概算指标：是概算定额的扩大与合并，一般是在概算定额和预算定额的基础上编制。它是设计单位编制工程概算或建设单位编制年度任务计划、施工准备期间编制材料和机械设备供应计划的依据，也可供国家编制年度建设计划参考。

(5) 投资估算指标：是编制项目建议书、可行性研究报告投资估算的依据，是在现有工程价格资料的基础上，经分析整理得出的。估算指标为建设工程的投资估算提供依据，是合理确定项目投资的基础。各种计价定额间关系的比较如表 3-1 所示。

表 3-1 各种计价定额间关系的比较

| 名 称 | 施工定额 | 预算定额 | 概算定额 | 概算指标 | 投资估算指标 |
| --- | --- | --- | --- | --- | --- |
| 对象 | 工序 | 分部分项工程 | 扩大的分部分项工程 | 整个建筑物或构筑物 | 独立的单项工程或完整的工程项目 |
| 用途 | 编制施工预算 | 编制施工图预算 | 编制设计概算 | 编制初步设计概算 | 编制投资估算 |
| 项目划分 | 最细 | 细 | 较粗 | 粗 | 很粗 |

续表

| 名　称 | 施工定额 | 预算定额 | 概算定额 | 概算指标 | 投资估算指标 |
|---|---|---|---|---|---|
| 定额水平 | 平均先进 | 平均 | 平均 | 平均 | 平均 |
| 定额性质 | 生产性定额 | 计价性定额 | | | |

3) 按专业分类

工程建设涉及众多的专业，不同的专业所含的内容也不同，因此就确定人工、材料和机具台班消耗数量标准的工程定额来说，也需按不同的专业分别进行编制和执行。

(1) 建筑工程定额按专业对象分为建筑及工程定额、房屋修缮工程定额、市政工程定额、铁路工程定额、公路工程定额、矿山井巷工程定额、水利工程定额、水运工程定额等。

(2) 安装工程定额按专业对象分为电气设备安装工程定额、机械设备安装工程定额、热力设备安装工程定额、通信设备安装工程定额、化学工业设备安装工程定额、工业管道安装工程定额、工艺金属结构安装工程定额等。

4) 按主编单位和管理权限分类

按定额的适用范围分类，可以分为全国统一定额、行业定额、地区统一定额和企业定额。

(1) 全国统一定额：是由国家主管部门制定颁发的、在全国范围内执行的定额，如《全国统一建筑工程基础定额》《全国统一建筑装饰装修工程消耗量定额》等。

(2) 行业定额：是由中央各部门制定颁发的，只在本行业和相同专业性质的范围内使用的专业定额，如铁路建设工程定额、水利建筑工程定额等。

(3) 地区统一定额：包括省、自治区、直辖市定额。地区统一定额主要是考虑地区性特点和全国统一定额水平作适当调整和补充编制的。

(4) 企业定额：是施工企业根据本企业的施工技术和管理水平，以及有关工程造价资料制定的，并供本企业使用的人工、材料和机械台班消耗量标准，只在本企业内部使用，是企业素质的一个标志。

**2. 工程定额的制定与修订**

工程定额的制定与修订包括制定、全面修订、局部修订、补充等工作，应遵循以下原则。

(1) 对新型工程以及建筑产业现代化、绿色建筑、建筑节能等工程建设新要求，应及时制定新定额。

(2) 对相关技术规程和技术规范已全面更新且不能满足工程计价需要的定额，发布实施已满五年的定额，应全面修订。

(3) 对相关技术规程和技术规范发生局部调整且不能满足工程计价需要的定额，部分子目已不适应工程计价需要的定额，应及时局部修订。

(4) 对定额发布后工程建设中出现的新技术、新工艺、新材料、新设备等情况，就工程建设需求及时编制补充定额。

## 3.2 工程量清单计价方法

### 3.2.1 工程量清单计价规范概述

工程量清单是载明建设工程分部分项工程项目、措施项目和其他项目的名称和相应数量以及规费和税金项目等内容的明细清单。其中由招标人根据国家标准、招标文件、设计文件以及施工现场实际情况编制的称为招标工程量清单，而作为投标文件组成部分的已标明价格并经承包人确认的称为已标价工程量清单。招标工程量清单应由具有编制能力的招标人或受其委托，具有相应资质的工程造价咨询人或招标代理人编制。采用工程量清单方式招标，招标工程量清单必须作为招标文件的组成部分，其准确性和完整性由招标人负责。招标工程量清单应以单位(项)工程为单位编制，由分部分项工程量清单、措施项目清单、其他项目清单、规费项目和税金项目清单组成。

**1. 工程量清单计价与计量规范概述**

工程量清单计价与计量规范由《建设工程工程量清单计价规范》(GB 50500)、《房屋建筑与装饰工程量计算规范》(GB 50854)、《仿古建筑工程量计算规范》(GB 50855)、《通用安装工程量计算规范》(GB 50856)、《市政工程量计算规范》(GB 50857)、《园林绿化工程量计算规范》(GB 50858)、《矿山工程量计算规范》(GB 50859)、《构筑物工程量计算规范》(GB 50860)、《城市轨道交通工程量计算规范》(GB 50861)、《爆破工程量计算规范》(GB 50862)组成。《建设工程工程量清单计价规范》(GB 50500)(以下简称《计价规范》)包括总则、术语、一般规定、工程量清单编制、招标控制价、投标报价、合同价款约定、工程计量、合同价款调整、合同价款期中支付、竣工结算与支付、合同解除的价款结算与支付、合同价款争议的解决、工程造价鉴定、工程计价资料与档案、工程计价表格及 11 个附录。各专业工程量计量规范包括总则、术语、工程计量、工程量清单编制、附录。

1) 工程量清单计价的适用范围

计价规范适用于建设工程发承包及其实施阶段的计价活动。使用国有资金投资的建设工程发承包，必须采用工程量清单计价；非国有资金投资的建设工程，宜采用工程量清单计价；不采用工程量清单计价的建设工程，应执行计价规范中除工程量清单等专门性规定外的其他规定。

国有资金投资的项目包括全部使用国有资金(含国家融资资金)投资或国有资金投资为主的工程建设项目。

(1) 国有资金投资的工程建设项目包括以下几种。

① 使用各级财政预算资金的项目。

② 使用纳入财政管理的各种政府性专项建设资金的项目。
③ 使用国有企事业单位自有资金,并且国有资产投资者实际拥有控制权的项目。
(2) 国家融资资金投资的工程建设项目包括以下几种。
① 使用国家发行债券所筹资金的项目。
② 使用国家对外借款或者担保所筹资金的项目。
③ 使用国家政策性贷款的项目。
④ 国家授权投资主体融资的项目。
⑤ 国家特许的融资项目。
(3) 国有资金(含国家融资资金)为主的工程建设项目是指国有资金占投资总额 50%以上,或虽不足 50%,但国有投资者实质上拥有控股权的工程建设项目。
2) 工程量清单计价的作用
(1) 提供一个平等的竞争条件。

采用施工图预算来投标报价,由于设计图纸的缺陷,不同施工企业的人员理解不一,计算出的工程量也不同,报价就更相去甚远,也容易产生纠纷。而工程量清单报价就为投标者提供了一个平等竞争的条件,相同的工程量,由企业根据自身的实力来填不同的单价。投标人的这种自主报价,使得企业的优势体现到投标报价中,可在一定程度上规范建筑市场秩序,确保工程质量。

(2) 满足市场经济条件下竞争的需要。

招投标过程就是竞争的过程,招标人提供工程量清单,投标人根据自身情况确定综合单价,利用单价与工程量逐项计算每个项目的合价,再分别填入工程量清单表内,计算出投标总价。单价成为决定性的因素,定高了不能中标,定低了又要承担过大的风险。单价的高低直接取决于企业管理水平和技术水平的高低,这种局面促成了企业整体实力的竞争,有利于我国建设市场的快速发展。

(3) 有利于提高工程计价效率,能真正实现快速报价。

采用工程量清单计价方式,避免了传统计价方式下招标人与投标人在工程量计算上的重复工作,各投标人以招标人提供的工程量清单为统一平台,结合自身的管理水平和施工方案进行报价,促进了各投标人企业定额的完善和工程造价信息的积累和整理,体现了现代工程建设中快速报价的要求。

(4) 有利于工程款的拨付和工程造价的最终结算。

中标后,业主要与中标单位签订施工合同,中标价就是确定合同价的基础,投标清单上的单价就成了拨付工程款的依据。业主根据施工企业完成的工程量,可以很容易地确定进度款的拨付额。工程竣工后,根据设计变更、工程量增减等,业主也很容易确定工程的最终造价,可在某种程度上减少业主与施工单位之间的纠纷。

(5) 有利于业主对投资的控制。

采用施工图预算形式,业主对因设计变更、工程量增减所引起的工程造价变化并不敏感,往往等到竣工结算时才知道这些变更对项目投资的影响有多大,但此时常常为时已晚。而采用工程量清单报价的方式可对投资变化一目了然,在进行设计变更时,能马上知道它

对工程造价的影响,业主就能根据投资情况来决定是否变更或进行方案比较,以决定最恰当的处理方法。

**2. 工程量清单编制的内容**

工程量清单编制的内容包括分部分项工程量清单、措施项目清单、其他项目清单、规费项目清单和税金项目清单。

1) 分部分项工程量清单的内容

分部分项工程是"分部工程"和"分项工程"的总称。"分部工程"是单位工程的组成部分,是按结构部位、路段长度及施工特点或施工任务将单位工程划分为若干分部的工程。例如,砌筑工程分为砖砌体、砌块砌体、石砌体、垫层分部工程。"分项工程"是分部工程的组成部分,是按不同施工方法、材料、工序及路段长度等分部工程划分为若干个分项或项目的工程,如砖砌体分为砖基础、砖砌挖孔桩护壁、实心砖墙、多孔砖墙、空心砖墙、空斗墙、空花墙、填充墙、实心砖柱、多孔砖柱、砖检查井、零星砌砖、砖散水地坪、砖地沟明沟等分项工程。

分部分项工程项目清单必须载明项目编码、项目名称、项目特征、计量单位和工程量。分部分项工程项目清单必须根据各专业工程计量规范规定的项目编码、项目名称、项目特征、计量单位和工程量计算规则进行编制。其格式如表 3-2 所示,在分部分项工程量清单的编制过程中,由招标人负责前 6 项内容填列,金额部分在编制招标控制价或投标报价时填列。

表 3-2 分部分项工程量清单与计价表

工程名称:　　　　　　　　　　标段:　　　　　　　　　第　页　共　页

| 序号 | 项目编码 | 项目名称 | 项目特征 | 计量单位 | 工程量 | 金额/元 | | |
|---|---|---|---|---|---|---|---|---|
| | | | | | | 综合单价 | 合价 | 其中:暂估价 |
| | | (分部工程名称) | | | | | | |
| | | (分项工程名称) | | | | | | |
| | | | | | | | | |
| | | | | | | | | |
| | | | | | | | | |
| | | | | | | | | |
| | | 本页小计 | | | | | | |
| | | 合计 | | | | | | |

编制人(造价人员):_____　复核人(造价工程师):_____。

(1) 项目编码。项目编码是分部分项工程和措施项目清单名称的阿拉伯数字标识。分部分项工程量清单项目编码以五级编码设置,用 12 位阿拉伯数字表示。1~4 级编码为全国统一,即 1~9 位应按计价规范附录的规定设置;第五级即 10~12 位为清单项目编码,应根据拟建工程的工程量清单项目名称设置,不得有重码,这 3 位清单项目编码由招标人针对招标工程项目具体编制，并应自 001 起顺序编制。各级编码代表的含义如下。

① 第一级表示专业工程代码(分二位)。
② 第二级表示附录分类顺序码(分二位)。
③ 第三级表示分部工程顺序码(分二位)。
④ 第四级表示分项工程项目名称顺序码(分三位)。
⑤ 第五级表示工程量清单项目名称顺序码(分三位)。

项目编码结构如图 3-3 所示(以房屋建筑与装饰工程为例)，《建设工程工程量清单计价规范》(以下简称《工程量清单规范》或本规范)中规定，分部分项工程量清单项目编码应采用 12 位阿拉伯数字表示。第 1~9 位应按本规范附录的规定设置，第 10~12 位应根据拟建工程的工程量清单项目名称设置，同一招标工程的项目编码不得有重码。

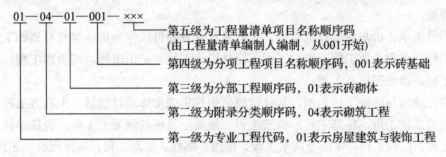

图 3-3 项目编码结构

(2) 项目名称。分部分项工程量清单的项目名称按本规范附录的项目名称结合拟建工程的实际确定。项目名称如有缺项，编制人可按相应的原则进行补充，并报省级或行业工程造价管理机构备案。

(3) 项目特征。项目特征是构成分部分项工程项目、措施项目自身价值的本质特征。项目特征是对项目的准确描述，是确定一个清单项目综合单价不可缺少的重要依据，是区分清单项目的依据，是履行合同义务的基础。分部分项工程量清单的项目特征应按各专业工程计量规范附录中规定的项目特征，结合技术规范、标准图集、施工图纸，按照工程结构、使用材质及规格或安装位置等，予以详细而准确的表述和说明。凡项目特征中未描述到的其他独有特征，由清单编制人视项目具体情况确定，以准确描述清单项目为准。在各专业工程计量规范附录中还有关于各清单项目"工作内容"的描述。工作内容是指完成清单项目可能发生的具体工作和操作程序，但应注意的是，在编制分部分项工程量清单时，工作内容通常无须描述，因为在计价规范中，工程量清单项目与工程量计算规则、工作内容有一一对应关系，当采用计价规范这一标准时，工作内容均有规定。

(4) 计量单位。分部分项工程量清单的计量单位按照本规范各附录中规定的计量单位采用。当计量单位有两个或两个以上时，根据所编工程量清单项目的特征要求，选择最适宜表现该项目特征并方便计量的单位。除各专业有特殊规定外，均按以下单位计量。

① 以重量计算的项目：吨或千克(t 或 kg)。
② 以体积计算的项目：立方米($m^3$)。
③ 以面积计算的项目：平方米($m^2$)。

④ 以长度计算的项目：米(m)。
⑤ 以自然计量单位计算的项目：个、套、块、樘、组等。
⑥ 没有具体数量的项目：宗、项等。

计量单位的有效位数应遵守以下规定。

① 以 t 为单位，应保留 3 位小数，第四位小数四舍五入。
② 以 $m^3$、$m^2$、m、kg 为单位，应保留两位小数，第三位小数四舍五入。
③ 以"个""项"等为单位，应取整数。

(5) 工程数量。工程数量主要通过工程量计算规则计算得到。工程量计算规则是指对清单项目工程量的计算规则除另有说明外，所有清单项目的工程量应以实体工程量为准，并以完成后的净值计算；投标人投标报价时，应在单价中考虑施工中的各种损耗和需要增加的工程量。

工程量清单计价与计量规范规定，工程量计算规则可以分为房屋建筑与装饰工程、仿古建筑工程、通用安装工程、市政工程、园林绿化工程、矿山工程、构筑物工程、城市轨道交通工程、爆破工程九大类。

以房屋建筑与装饰工程为例，其计量规范中规定的实体项目包括：土石方工程，地基处理与边坡支护工程，桩基工程，砌筑工程，混凝土及钢筋混凝土工程，金属结构工程，木结构工程，门窗工程，屋面及防水工程，保温、隔热、防腐工程，楼地面装饰工程，墙、柱面装饰与隔断、幕墙工程，天棚工程，油漆、涂料、裱糊工程，其他装饰工程，拆除工程等，分别制定了它们的项目设置和工程量计算规则。

随着工程建设中新材料、新技术、新工艺等的不断涌现，计量规范附录所列的工程量清单项目不可能包含所有项目。在编制工程量清单时，当出现计量规范附录中未包括的清单项目时，编制人应作补充。在编制补充项目时应注意以下三方面。

① 补充项目的编码应按计量规范的规定确定。具体做法如下：补充项目的编码由计量规范的代码与 B 和 3 位阿拉伯数字组成，并应从 001 起顺序编制。例如，房屋建筑与装饰工程如需补充项目，则其编码应从 018001 开始起顺序编制，同一招标工程的项目不得重码。

② 工程量清单中应附补充项目的项目名称、项目特征、计量单位、工程量计算规则和工作内容。

③ 编制的补充项目报省级或行业工程造价管理机构备案。

2) 措施项目清单的内容

(1) 措施项目列项。措施项目是指为完成工程项目施工，发生于该工程施工准备和施工过程中的技术、生活、安全、环境保护等方面的项目。

措施项目清单应根据相关工程现行国家计量规范的规定编制，并应根据拟建工程的实际情况列项。例如，《房屋建筑与装饰工程量计算规范》(GB 50854)中规定的措施项目，包括：脚手架工程，混凝土模板及支架(撑)，垂直运输，超高施工增加，大型机械设备进出场及安拆，施工排水、降水，安全文明施工及其他措施项目。

(2) 措施项目清单的标准格式。

① 措施项目清单的类别。措施项目费用的发生与使用时间、施工方法或者两个以上的

工序相关，如安全文明施工、夜间施工、非夜间施工照明、二次搬运、冬雨季施工、地上地下设施、建筑物的临时保护设施、已完工程及设备保护等。但是有些措施项目则是可以计算工程量的项目，如脚手架工程、混凝土模板及支架(撑)、垂直运输、超高施工增加、大型机械设备进出场及安拆、施工排水降水等，这类措施项目按照分部分项工程量清单的方式采用综合单价计价，更有利于措施费的确定和调整。措施项目中可以计算工程量的项目清单宜采用分部分项工程量清单的方式编制，列出项目编码、项目名称、项目特征、计量单位和工程量计算规则(见表 3-3)；不能计算工程量的项目清单，以"项"为计量单位进行编制(见表 3-4)。

表 3-3 措施项目清单与计价表(一)

| 序号 | 项目编码 | 项目名称 | 计算基础 | 费率/% | 金额/元 | 调整费率/% | 调整后金额/元 | 备注 |
|---|---|---|---|---|---|---|---|---|
| | | 安全文明施工费 | | | | | | |
| | | 夜间施工增加费 | | | | | | |
| | | 二次搬运费 | | | | | | |
| | | 冬雨季施工增加费 | | | | | | |
| | | 已完工程及设备保护费 | | | | | | |
| 合计 | | | | | | | | |

注：1. "计算基础"中安全文明施工费可为"定额基价""定额人工费"或"定额人工费+定额机械费"，其他项目可为"定额人工费"或"定额人工费+定额机械费"。

2. 按施工方案计算的措施费，若无"计算基础"和"费率"的数值，也可只填"金额"数值，但应在"备注"栏说明施工方案出处或计算方法。

表 3-4 措施项目清单与计价表(二)

工程名称： 标段： 第 页 共 页

| 序号 | 项目编码 | 项目名称 | 项目特征 | 计量单位 | 工程量 | 金额/元 | | |
|---|---|---|---|---|---|---|---|---|
| | | | | | | 综合单价 | 合价 | 其中：暂估价 |
| | | (分部工程名称) | | | | | | |
| | | (分项工程名称) | | | | | | |

② 措施项目清单的编制。措施项目清单的编制需考虑多种因素，除工程本身的因素外，还涉及水文、气象、环境、安全等因素。措施项目清单应根据拟建工程的实际情况列项。若出现清单计价规范中未列的项目，可根据工程实际情况补充。

措施项目清单的编制依据主要有以下几点。

a. 施工现场情况、地勘水文资料、工程特点。

b. 常规施工方案。

c. 与建设工程有关的标准、规范、技术资料。
d. 拟订的招标文件。
e. 建设工程设计文件及相关资料。

3) 其他项目清单的内容

其他项目清单包括下列内容。

(1) 暂列金额。暂列金额是指招标人在工程量清单中暂定并包括在合同价款中的一笔款项。用于工程合同签订时尚未确定或者不可预见的所需材料、工程设备、服务的采购，施工中可能发生的工程变更、合同约定调整因素出现时的合同价款调整，以及发生的索赔、现场签证确认等的费用。不管采用何种合同形式，其理想的标准是，一份合同的价格就是其最终的竣工结算价格，或者至少两者应尽可能接近。我国规定对政府投资工程实行概算管理，经项目审批部门批复的设计概算是工程投资控制的刚性指标，即使商业性开发项目也有成本的预先控制问题；否则，无法相对准确地预测投资的收益和科学合理地进行投资控制。但工程建设自身的特性决定了工程的设计需要根据工程进展不断地进行优化和调整，业主需求可能会随工程建设进展出现变化，工程建设过程还会存在一些不能预见、不能确定的因素。消化这些因素必然会影响合同价格的调整，暂列金额正是因这类不可避免的价格调整而设立，以便达到合理确定和有效控制工程造价的目标。设立暂列金额并不能保证合同结算价格就不会再出现超出合同价格的情况，是否超出合同价格完全取决于工程量清单编制人对暂列金额预测的准确性，以及工程建设过程是否出现了其他事先未预测到的事件。暂列金额应根据工程特点，按有关计价规定估算。

(2) 暂估价。暂估价是指招标人在工程量清单中提供的用于支付必然发生但暂时不能确定价格的材料、工程设备的单价以及专业工程的金额，包括材料暂估单价、工程设备暂估单价和专业工程暂估价；暂估价类似于 FIDIC 合同条款中的 Prime Cost Items，在招标阶段预见肯定要发生，只是因为标准不明确或者需要由专业承包人完成，暂时无法确定价格。暂估价数量和拟用项目应当结合工程量清单中的"暂估价表"予以补充说明。为方便合同管理，需要纳入分部分项工程量清单项目综合单价中的暂估价应只是材料、工程设备暂估单价，以方便投标人组价。

专业工程的暂估价一般应是综合暂估价，同样包括人工费、材料费、施工机具使用费、企业管理费和利润，不包括规费和税金。总承包招标时，专业工程设计深度往往是不够的，一般需要交由专业设计人设计。在国际社会，出于对提高可建造性的考虑，一般由专业承包人负责设计，以发挥其专业技能和专业施工经验的优势。这类专业工程交由专业分包人完成是国际工程的良好实践，目前在我国工程建设领域也已经比较普遍。公开、透明、合理地确定这类暂估价的实际开支金额的最佳途径就是通过施工总承包人与工程建设项目招标人共同组织的招标。

暂估价中的材料、工程设备暂估单价应根据工程造价信息或参照市场价格估算，列出明细表；专业工程暂估价应分不同专业，按有关计价规定估算，列出明细表。

(3) 计日工。在施工过程中，承包人完成发包人提出的工程合同范围以外的零星项目或工作，按合同中约定的单价计价的一种方式，是为解决现场发生的零星工作的计价而设立的。

(4) 总承包服务费。总承包服务费是指总承包人为配合协调发包人进行的专业工程发包,对发包人自行采购的材料、工程设备等进行保管以及施工现场管理、竣工资料汇总整理等服务所需的费用。招标人应预计该项费用并按投标人的投标报价向投标人支付该项费用。

4) 规费、税金项目清单的内容

规费项目清单应按照下列内容列项:社会保险费,包括养老保险费、失业保险费、医疗保险费、工伤保险费、生育保险费;住房公积金;工程排污费;出现计价规范中未列的项目,应根据省级政府或省级有关权力部门的规定列项。税金项目清单应包括下列内容:营业税;城市维护建设税;教育费附加;地方教育附加。出现计价规范未列的项目,应根据税务部门的规定列项。

**3. 工程定额计价方法的发展**

定额计价制度的产生和发展,为政府进行工程项目的投资控制提供了很好的工具。但随着市场经济体制改革的深入发展,对传统的定额计价制度的改革势在必行。

工程定额计价制度改革的第一阶段实行"量价分离",即由国务院建设行政主管部门制定符合国家标准、规范,并反映一定时期施工水平的人工、材料、机械等消耗量标准,实现国家对消耗量标准的宏观管理。对人工、材料、机械的单价等,由工程造价管理机构依据市场价格的变化发布工程造价相关信息和指数。

工程定额计价制度改革的第二阶段是工程造价计价方式的改革。20 世纪 90 年代中后期,是中国建设市场迅猛发展的时期。在招投标已经成为工程发包的主要方式后,工程项目需要新的、更适应市场经济发展的、更有利于建设项目通过市场竞争合理形成造价的计价方式来确定其建造价格。2003 年 2 月,国家标准《建设工程工程量清单计价规范》(GB 50500—2003)发布并从 2003 年 7 月 1 日起开始施行,标志着我国工程造价的计价方式实现了从传统定额计价向工程量清单计价的转变。2008 年 7 月,国家根据《建设工程工程量清单计价规范》(GB 50500—2003)实施 5 年以来的经验,针对执行中存在的问题,特别是清理拖欠工程款工作中普遍反映的,在工程实施阶段中有关工程价款调整、支付、结算等方面缺乏依据的问题,出台了新的《建设工程工程量清单计价规范》(GB 50500—2008),从 2008 年 12 月 1 日起施行。新规范主要修订了原规范正文中不尽合理、可操作性不强的条款及表格格式,特别增加了采用工程量清单计价如何编制工程量清单和招标控制价、投标报价、合同价款约定以及工程计量与价款支付、工程价款调整、索赔、竣工结算、工程计价争议处理等内容,并增加了条文说明,还增加了附录中的矿山工程。

虽然我国已经制定并推广了工程量清单计价,但由于各地实际情况的差异,目前的工程造价计价方式不可避免地出现了双轨并行的局面——在保留传统定额计价方式的基础上,又参照国际惯例引入了工程量清单计价方式。随着我国工程造价管理体制改革的不断深化以及对国际惯例的透彻了解,市场自主定价模式必将逐渐占据主导地位。

### 4. 工程定额计价方式的性质

定额计价是我国采用的一种与计划经济相适应的工程造价管理制度，是国家通过颁布统一的计价定额或指标，对建筑产品价格进行有计划的管理。我国建筑产品价格市场化经历了"国家定价—国家指导价—国家调控价"3个阶段，如表3-5所示。

表3-5 工程价格形成不同阶段的特点

| 发展阶段 | 定价主体 | 价格形式 | 价格形成的主要特征 |
| --- | --- | --- | --- |
| 国家定价 | 国家 | 概预算加签证(属国家计划价格形式，包括设计概算、施工图预算、工程费用签证和竣工结算) | 属于国家定价的价格形式 |
| 国家指导价 | 国家和企业 | 预算包干价格形式(属国家计划价格形式)、工程招标投标价格形式(属国家指导性价格，包括标底价、投标报价、中标价、合同价、结算价等形式) | 计划控制性、国家指导性、竞争性 |
| 国家调控价 | 承发包双方 | 承发包双方协商形成 | 竞争形成、自发波动、自发调节 |

注：利用工程建设定额计算工程造价就价格形成而言，介于国家定价和国家指导价之间。

## 3.2.2 工程量清单计价的过程及程序

工程量清单计价的过程可以分为两个阶段，即工程量清单编制和工程量清单应用两个阶段。

## 3.2.3 工程量清单与计价表格

工程量清单格式应由封面、总说明、汇总表、分部分项工程量清单表、措施项目清单与计价表、其他项目清单与计价汇总表、规费和税金项目清单与计价表组成。

### 1. 封面

1) 工程量清单封面

封面按规定的内容填写、签字、盖章。封面内容示意如表3-6所示。

表 3-6　工程量清单封面内容

```
_____工程

                  工程量清单

招标人：_____(单位盖章)      工程造价咨询人：_____(单位资质专用章)
法定代表人或其授权人：_____    法定代表人或其授权人：_____
             (签字或盖章)                       (签字或盖章)
编制人：_____            复核人：_____
     (造价人员签字盖专用章)              (造价工程师签字盖专用章)
编制时间：  年  月  日         复核时间：  年  月  日
```

2) 招标控制价封面

封面按规定的内容填写、签字、盖章。封面内容示意如表 3-7 所示。

表 3-7　招标控制价封面内容

```
_____工程

                  招标控制价

招标控制价(小写)：_____
      (大写)：_____

招标人：_____(单位盖章)      工程造价咨询人：_____(单位资质专用章)
法定代表人或其授权人：_____    法定代表人或其授权人：_____
             (签字或盖章)                       (签字或盖章)
编制人：_____            复核人：_____
     (造价人员签字盖专用章)              (造价工程师签字盖专用章)
编制时间：  年  月  日         复核时间：  年  月  日
```

3) 投标总价封面

该封面的内容示意如表 3-8 所示。

表 3-8　投标总价封面内容

| |
|---|
| 招　标　人：_____<br>工　程　名　称：_____<br>投　标　总　价(小写)：_____<br>　　　　　　　(大写)：_____<br><br>投　标　人：_____<br>　　　　　　　　　　(单位盖章)<br><br>法定代表人<br>或其授权人：_____<br>　　　　　　　　　　(签字或盖章)<br><br>编　制　人：_____<br>　　　　　　　　　　(造价人员签字盖专用章)<br><br>编制时间：　　　年　　　月　　　日 |

4) 竣工结算总价封面

该封面的内容示意如表 3-9 所示。

表 3-9　竣工结算总价封面内容

| |
|---|
| _____工程<br># 竣工结算总价<br>中标价(小写)：_____　(大写)：_____<br>结算价(小写)：_____　(大写)：_____<br><br>发包人：_____　承包人：_____　工程造价咨询人：_____<br>　(单位盖章)　　　　(单位盖章)　　　　(单位资质专用章)<br>法定代表人　　　　法定代表人　　　　法定代表人<br>或其授权人：____　或其授权人：____　或其授权人：____<br>　(签字或盖章)　　　(签字或盖章)　　　(签字或盖章)<br>编制人：_____　　核对人：_____<br>　(造价人员签字盖专用章)　　(造价工程师签字盖专用章) |

2. 总说明

总说明(见表 3-10)填写内容包括以下几项。

(1) 工程概况：建设规模、工程特征、计划工期、施工现场实际情况、自然地理条件、环境保护要求等。

(2) 工程招标和分包范围。

(3) 工程量清单编制依据。

(4) 工程质量、材料、施工等特殊要求。

(5) 其他需要说明的问题。

表 3-10　总说明

工程名称：　　　　　　　　　　　　　　　　　　　第　页　共　页

| |
|---|
| |

### 3. 汇总表

(1) 工程项目招标控制价/投标报价汇总表。本表适用于工程项目招标控制价或投标报价的汇总。其格式如表 3-11 所示。

表 3-11　工程项目招标控制价/投标报价汇总表

工程名称：　　　　　　　　　　　　　　　　　　　第　页　共　页

| 序号 | 单项工程名称 | 金额/元 | 其中 | | |
|---|---|---|---|---|---|
| | | | 暂估价/元 | 安全文明施工费/元 | 规费/元 |
| | | | | | |
| 合计 | | | | | |

(2) 单项工程招标控制价/投标报价汇总表。本表适用于单项工程招标控制价或投标报价的汇总。其格式如表 3-12 所示。

表 3-12　单项工程招标控制价/投标报价汇总表

工程名称：　　　　　　　　　　　　　　　　　　　第　页　共　页

| 序号 | 单项工程名称 | 金额/元 | 其中 | | |
|---|---|---|---|---|---|
| | | | 暂估价/元 | 安全文明施工费/元 | 规费/元 |
| | | | | | |
| 合计 | | | | | |

(3) 单位工程招标控制价/投标报价汇总表。本表适用于单位工程招标控制价或投标报

价的汇总，如无单位工程的划分，单项工程也使用本表汇总。其格式如表 3-13 所示。

表 3-13　单位工程招标控制价/投标报价汇总表

工程名称：　　　　　　　标段：　　　　　　　　　　第　页　共　页

| 序号 | 汇总内容 | 金额/元 | 其中：暂估价/元 |
|---|---|---|---|
| 1 | 分部分项工程 | | |
| 1.1 | | | |
| 2 | 措施项目 | | |
| 2.1 | 安全文明施工 | | |
| 3 | 其他项目 | | |
| 3.1 | 暂列金额 | | |
| 3.2 | 专业工程暂估价 | | |
| 3.3 | 计日工 | | |
| 3.4 | 总承包服务费 | | |
| 4 | 规费 | | |
| 5 | 税金 | | |
| 招标控制价合计=1+2+3+4+5 | | | |

(4) 工程项目竣工结算汇总表，其格式如表 3-14 所示。

表 3-14　工程项目竣工结算汇总表

工程名称：　　　　　　　　　　　　　　　第　页　共　页

| 序号 | 单项工程名称 | 金额/元 | 其中 | |
|---|---|---|---|---|
| | | | 安全文明施工费/元 | 规费/元 |
| | | | | |
| 合计 | | | | |

(5) 单项工程竣工结算汇总表，其格式如表 3-15 所示。

表 3-15　单项工程竣工结算汇总表

工程名称：　　　　　　　　　　　　　　　第　页　共　页

| 序号 | 单项工程名称 | 金额(元) | 其中 | | |
|---|---|---|---|---|---|
| | | | 暂估价/元 | 安全文明施工费/元 | 规费/元 |
| | | | | | |
| 合计 | | | | | |

(6) 单位工程竣工结算汇总表，其格式如表 3-16 所示。

**4. 分部分项工程量清单表**

分部分项工程量清单表包括分部分项工程量清单与计价表及工程量清单综合单价分析表。其格式如表 3-17 所示。

**表 3-16　单位工程竣工结算汇总表**

工程名称：　　　　　　　　标段：　　　　　　　　　　　第　页 共　页

| 序号 | 汇总内容 | 金额/元 | 其中：暂估价/元 |
|---|---|---|---|
| 1 | 分部分项工程 | | |
| 1.1 | | | |
| 2 | 措施项目 | | |
| 2.1 | 安全文明施工 | | |
| 3 | 其他项目 | | |
| 3.1 | 暂列金额 | | |
| 3.2 | 专业工程暂估价 | | |
| 3.3 | 计日工 | | |
| 3.4 | 总承包服务费 | | |
| 4 | 规费 | | |
| 5 | 税金 | | |
| 招标控制价合计=1+2+3+4+5 | | | |

**表 3-17　工程量清单综合单价分析表**

工程名称：　　　　　　　　标段：　　　　　　　　　　　第　页 共　页

| 项目编码 | | 项目名称 | | | | 计量单位 | | | | |
|---|---|---|---|---|---|---|---|---|---|---|
| 清单综合单价组合明细 | | | | | | | | | | |
| 定额编号 | 定额名称 | 定额单位 | 数量 | 单价 | | | | 合价 | | | |
| | | | | 人工费 | 材料费 | 机械费 | 管理费和利润 | 人工费 | 材料费 | 机械费 | 管理费和利润 |
| | | | | | | | | | | | |
| 人工单价 | | 小计 | | | | | | | | | |
| 元/工日 | | 未计价材料费 | | | | | | | | | |
| 清单项目综合单价 | | | | | | | | | | | |
| 材料费明细 | 主要材料名称、规格、型号 | | 单位 | 数量 | | 单价/元 | 合价/元 | | 暂估单价/元 | 暂估合价/元 | |
| | | | | | | | | | | | |
| | | | | | | | | | | | |
| | 其他材料费 | | | | | | | | | | |
| | 材料费小计 | | | | | | | | | | |

### 5. 措施项目清单与计价表

措施项目清单与计价表的格式如表 3-18 和表 3-19 所示。

表 3-18 措施项目清单与计价表(一)

工程名称：　　　　　　　标段：　　　　　　　第 页 共 页

| 序号 | 项目名称 | 计算基础 | 费率/% | 金额/元 |
|---|---|---|---|---|
| 1 | 安全文明施工费 | | | |
| 2 | 夜间施工费 | | | |
| 3 | 二次搬运费 | | | |
| 4 | 冬雨季施工 | | | |
| 5 | 大型机械设备进出场及安拆费 | | | |
| 6 | 施工排水 | | | |
| 7 | 施工降水 | | | |
| 8 | 地上、地下设施，建筑物的临时保护设施 | | | |
| 9 | 已完工程及设备保护 | | | |
| 10 | 各专业工程的措施项目 | | | |
| 11 | | | | |
| 12 | | | | |

注：本表适用于以"项"计价的措施项目。

表 3-19 措施项目清单与计价表(二)

工程名称：　　　　　　　标段：　　　　　　　第 页 共 页

| 序号 | 项目编码 | 项目名称 | 项目特征 | 计量单位 | 工程量 | 金额/元 | |
|---|---|---|---|---|---|---|---|
| | | | | | | 综合单价 | 合价 |
| | | | | | | | |
| | | | | | | | |

注：本表适用于以综合单价形式计价的措施项目。

### 6. 其他项目清单与计价汇总表

其他项目清单与计价汇总表如表 3-20 所示，其中明细参见表 3-21 至表 3-25。

### 7. 规费和税金项目清单与计价表

规费和税金项目清单与计价表如表 3-26 所示。

表 3-20　其他项目清单与计价汇总表

工程名称：　　　　　　　　标段：　　　　　　　　第 页 共 页

| 序号 | 项目名称 | 计量单位 | 金额/元 | 备注 |
|---|---|---|---|---|
| 1 | 暂列金额 | | | 明细详见表 3-21 |
| 2 | 暂估价 | | | |
| 2.1 | 材料暂估价 | | | 明细详见表 3-22 |
| 2.2 | 专业工程暂估价 | | | 明细详见表 3-23 |
| 3 | 计日工 | | | 明细详见表 3-24 |
| 4 | 总承包服务费 | | | 明细详见表 3-25 |
| | | | | |
| | | | | |

表 3-21　暂列金额明细表

工程名称：　　　　　　　　标段：　　　　　　　　第 页 共 页

| 序号 | 项目名称 | 计量单位 | 金额/元 | 备注 |
|---|---|---|---|---|
| | | | | |
| | | | | |

表 3-22　材料暂估单价表

工程名称：　　　　　　　　标段：　　　　　　　　第 页 共 页

| 序号 | 材料名称、规格、型号 | 计量单位 | 单价/元 | 备注 |
|---|---|---|---|---|
| | | | | |
| | | | | |

表 3-23　专业工程暂估价表

工程名称：　　　　　　　　标段：　　　　　　　　第 页 共 页

| 序号 | 工程名称 | 工程内容 | 金额/元 | 备注 |
|---|---|---|---|---|
| | | | | |
| | | | | |

表 3-24　计日工表

工程名称：　　　　　　　　标段：　　　　　　　　第 页 共 页

| 编号 | 项目名称 | 单位 | 暂定数量 | 综合单价/元 | 合价/元 |
|---|---|---|---|---|---|
| 一 | 人工 | | | | |
| 1 | | | | | |
| | | | | | |
| 人工小计 | | | | | |

续表

| 编号 | 项目名称 | 单位 | 暂定数量 | 综合单价/元 | 合价/元 |
|---|---|---|---|---|---|
| 二 | 材料 | | | | |
| 1 | | | | | |
| | 材料小计 | | | | |
| 三 | 施工机械 | | | | |
| 1 | | | | | |
| | 施工机械小计 | | | | |
| | 总计 | | | | |

表 3-25  总承包服务费计价表

工程名称：　　　　　　　　标段：　　　　　　　　第 页 共 页

| 序号 | 项目名称 | 项目价值/元 | 服务内容 | 费率/% | 金额/元 |
|---|---|---|---|---|---|
| 1 | 发包人发包专业工程 | | | | |
| 2 | 发包人供应材料 | | | | |
| | | | | | |

表 3-26  规费和税金项目清单与计价表

工程名称：　　　　　　　　标段：　　　　　　　　第 页 共 页

| 序号 | 项目名称 | 计算基础 | 费率/% | 金额/元 |
|---|---|---|---|---|
| 1 | 规费 | 定额人工费 | | |
| 1.1 | 社会保险费 | 定额人工费 | | |
| (1) | 养老保险费 | 定额人工费 | | |
| (2) | 失业保险费 | 定额人工费 | | |
| (3) | 医疗保险费 | 定额人工费 | | |
| (4) | 工伤保险费 | 定额人工费 | | |
| (5) | 生育保险费 | 定额人工费 | | |
| 1.2 | 住房公积金 | 定额人工费 | | |
| 1.3 | 工程排污费 | 按工程所在地环境保护部门收取标准、按实计入 | | |
| 1.4 | 工程定额测定费 | | | |
| 2 | 税金(增值税) | 分部分项工程费+措施项目费+其他项目费+规费 | | |

## 3.2.4 工程量清单计价的特点及意义

**1. 工程量清单的特点**

我国工程量清单计价模式的特点如下。

1) 统一的计价规则

通过制定统一的建设工程量清单计价方法、统一的工程量计价规则、统一的工程量项目设置规则，达到规范计价行为的目的。这些规则和办法是强制性的，建设各方面都应遵守。

2) 有效控制消耗量

通过由政府发布统一的社会平均消耗量指导标准，为企业提供一个社会平均尺度，避免企业盲目或随意大幅度减少或扩大消耗量，从而达到保证工程质量的目的。

3) 企业自主报价

投标企业根据自身的技术专长、材料采购渠道和管理水平等，制定企业自己的报价定额，自主报价。企业尚无自己的报价定额的，可参考使用造价管理部门颁布的《建设工程消耗量定额》。

4) 市场有序竞争形成价格

通过建立与国际惯例接轨的工程量清单计价模式，引入充分竞争形成价格机制，制定衡量投标报价合理性的基础标准，在投标过程中，有效引入竞争机制，淡化标底的作用，在保证工程质量的前提下，按《中华人民共和国招标投标法》有关条款规定，最终以"不低于成本"的合理低价中标。

**2. 实施工程量清单的意义**

工程量清单计价是我国计价模式改革的第二个发展历程。实施清单计价具有以下意义。

(1) 实行工程量清单计价，是我国工程造价管理深化改革与发展的需要。实行工程量清单计价，将改变以工程预算定额为计价依据的计价模式，适应工程招标投标和由市场竞争形成工程造价的需要，推进我国工程造价事业的发展。

(2) 实行工程量清单计价，是整顿和规范建设市场秩序，适应社会主义市场经济发展的需要。

工程造价是工程建设的核心内容，也是建设市场运行的核心内容。实行工程量清单计价，是由市场竞争形成工程造价。工程量清单计价反映工程的个别成本，有利于企业自主报价和公平竞争，实现由政府定价到市场定价的转变；有利于规范业主在招标中的行为，有效纠正招标单位在招标中盲目压价的行为，避免工程招标中弄虚作假、暗箱操作等不规范行为，促进其提高管理水平，从而真正体现公开、公平、公正的原则，反映市场经济规律；有利于规范建设市场计价行为，从源头上遏制工程招投标中滋生的腐败，整顿建设市场的秩序，促进建设市场的有序竞争。

实行工程量清单计价，是适应我国社会主义市场经济发展的需要。市场经济的主要特点是竞争，建设工程领域的竞争主要体现在价格和质量上，工程量清单计价的本质是价格市场化。实行工程量清单计价，对于在全国建立一个统一、开放、健康、有序的建设市场，促进建设市场有序竞争和企业健康发展，都具有重要的作用。

(3) 实行工程量清单计价，是适应我国工程造价管理政府职能转变的需求。

按照政府部门真正履行"经济调节、市场监管、社会管理和公共服务"的职能要求，政府对工程造价的管理，将推行政府宏观调控、企业自主报价、市场形成价格、社会全面监督的工程造价管理体制。实行工程量清单计价，有利于我国工程造价管理政府职能的转变，由过去行政直接干预转变为对工程造价依法监管，有效地强化政府对工程造价的宏观调控，以适应建设市场发展的需要。

(4) 实行工程量清单计价，是我国建筑业发展适应国际惯例与国际接轨，融入世界大市场的需要。

在我国实行工程量清单计价，会为我国建设市场主体创造一个与国际惯例接轨的市场竞争环境，有利于进一步对外开放交流，有利于提高国内建设各方主体参与国际竞争的能力，有利于提高我国工程建设的管理水平。

## 3.3 建筑安装工程人工、材料、机械台班消耗量的确定方法

### 3.3.1 施工过程分解及过程研究

**1. 对施工工作的研究**

1) 施工过程的分类

施工过程是工程建设的生产过程。它是由不同工种、不同技术等级的建筑工人完成的，并且必须有一定的劳动对象，如建筑材料、半成品配件等，还要有一定的劳动工具、手动工具、小型机具和机械等。

研究施工过程，首先应对施工过程进行分类。

(1) 按施工过程组织上的复杂程度，可以分为工序、工作过程和综合工作过程。

① 工序：是组织上分不开且技术上相同的施工过程。工序的主要特征是工人班组、工作地点、施工工具和材料均不发生变化，如钢筋制作由平直钢筋、钢筋除锈、切断钢筋、弯曲钢筋等工序组成。

从施工的技术操作和组织的观点看，工序是工艺方面最简单的施工过程，但从劳动过程的观点看，工序又可以分解为操作和动作。例如，"弯曲钢筋"的工序可以分解为下列操作：(一)把钢筋放在工作台上；(二)将旋钮旋紧；(三)弯曲钢筋；(四)放松旋钮；(五)将弯好的钢筋放在一边。又如，"把钢筋放在工作台上"这个操作，可以分解为下列动作：(一)走向钢筋堆放处；(二)拿起钢筋；(三)返回工作台；(四)将钢筋移到支座面前。

在编制施工定额时，工序是基本的施工过程，是主要的研究对象。测定定额时只需分

解标定到工序为止。如果进行某项先进技术或新技术的工时研究,就要分解到操作甚至动作为止,从中研究可以改进操作或节约工时。

② 工作过程:是由同一工人或同一工人班组所完成的在技术操作上相互有机联系的工序的总和。它的特点是人员编制不变、工作地点不变,而材料和工具则可以变换,如砌墙和勾缝、抹灰和粉刷。

③ 综合工作过程:是同时进行的、在组织上有机地联系在一起的、最终能获得一种产品的工作过程的总和。例如,浇灌混凝土结构的施工过程,是由搅拌、运送、浇灌和捣实混凝土等工作过程组成。

(2) 按施工工序是否重复循环,施工过程还可分为循环工作过程和非循环工作过程两类。

(3) 根据施工过程的完成方法和手段分类,施工过程可以分为手工操作过程、机械施工过程和机手并动过程。

(4) 按劳动者、劳动工具、劳动对象的位置和变化分类,可分为工艺过程、搬运过程和检验过程。

2) 施工过程的影响因素

(1) 技术因素。包括产品的种类和质量要求,所用材料、半成品、构配件的类别规格和性能,所用工具和机械设备的类别、型号、性能及完好情况。

(2) 组织因素。包括施工组织和施工方法、劳动组织、工人技术水平、操作方法和劳动态度、工资分配方式、劳动竞赛等。

(3) 自然因素。风、雪、雨。

**2. 工作时间分类**

为了确定施工的时间定额和产量定额需要对施工中的工作时间进行研究,而其前提是对工作时间消耗性质分类。工作时间指工作班延续时间,对工作时间消耗的研究可以分为两个系统进行,即工人工作时间的消耗和机械工作时间的消耗。

(1) 工人工作时间消耗的分类可分为必须消耗的时间和损失时间,如图3-4所示。

① 必须消耗的时间,是指工人在正常施工条件下,为完成一定数量的合格产品所必须消耗的时间。它是制定定额的主要依据。

② 损失时间,与产品生产无关,但与施工组织和技术上的缺点有关,是指与工人在施工过程的个人过失或某些偶然因素有关的时间消耗。

③ 有效工作时间,是指从生产效果来看与产品生产直接有关的时间消耗。

④ 基本工作时间,是指工人完成基本工作所消耗的时间,是完成一定产品的施工工艺过程所消耗的时间。

⑤ 辅助工作时间,是指为保证基本工作能顺利完成所做的辅助性工作所消耗的时间。

⑥ 准备与结束工作时间,是指执行任务前或任务完成后所消耗的工作时间。

⑦ 休息时间,是指工人在施工过程中为恢复体力所必需的短暂休息和生理需要的时间消耗。

⑧ 不可避免的中断时间,是指由于施工工艺特点引起的工作中断所消耗的时间。

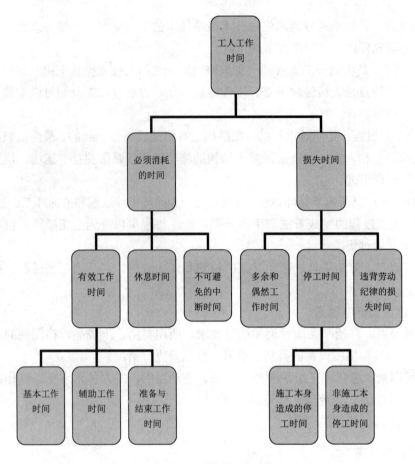

图 3-4　工人工作时间消耗的分类

⑨ 多余工作时间,是指工人进行了任务以外的而又不能增加产品数量的工作引起的时间损失。

⑩ 偶然工作时间,是指工人在任务外进行的、但能够获得一定产品的工作引起的时间损失。

⑪ 停工时间,是指工作班内停止工作造成的时间损失。停工时间按性质分为施工本身造成的停工时间和非施工本身造成的停工时间两种。施工本身造成的停工时间,是由于施工组织不善、材料供应不及时、准备工作做得不好等情况引起的停工时间。非施工本身造成的停工时间,是由于水源、电源中断引起的停工时间。前一种情况在拟定定额时不应计算,后一种情况定额中应给予一定的考虑。

⑫ 违背劳动纪律的损失时间,是指工人在工作班开始和午休后的迟到,午饭前和工作班结束前的早退、擅自离开工作岗位、工作时间办私事等造成的工时损失。因此在定额中不予考虑。

(2) 机械工作时间消耗也分为必须消耗的时间和损失时间两类,如图 3-5 所示。

① 正常负荷下的工作时间,是指机械在与机械说明书规定的计算负荷相符的情况下进行工作的时间。

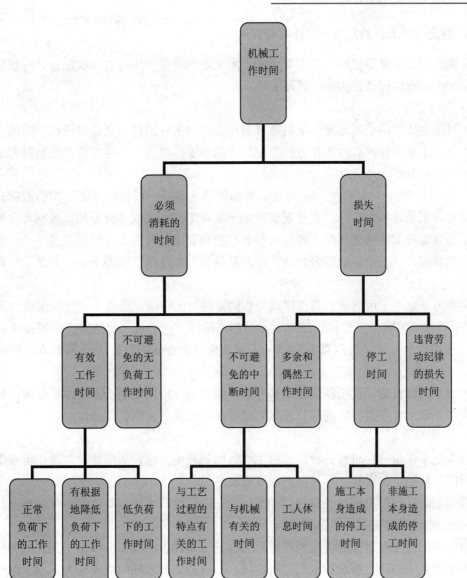

图 3-5　机械工作时间消耗的分类

② 有根据地降低负荷下的工作时间，是指在个别情况下机械由于技术上的原因，在低于其计算负荷下工作的时间。

③ 低负荷下的工作时间，是指由于工人或技术人员的过错所造成的施工机械在降低负荷的情况下工作的时间。

④ 不可避免的无负荷工作时间，是指由施工过程的特点和机械结构的特点造成的机械无负荷工作时间。

⑤ 不可避免的中断工作时间，是指与工艺过程的特点、机械使用和保养、工人休息有关的不可避免的中断时间。

### 3. 测定时间消耗的方法——计时观察法

定额测定是制定定额的一个主要步骤。测定定额通常使用计时观察法。计时观察法又包括测时法、写实记录法和工作日写实法。

1) 测时法

测时法主要适用于测定那些定时重复循环工作的工时消耗，是精确度比较高的一种计时观察法。主要测定"有效工作时间"中的"基本工作时间"，包括选择法测时和连续法测时两种具体方法。

(1) 选择法测时，又称间隔法测时，是指间隔选择施工过程中非紧连的组成部分进行工时测定。采用这种方法时，当被观察的某一循环工作的组成部分开始，观察者立即开动秒表；当该组成部分终止，则立即停止秒表；把秒表上指示的延续时间记录下来，并把秒针回位到零点。当下一组成部分开始，再开动秒表，如此依次观察下去，并依次记录下延续时间。

这种方法适用于所测定的各工序或操作的延续时间较短、连续测定比较困难的情况。

(2) 连续法测时，又称接续法测时，是指连续测定一个施工过程各工序或操作的延续时间。使用这种方法，每次都要记录各工序或操作的终止时间，并计算出本工序的延续时间。

此方法的特点是，在工作进行中和非循环组成部分出现之前一直不停止秒表，秒针走动过程中，观察者根据各组成部分之间的定时点，记录它的终止时间。

2) 写实记录法

写实记录法是一种研究各种性质的工作时间消耗的方法。采用这种方法，可获得分析工作时间消耗的全部资料，并且精确程度很高。

写实记录法测时用普通表进行，详细记录在一段时间内观察对象的各种活动及其时间消耗(起止时间)以及完成的产品数量。

对记录的各项观察资料进行整理时，先将施工过程各组成部分按施工工艺顺序从写实记录表上抄录下来，并摘录相应的工时消耗；然后按工时消耗的性质分为基本工作时间与辅助工作时间、休息和不可避免中断时间、违背劳动纪律时间等，按各类时间消耗进行统计，并计算整个观察时间即总工时消耗；再计算各组成部分时间消耗占总工时消耗的百分比。

3) 工作日写实法

这是一种研究整个工作班内的各种工时消耗的方法，其中包括研究有效时间、损失时间、休息时间、不可避免中断时间。

采用工作日写实法既可以取得编制定额的基础资料，又可以检查定额的执行情况，找出缺点，改进工作。

这种方法的优点是技术简便、费力不多、应用面广和资料全面，在我国是一种采用较广泛的编制定额的方法。

## 3.3.2 确定人工、材料、施工机具台班定额消耗量的方法

### 1. 确定人工定额消耗量的方法

人工定额又称为劳动消耗定额。它有两种表现形式，即时间定额和产量定额，二者互为倒数，可相互换算。拟定出时间定额，也就得到了产量定额。

时间定额是在拟定基本工作时间、辅助工作时间、不可避免中断时间、准备与结束的工作时间以及休息时间的基础上制定的。

1) 确定基本工作时间

基本工作时间在必须消耗的工作时间中占的比例最大。基本工作时间消耗根据计时观察资料来确定。其做法是，首先确定工作过程每一组成部分的工时消耗，然后再综合出工作过程的工时消耗。

2) 确定辅助工作时间和准备与结束工作时间

确定方法与基本工作时间的确定方法相同。但是如果这两项工作时间在整个工作班工作时间消耗中所占比率不超过 5%～6%，则可归纳为一项，以工作过程的计量单位表示，确定出工作过程的工时消耗。

3) 确定不可避免的中断时间

施工中有两种不同的工作中断情况：一种是由工艺特点引起的不可避免中断，此项工作消耗可以列入工作过程的时间定额；另一种是由于班组工人所担负的任务不均衡引起的中断，这种工作中断应通过改善班组人员编制、合理进行劳动分工来克服。

不可避免中断时间需要根据测时资料通过整理分析获得，也可以根据经验数据或工时规范，以占工作日的百分比表示此项工时消耗的时间定额。

4) 确定休息时间

休息时间应根据工作班组作息制度、经验资料、计时观察资料以及对工作的疲劳程度作全面分析来确定。应考虑尽可能利用不可避免中断时间作为休息时间。

5) 确定时间定额

确定的基本工作时间、辅助工作时间、准备与结束工作时间、不可避免中断时间与休息时间之和，就是人工定额的时间定额。根据时间定额即可计算出产量定额。

利用工时规范，可以计算劳动定额的时间定额。计算公式为

$$\text{工序作业时间} = \text{基本工作时间} + \text{辅助工作时间} \tag{3-15}$$

$$\text{规范时间} = \text{准备与结束工作时间} + \text{不可避免中断时间} + \text{休息时间} \tag{3-16}$$

$$\text{工序作业时间} = \text{基本工作时间} + \text{辅助工作时间} = \text{基本工作时间}/(1-\text{辅助时间}\%) \tag{3-17}$$

$$\text{定额时间} = \text{工序作业时间}/(1-\text{规范时间}\%) \tag{3-18}$$

【例 3-1】通过计时观察资料得知，人工挖二类土 $1m^3$ 的基本工作时间为 6h，辅助工作时间占工序作业时间的 2%，准备与结束工作时间、不可避免中断时间、休息时间分别占工作日的 3%、2%、18%，确定该人工挖二类土的时间定额。

**解**：基本作业时间=6/8=0.75(工日/$m^3$)

工序作业时间=0.75/(1-2%)=0.765(工日/m³)

时间定额=0.765/(1-3%-2%-18%)=0.994(工日/m³)

**2. 确定材料定额消耗量的方法**

1) 材料的分类

(1) 按材料消耗的性质划分，可分为必须消耗的材料和损失的材料两类。

必须消耗的材料指在合理用料的条件下，生产合格产品所需消耗的材料。它包括直接用于建筑和安装工程的材料、不可避免的施工废料、不可避免的材料损耗。

必须消耗的材料属于施工正常消耗，是确定材料消耗定额的基本数据。其中，直接用于建筑和安装工程的材料，编制材料净用量定额；不可避免的施工废料和材料损耗，编制材料损耗定额。

(2) 按材料的消耗与工程实体关系划分，可分为实体材料和非实体材料。

实体材料是指直接构成工程实体的材料，包括主要材料和辅助材料。

非实体材料是指在施工中必须使用但又不能构成工程实体的施工措施性材料。非实体材料主要指周转性材料。

2) 确定材料定额消耗量的方法

计算公式为

$$材料消耗量=材料净用量+材料损耗量 \tag{3-19}$$

$$材料损耗量=材料消耗量×材料损耗率 \tag{3-20}$$

所以

$$材料消耗量=材料净用量×(1+材料损耗率) \tag{3-21}$$

确定实体材料的净用量定额和材料损耗定额的计算数据，是通过观测法、试验法、统计法和理论计算法获得的。

(1) 观测法：又称为现场测定法，主要是编制材料损耗定额，也可以提供编制材料净用量定额的参考数据。

(2) 试验法：又称为实验室试验法，主要是编制材料净用量定额。

(3) 统计法：是通过对现场进料、用料的大量统计资料进行分析计算，获得材料消耗的数据。这种方法由于不能分清材料消耗的性质，因而不能作为确定材料净用量定额和材料损耗定额的依据。

上述 3 种方法的选择必须符合国家有关标准规范(即材料的产品标准)，计量要使用标准容器和称量设备，质量符合施工验收规范要求，以保证获得可靠的定额编制依据。

(4) 理论计算法，是指运用一定的数学公式计算材料消耗定额。

**【例 3-2】** 采用现场测定法，测得某种建筑材料在正常施工条件下的单位消耗量为12.47kg，损耗量为 0.65kg，确定该材料的损耗率。

**解：** 材料损耗率=损耗量/净用量×100%

材料损耗量=材料净用量×材料损耗率

材料消耗量=材料净用量+材料损耗量

根据上式，损耗率=0.65/(12.47−0.65)×100%=5.50%

**3. 确定机械台班定额消耗量的方法**

1) 确定正常施工条件

机械工作与人工操作相比，劳动生产率受到施工条件的影响更大，编制定额时更应重视确定机械工作的正常条件。

(1) 工作地点的合理组织是对施工地点机械和材料的位置、工人从事操作的场所作出科学合理的平面布置和空间安排。

(2) 拟定合理的劳动组合是根据施工机械的性能和设计能力、工人的专业分工和劳动工效、合理确定操纵机械的工人和直接参加机械化施工过程的工人人数，确定维护机械的工人人数及配合机械施工的工人人数，以保持机械的正常生产率和工人正常的劳动效率。

2) 确定机械净工作 1h 的生产率

机械净工作时间是指机械必须消耗的时间，包括在满载和有根据地降低负荷下的工作时间、不可避免的无负荷工作时间和必要的中断时间。

根据工作特点的不同，机械可分为循环动作和连续动作两类，其机械净工作 1h 生产率的确定方法不同。

(1) 循环动作机械净工作 1h 生产率计算公式为

机械一次循环的正常延续时间=$\sum$(循环各组成部分正常延续时间)−交叠时间 (3-22)

机械净工作 1h 循环次数=3600(s)/一次循环的正常延续时间 (3-23)

循环工作机械净工作 1h 生产率=机械净工作 1h 循环次数×一次循环生产的产品数量 (3-24)

(2) 连续动作机械净工作 1h 生产率计算公式为

连续动作机械净工作 1h 生产率=工作时间内完成的产品数量/工作时间(h) (3-25)

工作时间内完成的产品数量和工作时间的消耗，要通过多次现场观测或试验以及机械说明书来确定。

(3) 确定机械的正常利用系数。

机械的正常利用系数是指机械在工作班内对工作时间的利用率。计算公式为

机械的正常利用系数=机械在一个工作班内净工作时间/一个工作班延续时间(8h) (3-26)

(4) 确定机械台班定额。

确定了机械工作正常条件、机械净工作 1h 生产率和机械正常利用系数之后，可用下列公式计算机械台班定额，即

机械台班定额=机械净工作 1h 生产率×工作班净工作时间 (3-27)

或

机械台班定额=机械净工作 1h 生产率×工作班延续时间×机械正常利用系数 (3-28)

**【例 3-3】** 已知某挖土机挖土，一次正常循环工作时间是 40s，每次循环平均挖土量 0.3m³，机械正常利用系数为 0.8。

**解**：机械净工作 1h 循环次数=3600/40=90(次/台班)

机械净工作 1h 生产率=90×0.3=27(m³/台时)
机械台班产量定额=27×8×0.8=172.8(m³/台班)
机械台班时间定额=1/172.8=0.00579(台班/m³)

## 3.4 建筑安装工程人工、材料、机械台班单价的确定方法

### 3.4.1 人工单价的组成和确定方法

**1. 人工单价的组成**

人工单价即人工工日单价,是指一名建筑工人一个工作日在预算中应计入的全部人工费用。人工单价组成如表 3-27 所示。

表 3-27 人工单价组成内容

| | |
|---|---|
| 基本工资 | 岗位工资 |
| | 技能工资 |
| | 年功工资 |
| 工资性补贴 | 物价补贴 |
| | 煤、燃气补贴 |
| | 交通补贴 |
| | 住房补贴 |
| | 流动施工津贴 |
| 辅助工资 | 非作业工日发放的工资和工资性补贴 |
| 职工福利费 | 书报费 |
| | 洗理费 |
| | 取暖费 |
| 劳动保护费 | 劳保用品购置及修理费 |
| | 徒工服装补贴 |
| | 防暑降温费 |
| | 保健费用 |

**2. 人工单价的确定方法**

(1) 基本工资,是指发放给生产工人的基本工资。生产工人的基本工资应执行岗位工资和技能工资制度。计算公式为

$$基本工资(G_1)=生产工人平均月工资/年平均每月法定工作日 \tag{3-29}$$

其中

$$年平均每月法定工作日=(全年日历日-法定假日)/12 \qquad (3\text{-}30)$$

(2) 工资性补贴,是指按规定标准发放的物价补贴、煤燃气补贴、交通费补贴、住房补贴、流动施工津贴及地区津贴等。

计算公式为

$$工资性补贴(G_2)=[\sum 年发放标准/(全年日历日-法定假日)]$$
$$+[\sum 月发放标准/年平均每月法定工作日]$$
$$+每工作日发放标准 \qquad (3\text{-}31)$$

式中,法定假日指双休日和法定节日。

(3) 辅助工资,是指生产工人年有效施工天数以外非作业天数的工资。计算公式为

$$辅助工资(G_3)=[全面无效工作日\times(G_1+G_2)]/(全年日历日-法定假日) \qquad (3\text{-}32)$$

(4) 职工福利费,是指按规定标准计提的职工福利费。计算公式为

$$职工福利费(G_4)=(G_1+G_2+G_3)\times 福利费计提比例(\%) \qquad (3\text{-}33)$$

(5) 劳动保护费,计算公式为

$$劳动保护费(G_5)=生产工人年平均支出劳动保护费/(全年日历日-法定假日) \qquad (3\text{-}34)$$

## 3.4.2 材料价格的组成和确定方法

在建筑工程中,材料费占总造价的60%~70%,是工程直接费的主要组成部分。

材料价格是指材料从其来源地到达施工工地仓库后出库的综合平均价格。它一般由材料原价、材料运杂费、运输损耗费、采购及保管费组成,上述四项构成材料基价。此外,在计价时,材料费中还应包括单独列项计算的检验试验费。

### 1. 材料基价

材料基价是材料原价(或供应价格)、材料运杂费、运输损耗费及采购保管费合计而成的。

(1) 材料原价,是指材料的出厂价格,进口材料抵岸价或销售部门的批发价和市场采购价格。计算公式为

$$加权平均原价=(K_1C_1+K_2C_2+\cdots+K_nC_n)/(K_1+K_2+\cdots+K_n) \qquad (3\text{-}35)$$

式中:$K_1, K_2, \cdots, K_n$——各不同供应地点的供应量或各不同使用地点的需要量;
$C_1, C_2, \cdots, C_n$——各不同供应地点的原价。

(2) 材料运杂费,是指材料自来源地运至工地仓库或指定堆放地点所发生的全部费用。含外埠中转运输过程中所发生的一切费用和过境过桥费用,包括调车和驳船费、装卸费、运输费以及附加工作费等。计算公式为

$$加权平均运杂费=(K_1T_1+K_2T_2+\cdots+K_nT_n)/(K_1+K_2+\cdots+K_n) \qquad (3\text{-}36)$$

式中:$K_1, K_2, \cdots, K_n$——各不同供应地点的供应量或各不同使用地点的需要量;
$T_1, T_2, \cdots, T_n$——各不同运距的运费。

另外,在运杂费中需要考虑为了便于材料运输和保护而发生的包装费。

(3) 运输损耗费,是指材料的运输中应考虑一定的场外运输损耗费用。这是指材料在运输装卸过程中不可避免的损耗。计算公式为

$$运输损耗费 = (材料原价 + 运杂费) \times 相应材料损耗率 \quad (3-37)$$

(4) 采购及保管费,是指材料供应部门在组织采购、供应和保管材料过程中所需的各项费用,包括采购费、仓储费、工地管理费和仓储损耗。采购及保管费一般按照材料到库价格以费率取定。计算公式为

$$采购及保管费 = 材料运到工地仓库价格 \times 采购及保管费率 \quad (3-38)$$

或

$$采购及保管费 = (材料原价 + 运杂费 + 运输损耗费) \times 采购及保管费费率$$

所以

$$材料基价 = \{(材料原价 + 运杂费) \times [1 + 运输损耗率(\%)]\} \times [1 + 采购及保管费费率(\%)] \quad (3-39)$$

【例 3-4】某工地水泥从两个地方采购,其采购量及有关费用如表 3-28 所示,确定该工地水泥的基价。

表 3-28 采购量及有关费用

| 采购处 | 采购量 /t | 原价 /(元/t) | 运杂费 /(元/t) | 运输损耗率/% | 采购及保管费费率/% |
|---|---|---|---|---|---|
| 来源一 | 300 | 240 | 20 | 0.5 | 3 |
| 来源二 | 200 | 250 | 15 | 0.4 | |

**解:** 加权平均原价 = $(300 \times 240 + 200 \times 250)/(300 + 200) = 244(元/t)$

加权平均运杂费 = $(300 \times 20 + 200 \times 15)/(300 + 200) = 18(元/t)$

来源一的运输损耗费 = $(240 + 20) \times 0.5\% = 1.3(元/t)$

来源二的运输损耗费 = $(250 + 15) \times 0.4\% = 1.06(元/t)$

加权平均运输损耗费 = $(300 \times 1.3 + 200 \times 1.06)/(300 + 200) = 1.204(元/t)$

水泥基价 = $(244 + 18 + 1.204) \times (1 + 3\%) = 271.1(元/t)$

**2. 检验试验费**

检验试验费是指对建筑材料、构件和建筑安装物进行一般鉴定、检查所发生的费用。包括自设实验室进行试验所耗用的材料和化学药品等费用,不包括新结构、新材料的试验费和建设单位对具有出厂合格证的材料进行检验以及对构件做破坏性试验和其他特殊要求检验试验的费用。计算公式为

$$检验试验费 = \sum(单位材料量检验试验费 \times 材料消耗量) \quad (3-40)$$

### 3.4.3 机械台班单价的组成和确定方法

机械台班单价是指一台施工机械,在正常运转条件下一个工作班中所发生的全部费用。

机械台班单价由 7 项费用组成，包括折旧费、大修理费、经常修理费、安拆费及场外运费、燃料动力费、人工费、养路费及车船使用税等。

### 1. 折旧费

折旧费是指施工机械在规定使用期限内，每一台班所摊的机械原值及支付贷款利息的费用。计算公式为

$$台班折旧费=[机械预算价格×(1-残值率)×贷款利息系数]/耐用总台班 \quad (3-41)$$

$$耐用总台班=折旧年限×年工作台班=大修间隔台班×大修周期 \quad (3-42)$$

$$大修周期=寿命期大修理次数+1 \quad (3-43)$$

$$时间价值系数=1+(折旧年限+1)/2×年折现率 \quad (3-44)$$

### 2. 大修理费

大修理费是指机械设备按规定的大修间隔台班进行必要的大修理，以恢复机械正常功能所需的费用。计算公式为

$$台班大修理费=(一次大修理费×寿命期内大修理次数)/耐用总台班 \quad (3-45)$$

### 3. 经常修理费

经常修理费是指施工机械除大修理以外的各级保养和临时故障排除所需的费用。计算公式为

$$台班经修费=[\sum(各级保养一次费用×寿命期各级保养总次数)$$
$$+临时故障排除费]/耐用总台班+替换设备和工具附具台班摊销费$$
$$+例保辅料费 \quad (3-46)$$

或

$$台班经修费=台班大修费·K \quad (3-47)$$

### 4. 安拆费及场外运费

安拆费指施工机械在现场进行安装与拆卸所需的人工、材料、机械和试运转费以及机械辅助设施的折旧、搭设拆除等费用；场外运费指施工机械整体或分体自停放地点运至施工现场或由一施工地点运至另一施工地点的运输、装卸、辅助材料及架线等费用。计算公式为

$$台班安拆费及场外运费=(一次安拆费及场外运费×年平均安拆次数)$$
$$/年工作台班 \quad (3-48)$$

### 5. 人工费

人工费是指机上司机和其他操作人员的工作日人工费及上述人员在施工机械规定的年工作台班以外的人工费。计算公式为

$$台班人工费=人工消耗量×[1+(年制度工作日-年工作台班)]$$
$$/年工作台班×人工单价 \quad (3-49)$$

### 6. 燃料动力费

燃料动力费是指施工机械在运转作业中所耗用的固体燃料、液体燃料及水、电等费用。计算公式为

$$台班燃料动力费=台班燃料动力消耗量×相应单价 \tag{3-50}$$

$$台班燃料动力消耗量=(实测数×4+定额平均值+调查平均值)/6 \tag{3-51}$$

### 7. 养路费及车船使用税

养路费及车船使用税是指施工机械按照国家和有关部门规定应缴纳的养路费、车船使用税、保险费及年检费用等。计算公式为

$$台班养路费及车船使用税=(年养路费+年车船使用税+年保险费+年检费用)/年工作台班 \tag{3-52}$$

【例 3-5】某施工机械预计使用 9 年，使用期内有 3 个大修周期，大修间隔台班为 800 台班，一次大修理费为 4500 元，确定其台班大修理费。

解：耐用总台班=折旧年限×年工作台班=大修间隔台班×大修周期

大修周期=寿命期大修理次数+1

台班大修理费=(一次大修理费×寿命期内大修理次数)/耐用总台班

所以，台班大修理费=[4500×(3-1)]/(800×3)=3.75(元)

## 3.5 工程定额的编制

### 3.5.1 预算定额

**1. 预算定额的概念及作用**

预算定额是指在正常合理的施工条件下，规定完成一定计量单位的分项工程或结构构件所必需的人工、材料和施工机械台班以及价值的消耗数量标准，是计算建筑安装产品价值的基础。

预算定额是编制施工图预算、确定和控制建筑安装工程造价的基础，是对设计方案进行技术经济比较和分析的依据，是施工单位进行经济活动分析的依据，也是编制标底、投标报价、概算定额的基础。

**2. 预算定额的编制原则**

1) 按社会平均水平确定预算定额的原则

预算定额是确定和控制建筑安装工程造价的主要依据，因此它必须遵照价值规律的客观要求，即按照现有的社会正常生产条件，在社会平均劳动熟练程度和劳动强度下，确定建筑工程预算定额水平。因此，预算定额是社会平均水平。

2) 简明适用原则

编制预算定额应简明适用，使执行定额的可操作性强。定额项目划分应合理，对于那些主要的、常用的、价值量大的项目，分项工程划分宜细；对次要的、不常用的、价值量相对较小的项目则可以粗些。另外，预算定额要项目齐全，注意补充出现的新的定额项目。

3) 坚持统一性和差别性相结合原则

统一性是指从培育全国统一市场规范计价行为出发，计价定额的制定规划和组织实施由国务院建设行政主管部门归口，并负责全国统一定额制定或修订，颁发有关工程造价管理的规章制度办法等。这样有利于通过定额和工程造价的管理实现建筑安装工程价格的宏观调控。

差别性是指在统一性的基础上，各部门各地区依据具体情况，制定部门和地区性定额、补充性制度和管理办法，以适应地区间、部门间发展不平衡和差异大的实际情况。

**3. 确定预算定额各项目人工、材料和机械台班消耗指标**

1) 人工工日消耗量的计算

人工的工日数有两种确定方法：一种以劳动定额为基础确定；另一种以现场观察测定资料为基础计算。下面着重介绍以劳动定额为基础的确定方法。

预算定额中的人工工日消耗量是指在正常施工生产条件下，生产单位合格产品必须消耗的人工工日数量，是由分项工程所综合的各个工序劳动定额包括的基本用工、其他用工以及劳动定额与预算定额工日消耗量的幅度差三部分组成。

(1) 基本用工，是指完成单位合格产品所必须消耗的技术工种用工。计算公式为

$$基本用工 = \sum (综合取定的工程量 \times 劳动定额) \tag{3-53}$$

(2) 其他用工，包括超运距用工、辅助用工、人工幅度差。

① 超运距用工是指预算定额的平均水平运距超过劳动定额规定水平运距部分。计算公式为

$$超运距用工 = 预算定额取定运距 - 劳动定额已包括的运距 \tag{3-54}$$

② 辅助用工是指技术工种劳动定额内不包括而在预算定额内又必须考虑的工时。计算公式为

$$辅助用工 = \sum (材料加工数量 \times 相应的加工劳动定额) \tag{3-55}$$

③ 人工幅度差是指在劳动定额作业时间之外，在预算定额应考虑的正常施工条件下发生的各种工时损失。计算公式为

$$人工幅度差 = (基本用工 + 辅助用工 + 超运距用工) \times 人工幅度差系数 \tag{3-56}$$

**【例 3-6】** 在预算定额人工工日消耗量计算时，已知完成单位合格产品的基本用工为 22 工日，超运距用工 4 工日，辅助用工为 2 工日，人工幅度差系数是 12%，确定预算定额中的人工工日消耗量。

**解**：人工幅度差 = (基本用工 + 辅助用工 + 超运距用工) × 人工幅度差系数

   = (22 + 4 + 2) × 12% = 3.36

人工工日消耗量 = 22 + 4 + 2 + 3.36 = 31.36(工日)

2) 材料消耗量的计算方法

材料是指主要材料、辅助材料、周转性材料、其他材料。

(1) 主要材料：是指直接构成工程实体的材料，其中也包括成品、半成品的材料。

(2) 辅助材料：是指构成工程实体的除主要材料外的其他材料。

(3) 周转性材料：是指脚手架、模板等多次周转使用的不构成工程实体的摊销性材料。

(4) 其他材料：是指用量较少，难以计量的零星用料。

3) 机械台班消耗量的计算方法

预算定额中的机械台班消耗量是指在正常施工条件下，生产单位合格产品必须消耗的某种型号施工机械的台班数量。

机械台班消耗量也有两种确定方法，即根据施工定额确定机械台班消耗量和以现场测定资料为基础确定机械台班消耗量。以下着重讲述根据施工定额确定机械台班消耗量。

根据施工定额确定机械台班消耗量是指施工定额或劳动定额中机械台班产量加机械幅度差计算预算定额的机械台班消耗量，计算公式为

$$机械耗用台班 = 施工定额机械耗用台班 \times (1 + 机械幅度差系数) \tag{3-57}$$

### 3.5.2 概算定额和概算指标

**1. 概算定额**

1) 概算定额概述

概算定额又称为扩大结构定额，是指按一定计量单位规定的扩大分部分项工程或扩大结构部分的人工、材料和机械台班的消耗量标准和综合价格。

概算定额是在预算定额基础上的综合和扩大。它将预算定额中有联系的若干个分项工程项目综合为一个概算定额项目，较之预算定额更为综合扩大。例如，民用建筑带形砖基础工程，在预算定额中可划分为挖地槽、基础垫层、砌筑砖基础、敷设防潮层、回填土、余土外运等项，而且分属于不同的工程分部，但在概算定额中则综合为一个带形基础。

概算定额与预算定额的比较如表 3-29 所示。

表 3-29 概算定额与预算定额的比较

| 相 同 处 | 不 同 处 |
| --- | --- |
| ① 都是以建筑物各个结构部分和分部分项工程为单位表示的<br>② 内容都包括人工、材料、机械台班使用量定额 3 个基本部分，并列有基准价<br>③ 概算定额表达的主要内容、主要方式以及基本使用方法都与预算定额相近 | ① 概算定额以单位扩大分项工程或扩大结构构件为编制对象；预算定额以单位分项工程或结构构件为编制对象<br>② 概算定额用于设计概算的编制；预算定额用于施工图预算编制<br>③ 概算工程量计算和概算表的编制都比施工图预算编制简化 |

2) 概算定额的编制依据

概算定额的编制依据有以下几个。

(1) 现行的设计规范和建筑工程预算定额。

(2) 现行的人工工资标准、材料价格、机械台班单价及其他的价格资料。

(3) 具有代表性的标准设计图纸和其他设计资料。

3) 概算定额的作用

从 1957 年我国开始在全国试行统一的《建筑工程扩大结构定额》之后，各省、市、自治区根据本地区的特点，相继编制了本地区的概算定额。为了适应建筑业的改革，原国家计委、建设银行总行在计标〔1985〕35 号文件中指出，概算定额和概算指标由省、市、自治区在预算定额基础上组织编写，分别由主管部门审批，报国家计划委员会备案。

概算定额的主要作用如下。

(1) 概算定额是初步设计阶段编制概算、扩大初步设计阶段编制修正概算的主要依据。

(2) 概算定额是对设计项目进行技术经济分析比较的基础资料之一。

(3) 概算定额是建设工程主要材料计划编制的依据。

(4) 概算定额是控制施工图预算的依据。

(5) 概算定额是施工企业在准备施工期间，编制施工组织总设计或总规划时，对生产要素提出需要量计划的依据。

(6) 概算定额是工程结束后进行竣工决算和评价的依据。

(7) 概算定额是编制概算指标的依据。

4) 概算定额的编制步骤

概算定额的编制一般分四阶段进行，即准备阶段、编制初稿阶段、测算阶段和审查定稿阶段。

(1) 准备阶段。该阶段主要确定编制机构和人员组成，进行调查研究，了解现行概算定额执行情况和存在问题，明确编制的目的，制定概算定额的编制方案和确定概算定额的项目。

(2) 编制初稿阶段。该阶段是根据已经确定的编制方案和概算定额项目，收集和整理各种编制依据，对各种资料进行深入、细致的测算和分析，确定人工、材料和机械台班的消耗量指标，最后编制概算定额初稿。概算定额水平与预算定额水平之间应有一定的幅度差，幅度差一般在 5%以内。

(3) 测算阶段。该阶段的主要工作是测算概算定额水平，即测算新编制概算定额与原概算定额及现行预算定额之间的水平。测算的方法既要分项进行测算，又要通过编制单位工程概算以单位工程为对象进行综合测算。

(4) 审查定稿阶段。概算定额经测算比较定稿后，可报送国家授权机关审批。

5) 概算定额手册的内容

按专业特点和地区特点编制的概算定额手册，内容基本上是由文字说明、定额项目表和附录三部分组成。

(1) 文字说明部分。文字说明部分有总说明和分部工程说明。在总说明中，主要阐述概算定额的编制依据、使用范围、包括的内容及作用、应遵守的规则及建筑面积计算规则等。分部工程说明主要阐述本分部工程包括的综合工作内容及分部分项工程的工程量计算规则等。

(2) 定额项目表。主要包括以下内容。

① 定额项目的划分。概算定额项目一般按以下两种方法划分：一是按工程结构划分，一般是按土石方、基础、墙、梁板柱、门窗、楼地面、屋面、装饰、构筑物等工程结构划分；二是按工程部位(分部)划分：一般是按基础、墙体、梁柱、楼地面、屋盖、其他工程部位等划分，如基础工程中包括砖、石、混凝土基础等项目。

② 定额项目表。定额项目表是概算定额手册的主要内容，由若干分节定额组成。各节定额由工程内容、定额表及附注说明组成。定额表中列有定额编号，计量单位，概算价格，人工、材料、机械台班消耗量指标，综合了预算定额的若干项目与数量。表 3-30 所示为某现浇钢筋混凝土矩形柱概算定额。

表 3-30　现浇钢筋混凝土柱概算定额

工程内容：模板制作、安装、拆除，钢筋制作、安装，混凝土浇捣、抹灰、刷浆

| 概算定额编号 | | | | | 4-3 | | 4-4 | |
|---|---|---|---|---|---|---|---|---|
| 项目 | | | 单位 | 单价/元 | 矩形柱 | | | |
| | | | | | 周长 1.8m 以内 | | 周长 1.8m 以外 | |
| | | | | | 数量 | 合价 | 数量 | 合价 |
| 基准价 | | | 元 | | | 13428.76 | | 12947.26 |
| 其中 | 人工费 | | 元 | | | 2116.40 | | 1728.76 |
| | 材料费 | | 元 | | | 10272.03 | | 10361.83 |
| | 机械费 | | 元 | | | 1040.33 | | 856.67 |
| 合计工 | | | 工日 | 22.00 | 96.20 | 2116.40 | 78.58 | 1728.76 |
| 材料 | 组合钢模板 | | kg | 4.00 | 64.416 | 257.66 | 39.848 | 159.39 |
| | 零星卡具 | | kg | 4.00 | 33.954 | 135.82 | 21.004 | 84.02 |

**2. 概算指标**

1) 概算指标概述

建筑安装工程概算指标通常是以整个建筑物和构筑物为对象，以建筑面积、体积或成套设备装置的台或组为计算单位而规定的人工、材料和机械台班的消耗量标准和造价指标。它是一种比概算定额综合性、扩大性更强的定额指标。

概算指标与概算定额的区别有两方面。一方面是确定各种消耗量指标的对象不同。概算定额是以单位扩大分项工程或单位扩大结构构件为对象；而概算指标是以整个建筑物和构筑物为对象。另一方面是确定各种消耗量指标的依据不同。概算定额以现行的预算定额为基础，通过计算之后才综合确定出各种消耗量指标；而概算指标中各种消耗量指标的确定主要来源于各种预算或结算资料。

概算指标与概算定额、预算定额一样,都是与各个设计阶段相适应的多次性计价的产物,它主要用于投资估价、初步设计阶段,其作用主要有以下几个。

(1) 概算指标可以作为编制投资估算的参考。
(2) 概算指标是初步设计阶段编制概算书,确定工程概算造价的依据。
(3) 概算指标中的主要材料指标可以作为匡算主要材料用量的依据。
(4) 概算指标是设计单位进行设计方案比较、设计技术经济分析的依据。
(5) 概算指标是编制固定资产投资计划,确定投资额和主要材料计划的主要依据。

2) 概算指标的分类

概算指标可分为建筑工程概算指标和安装工程概算指标两大类,如图 3-6 所示。

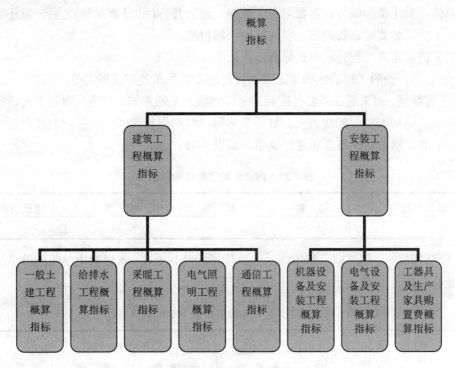

图 3-6 概算指标的分类

3) 概算指标的编制依据

概算指标的编制依据有以下几项。

(1) 标准设计图纸和各类工程典型设计。
(2) 国家颁发的建筑标准、设计规范、施工规范等。
(3) 各类工程造价资料。
(4) 现行的概算定额和预算定额及补充定额。
(5) 人工工资标准、材料预算价格、机械台班预算价格及其他价格资料。

4) 概算指标的组成内容及表现形式

概算指标的组成内容一般分为文字说明和列表形式两部分,以及必要的附录。

(1) 总说明和分册说明。其内容一般包括概算指标的编制范围、编制依据、分册情况、指标包括的内容、指标未包括的内容、指标的使用方法、指标允许调整的范围及调整方法等。

(2) 列表形式包括以下内容。

① 建筑工程列表形式。房屋建筑、构筑物一般是以建筑面积、建筑体积、"座"和"个"等为计算单位，附以必要的示意图，示意图画出建筑物的轮廓示意或单线平面图，列出综合指标，如"元/m$^2$"或"元/m$^3$"、自然条件(如地耐力、地震烈度等)、建筑物的类型、结构形式及各部位中结构主要特点、主要工程量。

② 设备及安装工程的列表形式。设备以"t"或"台"为计算单位，也可以设备购置费或设备原价的百分比(%)表示；工艺管道一般以"m"为计算单位；通信电话站安装以"站"为计算单位。列出指标编号、项目名称、规格、综合指标(元/计算单位)之后一般还要列出其中的人工费，必要时还要列出主要材料费、辅材费。

总的来讲，建筑工程列表形式分为以下几个部分。

① 示意图。表明工程的结构、工业项目，还表明吊车及起重能力等。

② 工程特征。对采暖工程特征应列出采暖热媒及采暖形式；对电气照明工程特征可列出建筑层数、结构类型、配线方式、灯具名称等；对房屋建筑工程特征，主要对工程的结构形式、层高、层数和建筑面积进行说明，如表3-31所示。

表3-31 内浇外砌住宅结构特征

| 结构类型 | 层 数 | 层 高 | 檐 高 | 建筑面积 |
|---|---|---|---|---|
| 内浇外砌 | 六层 | 2.8m | 17.7m | 4206m$^2$ |

③ 经济指标。说明该项目每100m$^2$的造价指标及其土建、水暖和电气照明等单位工程的相应造价，如表3-32所示。

表3-32 内浇外砌住宅经济指标100m$^2$建筑面积

| 项 目 | | 合 计 | 其 中 | | | |
|---|---|---|---|---|---|---|
| | | | 直接费 | 间接费 | 利 润 | 税 金 |
| 单方造价 | | 30422 | 21860 | 5576 | 1893 | 1093 |
| 其中 | 土建 | 26133 | 18778 | 4790 | 1626 | 939 |
| | 水暖 | 2565 | 1843 | 470 | 160 | 92 |
| | 电照 | 614 | 1239 | 316 | 107 | 62 |

④ 构造内容及工程量指标。说明该工程项目的构造内容和相应计算单位的工程量指标及人工、材料消耗指标，如表3-33和表3-34所示。

表 3-33　内浇外砌住宅构造内容及工程量指标 100m² 建筑面积

| 序号 | 构造特征 | | 工程量 | |
|---|---|---|---|---|
| | | | 单位 | 数量 |
| 一、土建 | | | | |
| 1 | 基础 | 灌注桩 | m³ | 14.64 |
| 2 | 外墙 | 二砖墙、清水墙勾缝、内墙抹灰刷白 | m³ | 24.32 |
| 3 | 内墙 | 混凝土墙、一砖墙、抹灰刷白 | m³ | 22.70 |
| 4 | 柱 | 混凝土柱 | m³ | 0.70 |
| 5 | 地面 | 碎砖垫层、水泥砂浆面层 | m² | 13 |
| 6 | 楼面 | 120mm 预制空心板、水泥砂浆面层 | m² | 65 |
| 7 | 门窗 | 木门窗 | m² | 62 |
| 8 | 屋面 | 预制空心板、水泥珍珠岩保温、三毡四油卷材防水 | m² | 21.7 |
| 9 | 脚手架 | 综合脚手架 | m² | 100 |
| 二、水暖 | | | | |
| 1 | 采暖方式 | 集中采暖 | | |
| 2 | 给水性质 | 生活给水(明设) | | |
| 3 | 排水性质 | 生活排水 | | |
| 4 | 通风方式 | 自然通风 | | |
| 三、电气照明 | | | | |
| 1 | 配电方式 | 塑料管暗配电线 | | |
| 2 | 灯具种类 | 日光灯 | | |
| 3 | 用电量 | | | |

表 3-34　内浇外砌住宅人工及主要材料消耗指标 100m² 建筑面积

| 序号 | 名称及规格 | 单位 | 数量 | 序号 | 名称及规格 | 单位 | 数量 |
|---|---|---|---|---|---|---|---|
| 一、土建 | | | | 二、水暖 | | | |
| 1 | 人工 | 工日 | 506 | 1 | 人工 | 工日 | 39 |
| 2 | 钢筋 | t | 3.25 | 2 | 钢管 | m² | 0.18 |
| 3 | 型钢 | t | 0.13 | 3 | 暖气片 | 个 | 20 |
| 4 | 水泥 | t | 18.10 | 4 | 卫生器具 | | 2.35 |
| 5 | 白灰 | t | 2.10 | 5 | 水表 | | 1.84 |
| 6 | 沥青 | t | 0.29 | 三、电气照明 | | | |
| 7 | 红砖 | 千块 | 15.10 | 1 | 人工 | 工日 | 20 |
| 8 | 木材 | m³ | 4.10 | 2 | 电线 | m | 283 |
| 9 | 砂 | m³ | 41 | 3 | 钢管 | 套 | 0.04 |
| 10 | 砾 | m³ | 30.5 | 4 | 灯具 | 个 | 8.43 |
| 11 | 玻璃 | m² | 29.2 | 5 | 电表 | 套 | 1.84 |
| 12 | 卷材 | m² | 80.8 | 6 | 配电箱 | | 6.1 |
| | | | | 四、机械使用费 | | % | 7.5 |
| | | | | 五、其他材料费 | | % | 19.57 |

5) 概算指标的应用

概算指标的应用比概算定额具有更大的灵活性。由于它是一种综合性很强的指标，不可能与拟建工程的建筑特征、自然条件、施工条件等完全一致，因此在选用概算指标时应与设计对象在各个方面尽量一致或接近，不一致时要换算，以提高准确性。

概算指标的应用有两种情况：①如果设计对象的结构特征与概算指标一致时，直接套用；②如果设计对象的结构特征与概算指标的规定局部不同时，要对指标的局部内容进行调整再套用。

### 3.5.3 投资估算指标

**1. 投资估算指标及其编制原则**

1) 投资估算指标的作用

工程建设投资估算指标是编制建设项目建议书、可行性研究报告等前期工作阶段投资估算的依据，也可以作为编制固定资产长远规划投资额的参考。

2) 投资估算指标的编制原则

投资估算指标比其他各种计价定额具有更大的综合性和概括性，所以投资估算指标的编制工作，除应遵循一般定额的编制原则外，还必须坚持下述原则。

(1) 投资估算指标的编制要反映不同行业、不同项目和不同工程的特点。投资估算指标要密切结合行业特点，项目建设的特定条件，在内容上既要贯彻指导性、准确性和可调性原则，又要有一定的深度和广度。

(2) 投资估算指标的编制要贯彻动态和静态相结合的原则。由于投资估算指标属于项目建设前期进行估算投资的技术经济指标，它不但要反映实施阶段的静态投资，还反映项目建设前期和交付使用期内发生的动态投资，所以编制投资估算指标要充分考虑到建设期的动态因素(价格、建设期利息等)的变动，导致对投资估算的影响。对于以上的因素要给予必要的调整，尽可能减少对投资估算准确度的影响，使指标具有较强的实用性和可操作性。

(3) 投资估算指标的编制要体现国家对固定资产投资实施间接调控作用的特点。编制投资估算指标要贯彻能分能合、有粗有细、细算粗编的原则，既要有反映一个建设项目的全部投资及其构成，又要有组成建设项目投资的各个单项工程投资，做到既能综合使用，又能个别分解使用。

(4) 投资估算指标项目的确定，应考虑以后几年编制建设项目建议书和可行性研究报告投资估算的需要。

(5) 投资估算指标的分类、项目划分、项目内容、表现形式等要结合各专业的特点，并且要与项目建议书、可行性研究报告的编制深度相适应。

(6) 投资估算指标的编制内容及典型工程的选择，要遵循国家的有关建设方针政策。

**2. 投资估算指标的内容**

投资估算指标的内容一般可分为建设项目综合指标、单项工程指标和单位工程指标 3

个层次。

1) 建设项目综合指标

按规定应列入建设项目总投资的从立项筹建开始至竣工验收交付使用的全部投资额，包括单项工程投资、工程建设其他费用和预备费等，一般以项目的综合生产能力单位投资表示，如元/t、元/kW。

2) 单项工程指标

按规定应列入能独立发挥生产能力或使用效益的单项工程内的全部投资额，包括建筑工程费，安装工程费，设备、工器具及生产家具购置费和其他费用，单项工程指标一般以单项工程生产能力单位投资，如元/t 或其他单位表示。

3) 单位工程指标

按规定应列入能独立设计、施工的工程项目的费用，即建筑安装工程费用。

**3. 投资估算指标的编制方法**

投资估算指标的编制应当制定一个从编制原则、编制内容、指标的层次相互衔接、项目划分、表现形式、计量单位、计算、复核、审查程序到相互应有的责任制等内容的编制方案或编制细则，以便使编制工作有章可循。投资估算指标的编制分为如图 3-7 所示的 3 个阶段进行。

图 3-7 投资估算指标的编制程序

## 3.6 工程计价信息及其应用

### 3.6.1 工程计价信息及其主要内容

**1. 工程计价信息的概念和特点**

信息是现代社会用得最多、最广、最频繁的一个词语。按狭义理解，信息是一簇消息、信号、数据或资料；按广义理解，信息被认为是物质的一种属性，是物质存在方式和运动规律与特点的表现形式。

1) 工程计价信息的概念

工程计价信息是一切有关工程造价的特征、状态及其变动消息的组合。在工程承发包市场和工程建设过程中，工程造价总是在不停地运动着、变化着，并呈现出种种不同特征。人们对工程承发包市场和工程建设过程中工程计价运动的变化，是通过工程计价信息来认识和掌握的。

2) 工程计价信息的特点

(1) 区域性。建筑材料大都重量大、体积大、产地远离消费地点，因而运输量大，费用也较高。

(2) 多样性。建设工程具有多样性的特点，要使工程造价管理的信息资料满足不同特点项目的需求，在信息的内容和形式上应具有多样性的特点。

(3) 专业性。工程计价信息的专业性集中反映在建设工程的专业化上，如水利、电力、铁道等工程，所需的信息有它的专业特殊性。

(4) 系统性。一切工程计价的管理活动和变化是系统的，因而从工程计价信息发出来的信息不是孤立、紊乱的，而是大量的、有系统的。

(5) 动态性。工程计价信息需要经常不断地收集和补充新的内容，进行信息更新，真实反映工程造价的动态变化。

**2. 工程计价信息的主要内容**

在工程价格的市场机制中起重要作用的工程计价信息主要包括价格信息、工程造价指数和工程造价指标三类。

1) 价格信息

其包括各种建筑材料、装修材料、安装材料、人工工资、施工机具等的最新市场价格。

(1) 人工价格信息。这是建筑业企业合理支付工人劳动报酬和调解、处理建筑工人劳动工资纠纷的依据，也是工程招投标中评定成本的依据。

① 建筑工程实物工程量人工价格信息。这种价格信息是以建筑工程的不同划分标准为对象，反映的是单位实物工程量人工价格信息。根据工程不同部位——体现作业的难易，结合不同工程作业情况，将建筑工程划分为土石方工程、架子工程、砌筑工程、模板工程、钢筋工程、混凝土工程、防水工程、抹灰工程、油漆工程、金属制品制作及安装、其他工程。

② 建筑工种人工成本信息。这种价格信息是按照建筑工人的工程分类，反映不同工种的单位人工日工资单价。

(2) 材料价格信息。在材料价格信息的发布中，应披露材料类别、规格、单价、供货地区、供货单位以及发布日期等信息，示例如表 3-35 所示。

(3) 施工机具价格信息。主要内容为施工设备市场价格，又分为设备市场价格信息和设备租赁市场价格信息两部分。

2) 工程造价指数

工程造价指数是反映一定时期价格变化对工程造价影响程度的指数，包括单项价格指数、设备工具价格指数、建筑安装工程造价指数、建设项目或单项工程造价指数。

表 3-35　材料价格信息示例

| 序号 | 名　称 | 规格型号 | 单位 | 零售价/元 | 供货城市 | 公司名称 | 发布日期 |
|---|---|---|---|---|---|---|---|
| 1 | 泵送商品混凝土 | 强度等级：C20 坍落度：13cm | m³ | 451.00 | ××市辖区 | ××××混凝土公司 | 2018-11 |
| 2 | 泵送商品混凝土 | 强度等级：C25 坍落度：13cm | m³ | 464.00 | ××市辖区 | ××××混凝土公司 | 2018-11 |
| 3 | 泵送商品混凝土 | 强度等级：C45 坍落度：13cm | m³ | 485.00 | ××市辖区 | ××××混凝土公司 | 2018-11 |

3) 工程造价指标

根据已完或在建工程的各种造价信息，经过统一格式化处理后的造价数值。可用于对已完或在建工程的造价分析以及拟建工程的计价依据。

## 3.6.2　工程计价信息的动态管理

**1. 我国目前工程造价信息化发展的现状及问题**

1) 我国工程造价信息化的发展现状

我国工程造价信息化的发展现状可通过对当前政府制定的相关发展战略、政策法规、标准规范、造价信息化建设政府职能、造价信息化平台建设现状、造价咨询行业信息化发展现状、造价管理与信息系统现状的分析，得以较全面地了解。

工程造价信息化相关发展战略。住房和城乡建设部组织制定的《建筑业发展"十三五"规划》提出构建多元化的工程造价信息服务方式，明确政府提供的工程造价信息服务清单，鼓励社会力量开展工程造价信息服务。建立国家工程造价数据库，开展工程造价数据积累。

(1) 工程造价信息化相关政策法规现状。目前我国在国家或行业层级，尚未出台专门针对工程造价信息化的法律、法规和部门规章，建筑行业的主要法律、法规和部门规章中也基本没有关于工程造价信息化的相关规定和要求。

(2) 工程造价信息化标准建设现状。在工程造价信息数据标准研究方面，最权威的是住房和城乡建设部、国家质量监督检验检疫总局于 2012 年 12 月发布的国家标准《建设工程人工材料设备机械数据标准》(GB/T 51290—2013)，该标准通过规定工料机编码和特征描述、工料机数据库组成内容、工料机信息库价格特征描述内容、工料机数据交换接口数据元素规定等，规范建设工程工料机价格信息的收集、整理、分析、上报和发布工作。

(3) 工程造价信息平台建设现状。1992 年建设部标准定额司组织标准定额研究所、中国建设工程造价管理协会和建设部中心，按照建设部关于建设工程信息网络建设规划，在中国工程建设信息网的基础上建立了中国建设工程造价信息网(http://www.cecn.gov.cn)，并初步完成了建设部发布的有关工程造价管理信息的建库工作。

(4) 工程造价管理软件与信息系统现状。20 世纪 90 年代以来，计算机技术、信息技术不断发展，计量、计价软件悄然问世，工程造价的计算条件得到了提升。工程造价公司均开发设计了不同的造价，同时工程造价开发企业已经注重对 BIM(建筑信息管理)技术、云技术、项目生命周期的整体管理以及工程项目相关配套软件的研发。

2) 我国工程造价信息化目前存在的问题

(1) 工程造价信息开发不全面，虽然各个部门都具有了相关网站，但是关于信息联网的实现和数据的共享仍然是薄弱环节。大部分工程造价软件虽然可以实现动态管理，但欠缺数据转换接口和数据库的共享。

(2) 工程计价的信息不够标准化和高效化。目前，电子化、标准化、网络化的工程计价信息还远远不够，计价信息和计价软件的对接存在问题。再者，工程造价信息之间的链接有断层，彼此之间缺乏统一的标准和格式，使收集的信息资料无法与国家标准接轨，信息的随意性和非标准性造成了在投标报价时的困难。

(3) 大部分工程造价的管理软件的连贯性差，目前造价软件系统功能单一，局限性非常大，各类软件欠缺连贯性与整体性，数字鸿沟产生了信息壁垒。

### 2. 工程造价信息化建设

信息技术在工程造价领域的根本任务是通过信息技术在工程造价管理领域的应用，提高工程造价管理工作的时效，使工程造价管理工作更趋科学化、标准化，使造价管理工作更具高效性。随着 BIM、云计算、物联网、移动应用等先进信息技术在建筑行业的推广应用，工程造价信息化应主动适应建筑业发展的新形势和信息技术发展的大变革，将工程造价管理与信息技术的发展相融相合，为工程建设各方提供更好的支持和服务。

1) 用信息技术实现工程造价全过程管理

《2016—2020 建筑业信息化发展纲要》指出：“加快推广 BIM 技术在勘察设计、施工和工程项目管理中的应用，改进传统的生产与管理模式，提升企业的生产效率和管理水平。" BIM 技术具有可视化、协调性、模拟性、优化性和可出图性五大特点，建设单位和工程造价咨询单位根据设计单位提供的 BIM 模型，可以在短时间内完成工程量的计算，实现由设计信息到工程量信息的自动转换或数据对接，并结合项目具体特征编制准确的工程量清单，使得工程量计算和工程计价更加快捷、准确和高效，大大缩短工程招标的时间；同时在施工阶段，可以采用 BIM 技术开展项目成本管理，进行人材机工料分析、材料价格管理和合同管理。针对项目建设不同阶段的造价管理特点，形成有针对性的阶段运用模式，用一体化智能解决方案，实现工程造价全过程管理，建立起协同、整合、高效的动态工程造价管理体系。

2) 用信息化手段建立工程造价数据库

数据库是工程造价信息化的核心，是工程造价信息网有效运行的关键。工程造价数据库的建设应由政府、行业协会和企业两个层面共同组织。政府层面、行业协会的数据库要以建立全方位的信息服务体系为重点，实现工程造价信息处理和管理的现代化。一是信息要标准化。要研究工程造价信息统一存储格式，将各类信息划分为文字型、数据型、混合型，制定信息交换协议、存取格式标准及规程，实现信息处理便利、快捷，杂而不乱。二是信息分类要合理。将建设工程造价信息分为定额管理、价格指数、指数指标、造价监管、建材供求信息标准规范、文件刊物、建设信息、服务台、电子公告、其他信息。根据信息的不同架构，以网页和数据库的形式存储，并以两种形式组合来表现信息内容。三是信息质量要高。将采集的信息进行筛选、分析再加工，去伪存真，将数据系统化，持之以恒地建立一批实用性强、更新及时的数据和数据库。四是工具类软件信息要基本齐全。造价咨询企业和相关计价单位，要借助各类工具性计算机软件，实现从设计信息到工程计价信息的转换，以及从项目投资估算到设计概算和施工图预算之间的衔接，因此，要建立工具类软件信息库，相关单位通过软件采购、委托开发或自行开发，为工程造价数据分析和再利用提供技术保障。

3) 用信息技术建立完善的数据标准体系

信息技术是指"利用电子计算机、网络技术、遥感技术、通信技术、智能控制技术等获取、传递、存储、显示和应用信息的技术"。推进工程造价信息化，需要大力应用信息技术，做好工程造价信息资源的开发、利用、互通、共享。工程造价数据标准体系包括基础信息数据的标准和数据交换的标准。数据标准体系要满足工程造价信息资源的收集、分析、利用和全过程造价数据的交换，满足管理机构发布各阶段各时期工程造价信息，以及相关企业开发内部投资管理系统的需要，必须与工程项目建设和工程造价管理全过程相对应。

4) 重视信息技术在造价领域安全性和隐私性的技术问题

造价成果文件的计算过程、输出终端与云计算等信息技术密不可分，但云计算、云服务在我国尚处于发展的初期，相应的配套机制和管理体制很不完善。因此，应当对造价领域的信息技术，如远程电子评标系统等，从安全性和隐私性上及早考虑，及早弥补空缺。

5) 加快培养工程造价信息技术专业人才

实现工程造价信息化管理，迫切需要培养造就一大批既懂信息技术，又懂工程造价专业知识的人才。要建立相应的机制，采取多种有效形式，培养大量各类层次适应工程造价管理信息化发展的人才，建立一支强大的兼容造价专业知识和信息技术知识的开发与应用专业队伍，满足工程造价管理信息化建设的需要。

# 本 章 小 结

本章详细讲述了工程造价的定额计价方法和工程量清单计价方法。重点部分是工程定额计价和工程量清单计价的基本方法的确定。要掌握这两种不同的计价模式，深刻理解定额和工程量清单的概念、内容等。此外，概算定额、投资估算指标等的编制方法应该加以了解。

# 复习思考题

3-1 工程建设定额是如何分类的？不同的类别之间是怎样的关系？

3-2 简述工程定额计价的基本方法。

3-3 工程量清单的编制程序是什么？工程量清单应用程序是什么？
3-4 工程量清单计价的作用如何？
3-5 工程量清单计价的适用范围是什么？
3-6 工程量清单的项目设置包含哪些内容？
3-7 简述工程量清单计价的基本原理。
3-8 建筑安装工程人工、材料、机械台班定额消耗量分别如何确定？
3-9 建筑安装工程人工单价由哪些部分组成？各部分怎样确定？
3-10 建筑安装工程材料价格由哪些部分组成？各部分怎样确定？
3-11 建筑安装工程机械台班单价由哪些部分组成？各部分怎样确定？
3-12 什么是预算定额？它的编制遵循怎样的原则？
3-13 什么是概算定额？它与预算定额有哪些相同和不同之处？
3-14 简述概算指标的定义及它与概算定额的区别。
3-15 什么是投资估算指标？如何对它进行分类？
3-16 工程信息化建设包括哪些内容？

# 第4章 建设项目决策阶段工程造价的控制

**本章学习要求和目标：**
- 了解建筑项目决策阶段影响工程造价的因素。
- 熟悉可行性研究报告的作用、主要内容和审批程序。
- 掌握投资估算的方法。

## 4.1 概 述

### 4.1.1 建设项目决策的含义

建设项目决策就是对一定时期基本建设项目的规模、投资的使用方向以及投资用于哪些项目建设等方面，作出判断和决定的全过程，是对拟建项目的必要性和可行性进行技术经济论证的过程。正确的项目投资行动来源于正确的项目投资决策。项目决策正确与否，直接关系到项目建设的成败，关系到工程造价的高低及投资效果的好坏。正确决策是控制工程造价的前提。

### 4.1.2 建设项目决策与工程造价的关系

**1. 正确的项目决策是工程造价合理性的前提**

正确的项目决策，意味着对项目建设做出科学的决断，选出最佳投资行动方案，达到资源的合理配置。这样才能在生产运营期有很好的回报，并且在实施最优投资方案过程中，有效地控制工程造价。项目决策失误，主要体现在不该建设的项目进行投资建设，或者项目建设地点的选择错误，或者投资方案的确定不合理等。诸如此类的决策失误，会直接带来不必要的资金投入和人力、物力及财力的浪费，甚至造成不可弥补的损失。在这种情况下，合理地进行工程造价控制已经毫无意义了。因此，要达到工程造价的合理性，首先就要保证项目决策的正确性，避免决策失误。

**2. 项目决策的内容是决定工程造价的基础**

工程造价的控制贯穿于项目建设全过程，但决策阶段各项技术经济决策，对该项目的工程造价有重大影响，特别是建设地点的选择、建设规模的确定、工艺的评选、设备选用等，直接关系到工程造价的高低。据有关资料统计，在项目建设各阶段中，投资决策阶段影响工程造价的程度最高，达到80%～90%。因此，决策阶段是决定工程造价的基础阶段，直接影响着决策阶段之后的各个建设阶段工程造价的控制是否科学、合理的问题。

### 3. 投资估算影响项目决策

决策阶段的投资估算是进行投资方案选择的重要依据之一，同时投资的多少、造价的高低也是决定项目是否可行及主管部门进行项目审批的参考依据。

### 4. 项目决策的深度影响投资估算的精确度和工程造价的控制效果

投资决策过程是一个由浅入深、不断深化的过程，依次分为若干工作阶段，不同阶段决策的深度不同，投资估算的精确度也不同。例如，投资机会及项目建议书阶段，是初步决策的阶段，投资估算的误差率在±30%左右；而详细可行性研究阶段，是最终决策阶段，投资估算误差率在±10%左右。另外，由于在项目建设各阶段中，即决策阶段、初步设计阶段、技术设计阶段、施工图设计阶段、工程招投标及承发包阶段、施工阶段以及竣工验收阶段，通过工程造价的确定与控制，相应形成投资估算、设计概算、修正概算、施工图预算、承包合同价、结算价及竣工决算。这些造价形式之间存在前者控制后者，后者补充前者这样的相互作用关系。按照"前者控制后者"的制约关系，意味着投资估算对其后面的各种形式的造价起着制约作用，作为限额目标。由此可见，只有加强项目决策的深度，采用科学的估算方法和可靠的数据资料，合理地计算投资估算，才能保证其他阶段的造价被控制在合理范围，使投资项目能够避免"三超"现象的发生。

## 4.1.3 项目决策阶段影响工程造价的主要因素

### 1. 项目合理规模的确定

项目合理规模的确定，就是要合理选择拟建项目的生产规模，解决"生产多少"的问题。每个建设项目都存在着一个合理规模的选择问题。生产规模过小，使得资源得不到有效配置，单位产品成本较高，经济效益低下；生产规模过大，超过了项目产品市场的需求量，则会导致资金不足、产品积压或降价销售，致使项目经济效益也会低下。因此，项目规模的合理选择关系着项目的成败，决定着工程造价合理与否。在确定项目规模时，不仅要考虑项目内部各因素之间的数量匹配、能力协调，还要使所有生产力因素共同形成的经济实体(如项目)在规模上大小适应。这样可以合理确定和有效控制工程造价，提高项目的经济效益。但同时也须注意，规模扩大所产生的效益不是无限的，它受到技术进步、管理水平、项目经济技术环境等多种因素的制约。超过一定限度，规模效益将不再出现，甚至可能出现单位成本递增和收益递减的现象。项目规模合理化的制约因素有以下几项。

1) 市场因素

市场因素是项目规模确定中需要考虑的首要因素。其中，项目产品的市场需求状况是确定项目生产规模的前提。一般情况下，项目的生产规模应以市场预测的需求量为限，并根据项目产品市场的长期发展趋势作相应调整。此外，还要考虑原材料市场、资金市场、劳动力市场等，它们也对项目规模的选择起着不同程度的制约作用。如项目规模过大可能导致材料供应紧张和价格上涨，项目所需投资资金的筹集困难和资金成本上升等。

2) 管理因素

先进的管理水平及技术装备是项目规模效益赖以存在的基础，而相应的管理技术水平则是实现规模效益的保证。若与经济规模生产相适应的先进管理水平及其装备的来源没有保障，或获取技术的成本过高，或管理水平跟不上，则不仅预期的规模效益难以实现，还会给项目的生存和发展带来危机，导致项目投资效益低下，工程支出浪费严重。

3) 环境因素

项目的建设、生产和经营离不开一定的社会经济环境，项目规模确定中需要考虑的主要因素有政策因素、燃料动力供应、协作及土地条件、运输及通信条件。其中，政策因素包括产业政策、投资政策、技术经济政策以及国家、地区及行业经济发展规划等。特别是为了取得较好的规模效益，国家对部分行业的新建项目规模做了下限规定，选择项目规模时应予以遵照执行。

4) 建设规模方案比选

在对以上三方面进行充分考核的基础上，应确定相应的产品方案、产品组合方案和项目建设规模。可行性研究报告应根据经济合理性、市场容量、环境容量以及资金、原材料和主要外部协作条件等方面进行研究，对项目建设规模进行充分论证，必要时进行多方案技术经济比较。大型、复杂项目的建设规模论证应研究合理、优化的工程分期，明确初期规模和远景规模。不同行业、不同类型项目在研究确定其建设规模时还应充分考虑其自身特点。项目合理建设规模的确定方法包括以下内容。

(1) 盈亏平衡产量分析法。通过分析项目产量与项目费用和收入的变化关系，找出项目的盈亏平衡点，以探求项目合理建设规模。当产量提高到一定程度，如果继续扩大规模，项目就出现亏损，此点称为项目的最大规模盈亏平衡点。当规模处于这两点之间时，项目盈利，所以这两点是合理建设规模的下限和上限，可作为确定合理经济规模的依据之一。

(2) 平均成本法。最低成本和最大利润属于"对偶现象"。成本最低，利润最大；成本最大，利润最低。因此，有人通过以争取达到项目最低平均成本来确定项目的合理建设规模。

(3) 生产能力平衡法。在技改项目中，可采用生产能力平衡法来确定合理生产规模。最大工序生产能力法是以现有最大生产能力的工序为标准，逐步填平补齐，成龙配套，使之满足最大生产能力的设备要求。最小公倍数法是以项目各工序生产能力或现有标准设备的生产能力为基础，并以各工序生产能力的最小公倍数为准，通过填平补齐，成龙配套，形成最佳的生产规模。

(4) 按照政府或行业的规定。为了防止投资项目效率低下和资源浪费，国家对某些行业的建设项目规定了规模界限。投资项目的规模必须满足这些规定。经过多方案比较，在初步可行性研究(或项目建议书)阶段，应提出项目建设(或生产)规模的倾向意见，报上级机构审批。

**2. 建设地区及建设地点(厂址)的选择**

一般情况下，确定某个建设项目的具体地址(或厂址)，需要经过建设地区选择和建设地点选择(或厂址选择)这样两个不同层次的、相互联系又相互区别的工作阶段。这两个阶段是一种递进关系。其中，建设地区选择是指在几个不同地区之间对拟建项目适宜配置在哪个区域范围的选择；建设地点选择是指对项目具体坐落位置的选择。

1) 建设地区的选择

建设地区选择得合理与否，在很大程度上决定着拟建项目的命运，影响着工程造价的高低、建设工期的长短、建设质量的好坏，还影响到项目建成后的经营状况。因此，建设地区的选择要充分考虑各种因素的制约，具体要考虑以下因素：首先要符合国民经济发展战略规划、国家工业布局总体规划和地区经济发展规划的要求；其次要根据项目的特点和需要，充分考虑原材料条件、能源条件、水源条件、各地区对项目产品需求及运输条件等；再次要综合考虑气象、地质、水文等建厂的自然条件；最后要充分考虑劳动力来源、生活环境、协作、施工力量、风俗文化等社会环境因素的影响。在综合考虑上述因素的基础上，建设地区的选择要遵循两个基本原则，即靠近原料、燃料提供地和产品消费地的原则和工业项目适当聚集的原则。

2) 建设地点(厂址)的选择

建设地点的选择是一项极为复杂的技术经济综合性很强的系统工程，它不仅涉及项目建设条件、产品生产要素、生态环境和未来产品销售等重要问题，受社会、政治、经济、国防等多种因素的制约，而且还直接影响到项目建设投资、建设速度和施工条件，以及未来企业的经营管理及所在地点的城乡建设规划和发展。因此，必须从国民经济和社会发展的全局出发，运用系统观点和方法分析决策。选择建设地点的要求如下。

(1) 节约土地。项目的建设应尽可能节约土地，尽量把厂址建在荒地和不可耕种的地点，避免大量占用耕地，节省土地的补偿费用。

(2) 应尽量选在工程地质、水文地质条件较好的地段，土壤耐压力应满足拟建厂的要求，严禁选在断层、熔岩、流沙层与有用矿床上以及洪水淹没区、已采矿坑塌陷区、滑坡区。厂址的地下水位应尽可能低于地下建筑物的基准面。

(3) 厂区土地面积与外形能满足厂房与各种构筑物的需要，并适合于按科学的工艺流程布置厂房与构筑物。

(4) 厂区地形力求平坦而略有坡度(一般以 5%~10%为宜)，以减少平整土地的土方工程量，节约投资，又便于地面排水。

(5) 应靠近铁路、公路、水路，以缩短运输距离，减少建设投资。

(6) 应便于供电、供热和其他协作条件的取得。

(7) 应尽量减少对环境的污染。对于排放大量有害气体和烟尘的项目，不能建在城市的上风口，以免对整个城市造成污染；对于噪声大的项目，厂址应选在距离居民集中地区较远的地方，同时，要设置一定宽度的绿化带，以减弱噪声的干扰。上述条件能否满足，不仅关系到建设工程造价的高低和建设期限,而且对项目投产后的运营状况也有很大影响。因此,在确定厂址时,也应进行方案的技术经济分析、比较,选择最佳厂址。

在进行厂址多方案技术经济分析时,除比较上述厂址条件外,还应从以下两方面进行分析。

(1) 项目投资费用,包括土地征购费、拆迁补偿费、土石方工程费、运输设施费、排水及污水处理设施费、动力设施费、生活设施费、临时设施费、建材运输费等。

(2) 项目投产后生产经营费用,包括原材料、燃料运入及产品运出费用,给水、排水、污水处理费用,动力供应费用等。

**3. 技术方案**

生产技术方案指产品生产所采用的工艺流程和生产方法。在建设规模和建设地区及地点确定后,具体的工程技术方案的确定,在很大程度上影响着工程建设成本以及建成后的运营成本。技术方案的选择直接影响项目的工程造价。因此,必须遵照以下原则,认真评价和选择拟采用的技术方案。

1) 技术方案选择的基本原则

(1) 先进适用。这是评定技术方案最基本的标准。保证工艺技术的先进性是首先要满足的,它能够带来产品质量、生产成本的优势。但在技术方案选择时不能单独强调先进而忽略适用,而应在满足先进的同时,结合我国国情和国力,考察工艺技术是否符合我国的技术发展政策。总之,要根据国情和建设项目的经济效益,综合考虑先进与适用的关系。对于拟采用的工艺,除了必须保证能用指定的原材料按时生产出符合数量、质量要求的产品外,还要考虑与企业的生产和销售条件(包括原有设备能否配套、技术和管理水平、市场需求、原材料种类等)是否相适应,特别要考虑到原有设备能否利用,技术和管理水平能否跟得上。

(2) 安全可靠。项目所采用的技术或工艺,必须经过多次试验和实践证明是成熟的,技术过关、质量可靠、安全稳定、有详尽的技术分析数据和可靠性记录,并且生产工艺的危害程度控制在国家规定的标准之内。只有这样才能确保生产安全、高效运行,发挥项目的经济效益。对于核电站、产生有毒有害和易燃易爆物质的项目(如油田、煤矿等)及水利水电枢纽等项目,更应重视技术的安全性和可靠性。

(3) 经济合理。经济合理是指所用的技术或工艺应讲求经济效益,以最小的消耗取得最佳的经济效果,要求综合考虑所用工艺产生的经济效益和国家的经济承受能力。在可行性研究中可能提出几种不同的技术方案,各方案的劳动需要量、能源消耗量、投资数量等可能不同,在产品质量和产品成本等方面可能也有差异,应反复进行比较,从中挑选最经济合理的技术或工艺。

2) 技术方案选择的内容

(1) 生产方法选择。生产方法是指产品生产所采用的制作方法,生产方法直接影响生产工艺流程的选择。一般在选择生产方法时,从以下几个方面着手:①研究分析与项目产品相关的国内外生产方法的优、缺点,并预测未来发展趋势,积极采用先进适用的生产方法；②研究拟采用的生产方法是否与采用的原材料相适应，避免出现生产方法与供给原材料不匹配的现象；③研究拟采用生产方法的技术来源的可得性，若采用引进技术或专利，应比较所需费用；④研究拟采用生产方法是否符合节能和清洁的要求，应尽量选择节能环保的生产方法。

(2) 工艺流程方案选择。工艺流程是指投入物(原料或半成品)经过有序的生产加工，成为产出物(产品或加工品)的过程。选择工艺流程方案的具体内容包括以下几个方面：①研究工艺流程方案对产品质量的保证程度；②研究工艺流程各工序间的合理衔接，工艺流程应通畅、简捷；③研究选择先进合理的物料消耗定额，提高收益；④研究选择主要工艺参数；⑤研究工艺流程的柔性安排，既能保证主要工序生产的稳定性，又能根据市场需求变化，使生产的产品在品种规格上保持一定的灵活性。

(3) 工艺方案的比选。工艺方案比选的内容包括技术的先进程度、可靠程度和技术对产品质量性能的保证程度、技术对原材料的适应性、工艺流程的合理性、自动化控制水平、估算本国及外国各种工艺方案的成本、成本耗费水平、对环境的影响程度等技术经济指标等。工艺改造项目工艺方案的比选论证，还应与原有的工艺方案进行比较。比选论证后提出的推荐方案，应绘制主要的工艺流程图，编制主要物料平衡表，主要原材料、辅助材料以及水、电、气等的消耗量等图表。

### 4. 环境保护措施

建设项目一般会引起项目所在地自然环境、社会环境和生态环境的变化，对环境改善、环境质量产生不同程度的影响。因此，在确定厂址方案和技术方案时，需要对所在地的环境条件进行充分的调查研究，识别和分析拟建项目影响环境的因素，并提出治理和保护环境的措施以及优化环境保护方案。

1) 环境保护的基本要求

工程建设项目应注意保护厂址及其周围地区的水土资源、海洋资源、矿产资源、森林植被、文物古迹、风景名胜等自然环境和社会环境。其环境保护措施应坚持以下原则。

(1) 符合国家环境保护相关法律、法规以及环境功能规划的整体要求。

(2) 工业建设项目应当采用能耗物耗小、污染物产生量少的清洁生产工艺，合理利用自然资源，防止环境污染和生态破坏。

(3) 坚持"三同时"原则，即建设项目需要配套建设的环境保护设施，必须与主体工程同时设计、同时施工、同时投产使用。

(4) 力求环境效益与经济效益相统一。工程建设与环境保护应全面规划，合理布局，统筹安排好工程建设和环境保护工作，力求环境保护治理方案技术可靠和经济合理。

(5) 注重资源综合利用和再利用，对项目在环境治理过程中产生的废气、废水、固体废弃物等，应提出回水处理和再利用方案。

2) 环境治理措施方案

对于在项目建设过程中涉及的污染源和排放的污染物等，应根据其性质的不同，采用有针对性的治理措施。

(1) 废气污染治理，可采用活性炭吸附法、催化燃烧法、催化氧化法、酸碱中和法、等离子法等方法。

(2) 废水污染治理，可采用物理法(如重力分离、离心分离、过滤、蒸发结晶等)、化学法(如中和、化学凝聚、氧化还原等)、物理化学法(如离子交换、电渗析、反渗透、吸附萃取等)、生物法(如自然氧池、生物过滤、活性污泥、厌氧发酵)等方法。

(3) 固体废弃物污染治理，有毒废弃物可采用防治漏池堆存；放射性废弃物可采用封闭固化；无毒废弃物可采用露天堆存；生活垃圾可采用卫生填埋、生物降解或者焚烧方式处理；利用无毒的固体废弃物加工制作建筑材料或者作为建材添加物，进行综合利用。

(4) 污染治理，可用过滤除尘、湿式除尘、电除法等方法。

(5) 噪声污染治理，可采用吸声、隔音、减震、隔震等措施。

## 4.2 可行性研究

### 4.2.1 可行性研究的概念及作用

**1. 可行性研究的概念**

可行性研究是专门为决定某一特定项目是否合理可行，而在实施前对该项目进行调查研究及全面的技术经济分析论证，为项目决策提供科学依据的一种科学分析方法，由此考察项目经济上的合理性、营利性，技术上的先进性、适用性，实施上的可能性、风险性。

项目可行性研究是项目前期工作的最重要内容。它要解决的主要问题是：为什么要进行这个项目？项目的产品或劳务市场的需求情况如何？项目的规模多大？项目选址定在何处合适？各种资源的供应条件怎样？采用的工艺技术是否先进、可靠？项目筹资融资渠道、盈利水平及风险性如何等。它从项目选择立项、建设到生产经营的全过程来考察分析项目的可行性。可行性研究从市场需求的预测开始，通过多方案比较，论证项目建设规模、工艺技术方案、厂址选择的合理性，原材料、燃料动力、运输、资金等建设条件的可靠性，然后对项目的建设方案进行详细规划，最后通过对生产经营成本、销售收入和一系列指标的计算，评价项目在财务上的盈利能力和经济上的合理性，提出项目可行或不可行的结论，从而最终回答项目是否有必要建设、是否可能建设和如何进行建设的问题，为投资者的最终决策提供直接的依据。

**2. 可行性研究的依据**

一个拟建项目的可行性研究，必须在国家有关规划、政策、法规的指导下完成，同时，还必须要有相应的各种技术资料。进行可行性研究工作的依据主要包括：①国家经济和社会发展的长期规划，部门与地区规划，经济建设的指导方针、任务、产业政策、投资政策和技术经济政策以及国家和地方法规等；②经过批准的项目建议书和在项目建议书批准后签订的意向性协议等；③由国家批准的资源报告、国土开发整治规划、区域规划和工业基地规划，对于交通运输项目建设要有关的江河流域规划与路网规划等；④国家进出口贸易政策和关税政策；⑤当地的拟建厂址的自然、经济、社会等基础资料；⑥有关国家、地区和行业的工程技术、经济方面的法令、法规、标准定额资料等；⑦由国家颁布的建设项目可行性研究及经济评价的有关规定；⑧包含各种市场信息的市场调研报告。

### 3. 可行性研究的作用

在建设项目的全生命周期中，前期工作具有决定性意义，作为建设项目的纲领性文件，可行性研究报告一经批准，在项目生命周期中就会发挥着极其重要的作用。具体体现在以下方面。

(1) 作为建设项目投资决策的依据。可行性研究作为项目投资决策的方法，从市场的必要性、技术的可行性、经济效益的合理性对建设项目进行充分的论证。依其决策可大大提高投资决策的科学性。

(2) 作为编制设计文件的依据。可行性研究报告一经审批通过，意味着该项目正式立项，可以进行初步设计。设计文件的编制应以可行性研究报告为依据。

(3) 作为向银行贷款的依据。世界银行等国际金融组织，把可行性研究报告作为申请项目贷款的先决条件。我国的金融机构在审批建设项目贷款时，也以可行性研究报告为依据，对建设项目进行全面、细致的分析评估，确定项目偿还贷款的能力及抗风险水平后，才作出是否贷款的决策。

(4) 作为检验施工进度、工程质量的依据。可行性研究报告对施工组织、工程进度安排有明确的要求，所以可行性研究又是检验施工进度及工程质量的依据。

(5) 作为项目后评估的依据。建设项目后评估是在项目建成运营一段时间后，评定项目实际运营效果是否达到预期目标。建设项目预期目标是在可行性研究报告中确定的，后评估以可行性研究报告为依据，评价项目目标实现程度。

### 4. 可行性研究的工作阶段

工程项目建设的全过程一般分为 3 个主要时期，即投资前时期、投资时期和生产时期。可行性研究工作主要在投资前时期进行。投资前时期的可行性研究工作主要包括 4 个阶段，即机会研究阶段、初步可行性研究阶段、详细可行性研究阶段、评价和决策阶段。

1) 机会研究阶段

投资机会研究又称投资机会论证。这一阶段的主要任务是提出建设项目投资方向建议，即在一个确定的地区和部门内，根据自然资源、市场需求、国家产业政策和国际贸易情况，通过调查、预测和分析研究，选择建设项目，寻找投资的有利机会。机会研究要解决两个方面的问题：一是社会是否需要；二是有没有可以开展项目的基本条件。

机会研究一般从以下几个方面着手开展工作。

(1) 以开发利用本地区的某一丰富资源为基础，谋求投资机会。

(2) 以现有工业的拓展和产品深加工为基础，通过增加现有企业的生产能力与生产工序等途径创造投资机会。

(3) 以优越的地理位置、便利的交通运输条件为基础分析各种投资机会。

这个阶段所估算的投资额和生产成本的精确程度控制在±30%以内，大中型项目的机会研究所需时间为1～3个月，所需费用占投资总额的0.2%～1%。

2) 初步可行性研究阶段

在项目建议书被国家计划部门批准后，对于投资规模大、技术工艺又比较复杂的大中型骨干项目，需要先进行初步可行性研究。初步可行性研究也称为预可行性研究，是正式的详细可行性研究前的预备性研究阶段。主要目的有：①确定是否进行详细可行性研究；②确定哪些关键问题需要进行辅助性专题研究。

初步可行性研究内容和结构与详细可行性研究基本相同，主要区别是所获资料的详尽程度不同、研究深度不同。对建设投资和生产成本的估算精度一般要求控制在±20%以内，研究时间为4～6个月，所需费用占投资总额的0.25%～1.25%。

3) 详细可行性研究阶段

详细可行性研究又称技术经济可行性研究，是可行性研究的主要阶段，是建设项目投资决策的基础。它为项目决策提供技术、经济、社会、商业方面的评价依据，为项目的具体实施提供科学依据。这一阶段的主要目标有以下几个。

(1) 提出项目建设方案。

(2) 效益分析和最终方案选择。

(3) 确定项目投资的最终可行性和选择依据标准。

这一阶段的内容比较详尽，所花费的时间和精力都比较大。建设投资和生产成本计算精度控制在±10%以内；大型项目研究工作所花费的时间为8～12个月，所需费用占投资总额的0.2%～1%；中小型项目研究工作所花费的时间为4～6个月，所需费用占投资总额的1%～3%。

4) 评价和决策阶段

评价和决策是由投资决策部门组织和授权有关咨询公司或有关专家，代表项目业主和出资人对建设项目可行性研究报告进行全面的审核和再评价。其主要任务是对拟建项目的可行性研究报告提出评价意见，最终决策该项目投资是否可行，确定最佳投资方案。项目评价与决策是在可行性研究报告基础上进行的，其内容包括以下几项。

(1) 全面审核可行性研究报告中反映的各项情况是否属实。

(2) 分析项目可行性研究报告中各项指标计算是否正确，包括各种参数、基础数据、定额费率的选择。

(3) 从企业、国家和社会等方面综合分析和判断工程项目的经济效益和社会效益。

(4) 分析判断项目可行性研究的可靠性、真实性和客观性，对项目作出最终的投资决策。

(5) 写出项目评估报告。

### 4.2.2 可行性研究的内容与编制

**1. 可行性研究包括的内容**

1) 项目概况

项目概况包括项目名称及项目内容梗概、项目承办单位和项目投资者。其中兴办外商投资项目要简述以下几项内容。

(1) 合营各方概况，即合营各方名称、法定地址、法人代表国籍及姓名、资金实力、技术力量等。

(2) 合营方式，注明是合资还是合作或是独资。

(3) 合营年限，即合作期限。

(4) 经营范围。

2) 项目建设的必要性

略。

3) 项目预测

项目预测包括国内外需求、供给的预测，产品竞争能力、销售方向(出口产品要预测出口数量及进入国际市场的前景)的预测，产品销售量预测(要预测投产后 6～10 年内的产品销售量)。

4) 项目建设条件论证

项目建设条件论证的内容包括项目建设选址的地理位置、占地面积、占用土地类别和数量。具体包括以下方面。

(1) 地形、工程地质、水文、气象条件论证。

(2) 供水条件论证。测算供水量，提出供水来源。

(3) 能源供应条件论证。测算各种能源消耗量，提出各种能源供应来源。

(4) 主要原材料条件论证。测算主要原材料消耗量及供应来源。

(5) 交通运输条件论证。测算主要能源、原材料和产品的运输量，提出解决方案。

(6) 拆迁安置方案。

5) 项目规划方案、建设规模和建设内容

项目的规划方案要有项目的总平面布置说明、场内外运输方式、公用辅助工程设施。

对于建设规模，生产性项目要提出主要产品的生产范围、生产能力，非生产性项目要根据项目的不同性质说明其建设规模、总建设面积。

对于建设内容，要分述各个单项工程的名称及建设面积。

生产工艺和主要设备选型，要选用进口设备或引进国外技术的要说明理由，并说明进口设备或技术的国别、厂商和技术档次。

6) 项目外部配套建设

项目外部配套建设包括能源供应设施建设方案。例如，变电站、输变电线路、锅炉房、输气管线等建设方案，供水、排水建设方案，交通和通信设施建设方案，原材料仓储设施建设方案,其他配套设施建设方案。

7) 环境保护

环境保护包括项目对环境的影响预测、环境保护及"三废"治理方案。环保部门有特殊要求的项目,要单独编制环境影响评价。

8) 劳动保护与卫生防疫

在技术方案和工程方案确定的基础上,分析论证在建设和生产过程中存在的对劳动者和财产可能产生的不安全因素,并提出相应的防范措施。

9) 消防

对于消防的措施与安排应该符合国家有关规定。

10) 节能、节水

对于节能、节水的措施与安排应该符合国家有关规定。

11) 总投资及资金来源

建设项目总投资额(大中型项目要列出静态投资和动态投资,生产经营项目包括固定资产投资和铺底流动资金投资) 要按建设内容列明主体工程、辅助工程、外部配套工程、其他费用的投资额。要按费用类别列明前期工程费(如土地出让金、征地拆迁安置费等)、建安工程费(如建筑工程费、设备安装费等)、设备购置费和其他费用(如建设期贷款利息、应缴纳的各种税费、不可预见费等)。

对于资金来源,外商投资项目要列出注册资本、合营各方投入注册资本的比例、利润及分配方式。

12) 经济、社会效益

经济、社会效益包括贷款还款期、销售收入、财务内部收益率、财务净现值、投资回收期等财务评价指标的测算,盈亏平衡分析、敏感性分析等不确定性因素分析的结果。投资总额和资金筹措表、贷款还本付息表、销售收入表、税金表、利润表、财务平衡表、现金流量表、外汇平衡表等经济评价表格。

国民经济效益评价,主要是根据国家公布的社会折现率、影子汇率、影子工资、影子价格等参数,测算项目的经济内部收益率、经济净现值、投资净效益率等得出经济评价结论。

13) 项目建设周期及工程进度安排

项目工程建设方案确定后,需确定项目实施进度,建设工期,科学组织施工和安排资金计划,保证项目按期完工。

14) 结论

综合全部分析,对建设项目在经济、技术、社会、财务等方面进行全面的评价,对建设方案进行总结,推荐一个或几个方案供决策者参考,指出项目存在的问题,提出结论性意见和建议。

15) 附件

附件主要包括建设项目所在位置地形图(城近郊区的比例尺为1:2000,远郊区的比例尺为1:10000);标明项目占地范围和占地范围内及附近地段地上建筑物现状、项目建设规划总平面布置图；标明交通组织、功能分区、绿化布局、建筑规模(分出层次和面积)、道路交通、电信、供电、给排水、供气、供热等各种市政配套设施建设管线布置图；环境影响评价报告(小型生产性和民用建筑项目可以不编制，需要编制环境影响评价报告的项目由市环保局决定)；规划、供电、市政、公用、劳动、卫生、环保等有关部门对可行性研究报告的审查意见；大中型生产性项目，要附咨询评估机构的评估报告；其他附件材料。

**2. 相关说明**

综上所述，项目可行性研究的基本内容可概括为三部分：第一部分是市场调查和预测，说明项目建设的"必要性"；第二部分是建设条件和技术方案，说明项目在技术上的"可行性"；第三部分是经济效益的分析与评价，这是可行性研究的核心，说明项目在经济上的"合理性"。可行性研究主要是从这三部分对项目进行优化研究，并为投资决策提供依据的。

上述可行性研究的内容主要是针对新建工业项目而言的，鉴于建设项目的性质、任务、规模及工程复杂程度不同，可行性研究的内容有所侧重，深度和广度不尽一致。改扩建工业项目的可行性研究，应增加对企业现有情况及原有固定资产利用的说明和分析。非工业项目的可行性研究内容，应结合该行业特点，参照工业项目的要求，进行适当调整。对于技术引进和设备进口的中小型项目及农业、商业、文教卫生等项目，如果经济技术条件不太复杂，协作关系比较简单，可行性研究的内容可以简化，将初步可行性研究和可行性研究合并为一个阶段。对于合资项目，应按照国家计委、建设部发布的《中外合资经营项目经济评价方法》的要求编制可行性研究报告。

### 4.2.3 可行性研究报告的编制依据及要求

**1. 编制依据**

可行性研究报告的编制依据如下。
(1) 项目建议书(初步可行性报告)及其批复文件。
(2) 国家、地方的经济和社会发展规划；行业部门发展规划。
(3) 国家有关法律、法规、政策。
(4) 对于大中型骨干项目，必须具有国家批准的资源报告、国土开发整治规划、区域规划、江河流域规划、工业基地规划等有关文件。
(5) 有关机构发布的工程建设方面的标准、规范、定额。
(6) 中外合资、合作项目各方签订的协议书或意向书。
(7) 编制报告的委托合同书。
(8) 经国家统一颁布的有关项目评价的基本参数和指标。
(9) 有关的基础数据。

**2. 编制要求**

可行性研究报告编制要求要遵循以下 3 条。

(1) 编制单位必须具备承担可行性研究的条件。编制单位必须具有经国家有关部门审批登记的资质等级证明。研究人员应具有所从事专业的中级以上专业职称，并具有相关的知识、技能和工作经历。

(2) 确保可行性研究报告的真实性和科学性。为保证可行性研究报告的质量，应切实做好编制前的准备工作，应有大量、准确、可用的信息资料，进行科学的分析比较论证。报告编制单位和人员应坚持独立、客观、公正、科学、可靠的原则，实事求是，对提供的可行性研究报告质量负完全责任。

(3) 可行性研究报告必须签字。可行性研究报告编制完成后，应由编制单位的行政、技术、经济方面的负责人签字，并对研究报告质量负责。

### 4.2.4 可行性报告的审批

根据《国务院关于投资体制改革的决定》，政府对于投资项目的管理分为审批、核准和备案3种方式。凡企业不使用政府性资金投资建设的项目，政府实行核准制或备案制，其中企业投资建设实行核准制的项目，仅需向政府提交项目申请报告，而无须报批项目建议书、可行性研究报告和开工报告；备案制无须提交项目申请报告，只要备案即可。

对于政府投资项目，只有直接投资和资本金注入方式的项目，政府需要对可行性研究报告进行审批，其他项目无须审批可行性研究报告。具体规定如下。

(1) 使用中央预算内投资、中央专项建设基金、中央统还国外贷款 5 亿元及以上的项目以及使用中央预算内投资、中央专项建设基金、统借自还国外贷款的总投资 50 亿元及以上项目由国家发展改革委员会审核报国务院审批。

(2) 国家发展改革委员会对地方政府投资项目只需审批项目建议书，无须审批可行性研究报告。

(3) 对于使用国外援助性资金的项目：由中央统借统还的项目，按照中央政府直接投资项目进行管理，其可行性研究报告由国务院发展改革部门审批或审核后报国务院审批；省级政府负责偿还或提供还款担保的项目，按照省级政府直接投资项目进行管理，其项目审批权限按国务院及国务院发展改革部门的有关规定执行；由项目用款单位自行偿还且无须政府担保的项目，参照《政府核准的投资项目目录》规定办理。

## 4.3 建设项目投资估算

### 4.3.1 投资估算的依据及作用

**1. 投资估算的依据**

投资估算是指在项目投资决策过程中，依据现有的资料和待定的方法对建设项目投资数额进行的估计。编制投资估算依据以下内容。

(1) 专门机构发布的建设工程造价费用构成、估算指标、计算方法以及其他有关计算工程造价的文件。

(2) 专门机构发布的工程建设其他费用计算办法和费用标准，以及政府部门发布的物价指数。

(3) 拟建项目各单项工程的建设内容及工程量。

(4) 资金来源及建设工期。

**2. 投资估算的作用**

投资估算在项目开发建设过程中的作用有以下几点。

(1) 项目建议书阶段的投资估算，是项目主管部门审批项目建议书的依据之一，并对项目的规划、规模起参考作用。

(2) 项目可行性研究阶段的投资估算，是项目投资决策的重要依据，也是研究、分析、计算项目投资经济效果的重要条件。

(3) 项目投资估算对工程设计概算起控制作用，设计概算不得突破批准的投资估算额，并应控制在投资估算额以内。

(4) 项目投资估算可作为项目资金筹措及制订建设贷款计划的依据，建设单位可根据批准的项目投资估算额，进行资金筹措和向银行申请贷款。

(5) 项目投资估算是核算建设项目固定资产投资需要额和编制固定资产投资计划的重要依据。

### 4.3.2 投资估算的内容

根据《建设项目投资估算编审规程》(CECA/GC1—2007)规定，投资估算按照编制估算的工程对象划分，包括建设项目投资估算、单项工程投资估算和单位工程投资估算等。投资估算文件一般由封面、签署页、编制说明、投资估算分析、总投资估算表、单项工程估算表、主要技术经济指标等内容组成。

**1. 投资估算编制说明**

投资估算编制说明一般包括以下内容。

(1) 工程概况。

(2) 编制范围。说明建设项目总投资估算中所包括的和不包括的工程项目和费用，如有几个单位共同编制时说明分工编制的情况。

(3) 编制方法。

(4) 编制依据。

(5) 主要技术经济指标。包括投资、用地和主要材料用量指标。当设计规模有远、近期不同的考虑时，或者土建与安装的规模不同时，应分别计算后再综合。

(6) 有关参数、率值选定的说明。例如，地拆迁、供电供水、考察咨询等费用的费率标准选用情况。

(7) 特殊问题的说明(包括采用新技术、新材料、新设备、新工艺)；必须说明的价格的确定；进口材料、设备、技术费用的构成与技术参数；不包括项目或费用的必要说明等。

(8) 采用限额设计的工程还应对投资限额和投资分解作进一步说明。

(9) 采用方案比选的工程还应对方案比选的估算和经济指标作进一步说明。

**2. 投资估算分析**

投资估算分析应包括以下内容。

(1) 工程投资比例分析。一般建筑工程要分析土建、装饰、给排水、电气、暖通、空调、动力等主体工程和道路、广场、围墙、大门、室外管线、绿化等室外附属工程占总投资的比例；一般工业项目要分析主要生产项目(列出各生产装置)、辅助生产项目、公用工程项目(给排水、供电和通信、供气、总图运输及外管)、服务性工程、生活福利设施、厂外工程占建设总投资的比例。

(2) 分析设备及工器具购置费、建筑工程费、安装工程费、工程建设其他费用、预备费、建设期利息占建设总投资的比例；分析引进设备费用占全部设备费用的比例等。

(3) 分析影响投资的主要因素。

(4) 与国内类似工程项目的比较，分析说明投资高低的原因。

**3. 总投资估算**

总投资估算包括汇总单项工程估算、工程建设其他费、基本预备费、价差预备费、计算建设期利息等。

**4. 单项工程投资估算**

单项工程投资估算中，应按建设项目划分的各个单项工程分别计算组成工程费用的建筑工程费、设备及工器具购置费和安装工程费。

**5. 工程建设其他费用估算**

工程建设其他费用估算应按预期将要发生的工程建设其他费用种类，逐项详细估算其费用金额。

**6. 主要技术经济指标**

估算人员应根据项目特点，计算并分析整个建设项目、各单项工程和主要单位工程的主要技术经济指标。

### 4.3.3 投资估算的阶段划分

**1. 国外项目投资估算的阶段划分与精度要求**

在国外，英、美等国把建设项目的投资估算分为以下 5 个阶段。

第一阶段：项目的投资设想时期。其对投资估算精度的要求为允许误差大于±30%。

第二阶段：项目的投资机会研究时期。其对投资估算精度的要求为误差控制在±30%以内。

第三阶段：项目的初步可行性研究时期。其对投资估算精度的要求为误差控制在±20%以内。

第四阶段：项目的详细可行性研究时期。其对投资估算精度的要求为误差控制在±10%以内。

第五阶段：项目的工程设计阶段。其对投资估算精度的要求为误差控制在±5%以内。

**2. 我国项目投资估算的阶段划分与精度要求**

我国建设项目的投资估算分为以下 4 个阶段。

(1) 项目规划阶段的投资估算。建设项目规划阶段是指有关部门根据国民经济发展规划、地区发展规划和行业发展规划的要求，编制一个建设项目的建设规划。其对投资估算精度的要求为允许误差大于±30%。

(2) 项目建议书阶段的投资估算。在项目建议书阶段，是按项目建议书中的产品方案、项目建设规模、产品主要生产工艺、企业车间组成、初选建厂地点等，估算建设项目所需要的投资额。其对投资估算精度的要求为误差控制在±30%以内。

(3) 初步可行性研究阶段的投资估算。初步可行性研究阶段，是在掌握了更详细、更深入的资料条件下，估算建设项目所需的投资额。其对投资估算精度的要求为误差控制在±20%以内。

(4) 详细可行性研究阶段的投资估算。详细可行性研究阶段的投资估算至关重要，因为这个阶段的投资估算经审查批准之后，便是工程设计任务书中规定的项目投资限额，并可据此列入项目年度基本建设计划。

## 4.3.4　投资估算的要求及步骤

**1. 投资估算的要求**

投资估算作为项目决策的依据，它的准确程度直接影响到经济评价结果，因此要满足以下要求。

(1) 工程内容和费用构成齐全，计算合理，不重复计算，不提高或者降低估算标准，不漏项、不少算。

(2) 选用指标与具体工程之间存在标准或者条件差异时，应进行必要的换算或调整。

(3) 投资估算精度应能满足控制初步设计概算要求。

**2. 投资估算的步骤**

项目投资估算是指在初步设计之前各工作阶段进行的一项工作，根据投资估算的内容，投资估算的步骤有以下几项。

(1) 分别估算各单项工程所需的建筑工程费、设备及工器具购置费、安装工程费。

(2) 在汇总各单项工程费用的基础上，估算工程建设其他费用和基本预备费。

(3) 估算涨价预备费和建设期利息。

(4) 估算流动资金。

## 4.3.5 投资估算的方法

**1. 静态投资部分的估算方法**

不同时期的投资估算，其方法和允许的误差是不一样的，项目规划和项目建议书阶段的投资估算精度低，可采取简单的估算法，如生产能力指数估算法、单位生产能力估算法、比例估算法、系数估算法等。而在可行性研究阶段尤其是详细可行性研究阶段，投资估算的精度要求高，需要采用相对详细的投资估算方法，即指标估算法。

1) 单位生产能力估算法

依据调查的统计资料，利用相近规模的单位生产能力投资乘以建设规模，即得拟建项目规模投资。计算公式为

$$C_2 = \frac{C_1}{Q_1} \cdot Q_2 \cdot f \tag{4-1}$$

式中：$C_1$——已建类似项目的投资额；

$C_2$——拟建项目投资额；

$Q_1$——已建类似项目的生产能力；

$Q_2$——拟建项目的生产能力；

$f$——不同时期、不同地点的定额、单价、费用变更等的综合调整系数。

单位生产能力估算法估算误差较大，可达±30%。此法只能是粗略地快速估算，由于误差大，应用该估算法时需要小心，应注意以下几点。

(1) 地点性。建设地点不同，差异主要表现为：两地经济情况不同，土壤、地质、水文情况不同，气候、自然条件的差异，材料、设备的来源、运输状况不同等。

(2) 配套性。一个工程项目或装置，均有许多配套装置和设施，也可能产生差异，如公用工程、辅助工程、厂外工程和生活福利工程等，这些工程随地方差异和工程规模的变化均各不相同，它们并不与主体工程的变化呈线性关系。

(3) 时间性。工程建设项目的兴建，不一定是在同一时间建设，时间差异或多或少存在，在这段时间内技术、标准、价格等方面可能发生变化。

2) 生产能力指数法

生产能力指数法又称指数估算法，它是根据已建成的类似项目生产能力和投资额来粗略估算拟建项目投资额的方法。其计算公式为

$$C_2 = C_1 \cdot \left(\frac{Q_2}{Q_1}\right)^x f \tag{4-2}$$

式中，$x$ 为生产能力指数；其他符号含义同前。

式(4-2)表明，造价与规模(或容量)呈非线性关系，且单位造价随工程规模(或容量)的增大而减小。在正常情况下，$0 \leq x \leq 1$。不同生产率水平的国家和不同性质的项目中，$x$ 的取

值是不相同的。比如，化工项目美国取 $x=0.6$，英国取 $x=0.66$，日本取 $x=0.7$。

若已建类似项目的生产规模与拟建项目生产规模相差不大，$Q_1$ 与 $Q_2$ 的比值在 0.5～2，则指数 $x$ 的取值近似为 1。

若已建类似项目的生产规模与拟建项目生产规模相差不大于 50 倍，且拟建项目生产规模的扩大仅靠增大设备规模来达到时，则 $x$ 的取值在 0.6～0.7；若是靠增加相同规格设备的数量达到时，$x$ 的取值在 0.8～0.9。

指数法主要应用于拟建装置或项目与用来参考的已知装置或项目规模不同的场合。

【例 4-1】1982 年在某地兴建一座 40 万吨尿素的化肥厂，总投资为 32000 万元，假如 1996 年在该地开工兴建 60 万吨尿素的工厂，尿素的生产能力指数为 0.7，则所需静态投资为多少(假定从 1982 年至 1996 年每年平均工程造价指数为 1.1)？

解：$C_2 = C_1 \cdot \left(\dfrac{Q_2}{Q_1}\right)^x \cdot f = 32000 \times \left(\dfrac{60}{40}\right)^{0.7} \times (1.1)^{14} = 161600$(万元)

生产能力指数法与单位生产能力估算法相比精确度略高，其误差可控制在 ±20% 以内，尽管估价误差仍较大，但有它独特的好处，首先这种估价方法不需要详细的工程设计资料，只要知道工艺流程及规模就可以；其次对于总承包工程而言，可作为估价的旁证，在总承包工程报价时，承包商大都采用这种方法估价。

3) 比例估算法

根据统计资料，先求出已有同类企业主要设备投资占全厂建设投资的比例，然后再估算出拟建项目的主要设备投资，即可按比例求出拟建项目的建设投资。其计算公式为

$$I = \dfrac{1}{K} \sum_{i=1}^{n} Q_i P_i \tag{4-3}$$

式中：$I$——拟建项目的建设投资；

$K$——主要设备投资占拟建项目投资的比例；

$n$——设备种类数；

$Q_i$——第 $i$ 种设备的数量；

$P_i$——第 $i$ 种设备的单价(到厂价格)。

4) 系数估算法

系数估算法也称为因子估算法，它是以拟建项目的主体工程费或主要设备费为基数，以其他工程费占主体工程费的百分比为系数估算项目总投资的方法。这种方法简单易行，但是精度较低，一般用于项目建议书阶段。系数估算法的种类很多，下面介绍几种主要类型。

(1) 设备系数法。以拟建项目的设备费为基数，根据已建成的同类项目的建筑安装费和其他工程费等占设备价值的百分比，求出拟建项目建筑安装工程费和其他工程费，进而求出建设项目总投资。其计算公式为

$$C = E(1 + f_1 P_1 + f_2 P_2 + f_3 P_3 + \cdots + f_n P_n) + I \tag{4-4}$$

式中：$C$——拟建项目投资额；

$E$——拟建项目设备费；

$P_1, P_2, P_3, \cdots, P_n$——已建项目中建筑安装费及其他工程费等占设备费的比例；

$f_1, f_2, f_3, \cdots, f_n$——由于时间因素引起的定额、价格、费用标准等变化的综合调整系数；

$I$——拟建项目的其他费用。

(2) 主体专业系数法。以拟建项目中投资比例较大，并与生产能力直接相关的工艺设备投资为基数，根据已建同类项目的有关统计资料，计算出拟建项目各专业工程(如总图、土建、采暖、给排水、管道、电气、自控等)占工艺设备投资的百分比，据以求出拟建项目各专业投资，然后加总即为项目总投资。其计算公式为

$$C = E(1 + f_1 P_1' + f_2 P_2' + f_3 P_3' + \cdots f_n P_n') + I \tag{4-5}$$

式中，$P_1', P_2', P_3', \cdots, P_n'$ 为已建项目中各专业工程费用占设备费的比例；其他符号含义同前。

(3) 朗格系数法。这种方法是以设备费为基数，乘以适当系数来推算项目的建设费用。其计算公式为

$$C = E(1 + \sum K_i) \cdot K_c \tag{4-6}$$

式中：$C$——总建设费用；

$E$——主要设备费；

$K_i$——管线、仪表、建筑物等项费用的估算系数；

$K_c$——管理费、合同费、应急费等项费用的总估算系数。

总建设费用与设备费用之比为朗格系数 $K_L$。计算公式为

$$K_L = (1 + \sum K_i) \cdot K_c \tag{4-7}$$

应用朗格系数法进行工程项目或装置估价的精度仍不是很高，其原因如下。

① 装置规模大小发生变化的影响。

② 不同地区自然地理条件的影响。

③ 不同地区经济条件的影响。

④ 不同地区气候条件的影响。

⑤ 主要设备材质发生变化时，设备费用变化较大而安装费变化不大所产生的影响。

尽管如此，由于朗格系数法是以设备费为计算基础，而设备费用在一项工程中所占的比率对于石油、石化、化工工程而言占 45%～55%，几乎占一半，同时一项工程中每台设备所含有的管道、电气、自控仪表、绝热、油漆、建筑等都有一定的规律，所以，只要对各种不同类型工程的朗格系数掌握得准确，估算精度仍可较高。朗格系数法估算误差在 10%～15%内。

5) 指标估算法

这种方法是把建设项目划分为建筑工程、设备安装工程、设备购置费及其他基本建设费等费用项目或单位工程，再根据各种具体的投资估算指标，进行各项费用项目或单位工程投资的估算，在此基础上，可汇总成每一单项工程的投资。另外，再估算工程建设其他费用及预备费，即求得建设项目总投资。

(1) 建筑工程费用估算。建筑工程费用是指为建造建筑物和构筑物所需要的费用，一

般采用下面 3 种估算方法。

① 单位建筑工程投资估算法,即工业与民用建筑以单位建筑面积(每平方米)的投资、工业窑炉以单位容积的投资、水库以水坝单位长度的投资、铁路路基以单位长度的投资,乘以相应的建筑工程量计算建筑工程费。

② 单位实物工程量投资估算法,以单位实物工程量的投资乘以实物工程总量计算。土石方以立方米计算投资、矿井巷道衬砌工程按每米投资,乘以相应的实物工程总量计算建筑工程费。

③ 概算指标投资估算法,对于没有上述估算指标且建筑工程费占总投资比例较大的项目,可采用概算指标法。采用此种方法,应有较为详细的工程资料、建筑材料价格和工程费用指标,投入的时间和工作量比较大。

(2) 设备及工器具购置费估算。设备购置费根据项目主要设备表及价格、费用资料编制,工器具购置费按设备费一定比例计取。国内设备和进口设备应分别估算。

(3) 安装工程费估算。具体可按安装费率、每吨设备安装费或单位安装实物工程量的费用估算。

$$安装费 = 设备原价 \times 安装费率 \qquad (4-8)$$

$$安装费 = 设备吨位 \times 每吨安装费 \qquad (4-9)$$

$$安装费 = 安装工程实物量 \times 安装费用指标 \qquad (4-10)$$

(4) 工程建设其他费用的估算。工程建设其他费用按建筑工程费与设备费及安装费的和乘以相应的费率计算。

(5) 基本预备费估算。在以上 4 项合计的基础上,乘以基本预备费费率。

指标估算是一种比概算指标更为扩大的单位工程指标或单项工程指标。

使用指标估算法应根据不同地区、年代进行调整。因为地区、年代不同,设备与材料的价格均有差异,调整方法可以按主要材料消耗量或"工程量"为计算依据;也可以按不同的工程项目的"万元工料消耗定额"来定不同的系数。如果有关部门已颁布了有关定额或材料价差系数(物价指数),也可以据其调整。

使用指标估算法进行投资估算绝不能生搬硬套,必须对工艺流程、定额、价格及费用标准进行分析,经过实事求是的调整与换算后,才能提高其精确度。

### 2. 动态投资部分估算方法

建设投资动态部分主要包括价格变动可能增加的投资额、建设期利息两部分内容,如果是涉外项目,还应该计算汇率的影响。动态部分的估算应以基准年静态投资的资金使用计划为基础来计算,而不是以编制的年静态投资为基础计算。

1) 价差预备费的估算

涨价预备费的估算可按国家或部门(行业)的具体规定执行,具体估算的方法详见本书 2.5 节。

2) 汇率变化对涉外建设项目动态投资的影响及计算方法

汇率是两种不同货币之间的兑换比率,或者说是以一种货币表示的另一种货币的价格。

汇率的变化意味着一种货币相对于另一种货币的升值或贬值。

(1) 外币对人民币升值。项目从国外市场购买设备材料所支付的外币金额不变，但换算成人民币的金额增加；从国外借款，本息所支付的外币金额不变，但换算成人民币的金额增加。

(2) 外币对人民币贬值。项目从国外市场购买设备材料所支付的外币金额不变，但换算成人民币的金额减少；从国外借款，本息所支付的外币金额不变，但换算成人民币的金额减少。

估计汇率变化对建设项目投资的影响，是通过预测汇率在项目建设期内的变动程度，以估算年份的投资额为基数计算求得。

3) 建设期利息的估算

建设期利息是指项目借款在建设期内发生并计入固定资产投资的利息。计算建设期利息时，为了简化计算，通常假定当年借款按半年计息，以上年度借款按全年计息，具体的公式见 2.5 节。

对于有多种借款资金来源，每笔借款的年利率各不相同的项目，既可分别计算每笔借款的利息，又可先计算出各笔借款加权平均的年利率，并以此利率计算全部借款的利息。

**3. 流动资金估算方法**

流动资金是指生产经营性项目投产后，为进行正常生产运营，用于购买原材料、支付工资及其他经营费用等所需的周转资金。流动资金估算一般采用分项详细估算法，个别情况或者小型项目可采用扩大指标估算法。

1) 分项详细估算法

流动资金的显著特点是在生产过程中不断周转，其周转额的大小与生产规模及周转速度直接相关。分项详细估算法是根据周转额与周转速度之间的关系，对构成流动资金的各项流动资产和流动负债分别进行估算。在可行性研究中，为简化计算，仅对存货、现金、应收账款和应付账款四项内容进行估算，计算公式为

$$流动资金=流动资产+流动负债 \tag{4-11}$$

$$流动资产=应收账款+存货+现金 \tag{4-12}$$

$$流动负债=应付账款 \tag{4-13}$$

$$流动资金本年增加额=本年流动资金-上年流动资金 \tag{4-14}$$

估算的具体步骤：首先计算各类流动资产和流动负债的年周转次数；然后再分项估算占用资金额。

(1) 周转次数计算。周转次数是指流动资金的各个构成项目在一年内完成多少个生产过程。其计算公式为

$$周转次数=360d/最低周转天数 \tag{4-15}$$

存货、现金、应收账款和应付账款的最低周转天数，可参照同类企业的平均周转天数并结合项目特点确定。又因为

$$周转次数=周转额/各项流动资金平均占用额 \tag{4-16}$$

如果周转次数已知,则

$$各项流动资金平均占用额=周转额/周转次数 \qquad (4-17)$$

(2) 应收账款估算。应收账款是指企业对外赊销商品、劳务而占用的资金。应收账款的周转额应为全年赊销销售收入。在做可行性研究时,用销售收入代替赊销收入。计算公式为

$$应收账款=年销售收入/应收账款周转次数 \qquad (4-18)$$

(3) 存货估算。存货是企业为销售或者生产耗用而储备的各种物资,主要有原材料、辅助材料、燃料、低值易耗品、维修备件、包装物、在产品、自制半成品和产成品等。为简化计算,仅考虑外购原材料、外购燃料、在产品和产成品,并分项进行计算。计算公式为

$$存货=外购原材料+外购燃料+在产品+产成品 \qquad (4-19)$$

$$外购原材料占用资金=年外购原材料总成本/原材料周转次数 \qquad (4-20)$$

$$外购燃料=年外购燃料/按种类分项周转次数 \qquad (4-21)$$

$$在产品=\frac{年外购原材料燃料+年工资及福利+年修理费+年其他制造费}{在产品周转次数} \qquad (4-22)$$

$$产成品=年经营成本/产成品周转次数 \qquad (4-23)$$

(4) 现金需要量估算。项目流动资金中的现金是指货币资金,即企业生产运营活动中停留于货币形态的那部分资金,包括企业库存现金和银行存款。计算公式为

$$现金需要量=(年工资及福利费+年其他费用)/现金周转次数 \qquad (4-24)$$

$$年其他费用=制造费用+管理费用+销售费用$$
$$-以上三项费用中所含的工资及福利费、$$
$$折旧费、维修费、摊销费、修理费 \qquad (4-25)$$

(5) 流动负债估算。流动负债是指在一年或者超过一年的一个营业周期内,需要偿还的各种债务。在可行性研究中,流动负债的估算只考虑应付账款一项。计算公式为

$$应付账款=(年外购原材料+年外购燃料)/应付账款周转次数 \qquad (4-26)$$

2) 扩大指标估算法

扩大指标估算法是根据现有企业的实际资料,求得各种流动资金率指标,将各类流动资金率乘以相应的费用基数来估算流动资金。计算公式为

$$年流动资金额=年费用基数×各类流动资金率 \qquad (4-27)$$

$$年流动资金额=年产量×单位产品产量占用流动资金额 \qquad (4-28)$$

估算流动资金应注意以下几点。

(1) 在采用分项详细估算法时,应根据项目实际情况分别确定现金、应收账款、存货和应付账款的最低周转天数,并考虑一定的保险系数。

(2) 在不同生产负荷下的流动资金,应按不同生产负荷所需的各项费用金额,分别按照上述计算公式进行估算,而不能直接按照100%的生产负荷下的流动资金乘以生产负荷百分比求得。

(3) 流动资金属于长期性(永久性)流动资产,流动资金的筹措可通过长期负债和资本金(一般要求占30%)的方式解决。

## 4.4 案例解析

某建设项目建设期为 3 年，实施进度计划为：第一年完成项目全部投资的 20%，第二年完成项目全部投资的 55%，第三年完成项目全部投资的 25%，第四年项目投产。项目的运营期总计为 15 年。

本项目固定资产的投资，静态估算额为 52000 万元，外汇牌价为 1 美元兑换 6.8 元。本项目无形资产、递延资产为 180 万元，预备费为 5000 万元，按照国家规定，本项目的固定资产投产方向调节税税率为 5%。

该公司投资本项目的资金分为自有和贷款，贷款额为 40000 万元，其中外汇贷款为 2300 万美元。贷款的人民币部分从中国银行获得，年利率为 12.48%(名义利率，按季结算)。贷款的外汇部分从中国银行获得，年利率为 8%(实际利率)。

$$实际利率 = \left(1 + \frac{名义利率}{年计息次数}\right)^{年计息次数} - 1$$

$$每年应计利息 = \left(年初借款本息累计额 + \frac{本年借款额}{2}\right) \times 年实际利率$$

建设项目达到生产能力后，全厂定员为 1100 人，工资与福利按照每人每年 7200 元估算。每年的其他费用为 860 万元。生产存货占有流动资金估算额为 7000 万元。年外购原材料、燃料及动力费估算为 19200 万元。年应收账款为 21000 万元。各项流动资金的最低周转天数分别为：应收账款 30 天，现金 40 天，应付账款 30 天。

问题：(1) 试估算出本项目建设期的贷款利息。
(2) 试估算出本项目分项流动资金、总的流动资金。

**解**：(1) 人民币贷款实际年利率 $= \left(1 + \frac{名义利率}{年计息次数}\right)^{年计息次数} - 1$

$$= \left(1 + \frac{12.48\%}{4}\right)^4 - 1 = 13.08\%$$

每年投资的本金数额计算。

人民币部分：$40000 - 2300 \times 6.8 = 24360$(万元)

第一年为：$24360 \times 20\% = 4872$(万元)

第二年为：$24360 \times 55\% = 13398$(万元)

第三年为：$24360 \times 25\% = 6090$(万元)

美元部分：

第一年为：$2300 \times 20\% = 460$(万美元)

第二年为：$2300 \times 55\% = 1265$(万美元)

第三年为：$2300 \times 25\% = 575$(万美元)

每年应计利息的计算。

年应计利息 = $\left(\text{年初借款本息累计} + \dfrac{\text{本年借款额}}{2}\right) \times \text{年实际利率}$

人民币部分：

第一年贷款利息 = $\left(0 + \dfrac{4872}{2}\right) \times 13.08\% = 318.6$ (万元)

第二年贷款利息 = $\left(4872 + 318.6 + \dfrac{13398}{2}\right) \times 13.08\% = 1555.2$ (万元)

第三年贷款利息 = $\left(4872 + 318.6 + 13398 + 1555.2 + \dfrac{6092}{2}\right) \times 13.08\% = 3033.1$ (万元)

人民币贷款利息合计 = 318.6 + 1555.2 + 3033.1 = 4906.9(万元)

外汇贷款部分：

第一年贷款利息 = $\left(0 + \dfrac{460}{2}\right) \times 8\% = 18.4$ (万美元)

第二年贷款利息 = $\left(460 + 18.4 + \dfrac{1265}{2}\right) \times 8\% = 88.9$ (万美元)

第三年贷款利息 = $\left(460 + 18.4 + 1265 + 88.9 + \dfrac{575}{2}\right) \times 8\% = 169.6$ (万美元)

外汇贷款利息合计 = 18.4 + 88.9 + 169.6 = 276.9(万美元)

(2) 应收账款 = $\dfrac{\text{应收款}}{\text{年周转次数}} = \dfrac{21000}{360/30} = 1750$ (万元)

存货 = 7000(万元)

现金 = $\dfrac{\text{年工资及福利费} + \text{年其他费用}}{\text{周转次数}} = \dfrac{0.72 \times 1100 + 860}{360/40} = 183.56$ (万元)

流动资产 = 应收账款 + 现金 + 存货 = 1750 + 183.56 + 7000 = 8933.56(万元)

应付账款 = $\dfrac{\text{年外购原材料燃料及动力费}}{\text{周转次数}} = \dfrac{19200}{360/30} = 1600$ (万元)

流动负债 = 应付账款 = 1600(万元)

流动资金 = 流动资产 − 流动负债 = 8933.56 − 1600 = 7333.56(万元)

# 本 章 小 结

本章主要从投资决策的意义，可行性研究的编制及投资估算的方法几方面介绍了在投资决策阶段如何控制工程造价，重点掌握可行性研究报告的编制方法、内容和审批程序、投资估算的方法。

## 复习思考题

4-1 投资决策与工程造价有什么关系?
4-2 项目决策阶段影响工程造价的因素有哪些?
4-3 可行性研究的依据有哪些?
4-4 可行性研究的作用有哪些?
4-5 可行性研究的主要内容有哪些?
4-6 静态投资估算的方法有哪些?
4-7 动态投资估算的方法有哪些?
4-8 流动资金的估算方法有几种?
4-9 分项详细估算法如何估算流动资金?

# 第 5 章 建设项目设计阶段工程造价的控制

**本章学习要求和目标:**

- 了解设计阶段的划分及影响工程造价的主要因素。
- 熟悉工程设计方案的优选方法。
- 熟悉限额设计方法。
- 掌握价值工程方法。
- 掌握设计概算的编制和审查方法。
- 掌握施工图预算的编制和审查方法。

## 5.1 概 述

### 5.1.1 工程设计的含义、设计阶段及设计程序

#### 1. 工程设计的含义

工程设计是指在工程开始施工之前,设计者根据已批准的设计任务书,为具体实现拟建项目的技术、经济要求,拟定建筑、安装及设备制造等所需的规划、图纸、数据等技术文件的工作。工程建成后,能否获得满意的经济效益,除了项目决策外,设计工作也起着决定性的作用。设计工作的重要原则之一是保证设计的整体性,为此设计工作必须按一定的程序分阶段进行。

#### 2. 工程设计的阶段划分及深度要求

为保证工程建设和设计工作有机地配合和衔接,将工程设计计划分为几个阶段。根据国家有关文件的规定,一般工业项目与民用建设项目设计按初步设计和施工图设计两个阶段进行,称为"两阶段设计";对于技术上复杂而设计上有一定难度的项目,可按初步设计、技术设计和施工图设计 3 个阶段进行,称为"三阶段设计"。

对于技术上简单的民用建筑工程,经有关部门同意,并且合同中有不做技术设计的约定,满足这两个条件才能进行两阶段设计。

对于有些牵涉面较广的大型建设项目,如大型矿区、油田、大型联合企业的工程,除按上述规定分阶段进行设计外,还应进行总体规划设计或总体设计。总体设计是对一个大

型项目中的每个单项工程生产运行上的内在联系,在相互配合、衔接等方面进行统一规划、部署和安排,使整个工程在布置上紧凑、流程上顺畅、技术上先进可靠、生产上方便、经济上合理。但是,总体设计本身并不代表一个单独的设计阶段。

**3. 设计程序及深度要求**

设计工作的重要原则之一是保证设计的整体性,因此设计必须按照一定的程序分阶段地进行。

1) 设计准备

首先要了解并掌握各种有关的外部条件和客观情况,包括自然条件、城市规划对建筑物的要求、基础设施状况、业主对工程的要求、对工程经济估算的依据和所能提供的资金、材料、施工技术和装备等以及可能影响工程的其他客观因素。

2) 初步方案

设计者对工程主要内容(包括功能与形式)的安排有个大概的布局设想,然后要考虑工程与周围环境之间的关系。在这一阶段设计者可以同使用者和规划部门充分交换意见,最后使自己的设计符合规划的要求,取得规划部门的同意,与周围环境有机地融为一体。对于不太复杂的工程,这一阶段可以省略,把有关的工作并入初步设计阶段。

3) 初步设计

这是设计过程中的一个关键性阶段,也是整个设计构思基本形成的阶段。在初步设计阶段应编制设计总概算。

4) 技术设计

技术设计是初步设计的具体化,也是各种技术问题的定案阶段。技术设计的详细程度应能满足确定设计方案中重大技术问题和有关试验、设备选制等方面的要求。应能保证根据它编制施工图和提出设备订货明细表。如果对初步设计阶段所确定的方案有所更改,应对更改部分编制修正概算书。

5) 施工图设计

这一阶段主要是通过图纸,把设计者的意图和全部设计结果表达出来,作为工人施工制作的依据。施工图设计的深度应能满足设备、材料的选择与确定、非标准设备的设计与加工制作、施工图预算的编制、建筑工程施工和安装的要求。

6) 设计交底和配合施工

施工图发出后,根据现场需要,设计单位应派人到施工现场,与建设、施工单位共同会审施工图,进行技术交底,介绍设计意图和技术要求,修改不符合实际和有错误的图纸,参加试运转和竣工验收,解决试运转过程中的各种技术问题,并检验设计的正确和完善程度。

## 5.1.2 工程设计的基本原则

在工程设计中应遵循以下原则。
(1) 贯彻国家的经济建设方针和政策。

(2) 遵守国家和地方的法律法规，符合国家和行业的技术标准、规程和规范。
(3) 合理利用资源，节约能源。
(4) 重视技术进步，选用的技术要先进、适用。
(5) 坚持安全可靠、质量第一。
(6) 坚持经济合理。
(7) 重视生态环境保护和水土保持。
(8) 以人为本，合理使用劳动力，重视劳动安全。

## 5.2 设计方案

### 5.2.1 设计方案的优选原则

为了提高工程建设投资效果，从选择建设场地和工程总平面布置开始，直至建筑节点的设计，都应进行多方案的比较、选择(专业人士往往将其简称为比选)，从中选取技术先进、经济合理的最佳设计方案。设计方案优选应遵循以下原则。

(1) 设计方案必须要处理好经济合理性与技术先进性之间的关系。技术先进性与经济合理性有时是一对矛盾体，设计者应妥善处理好二者的关系，一般情况下，要在满足使用者要求的前提下，尽可能降低工程造价。

(2) 设计方案必须兼顾建设与使用，考虑项目全寿命费用。造价水平的变化会影响到项目将来的使用成本。如果单纯降低造价，建造质量得不到保障，就会导致使用过程中的维修费用很高，甚至有可能发生重大事故。在设计过程中应兼顾建设过程和使用过程，力求项目寿命周期费用最低。

(3) 设计必须兼顾近期与远期的要求。一项工程建成后，往往会在很长时间内发挥作用。如果按照目前的要求设计工程，将来可能会出现由于项目功能水平无法满足需要而重新建造的情况。

### 5.2.2 设计方案影响工程造价的因素

不同类型的建筑，使用目的及功能要求不同，影响设计方案的因素也不相同。工业建筑设计是由总平面设计、工艺设计及建筑设计三部分组成，它们之间是相互关联和制约的。因此影响工业建筑设计的因素从以上三部分考虑才能保证总设计方案经济合理。各部分设计方案侧重点不同，影响因素也略有差异。民用建筑项目设计是根据建筑物的使用功能要求，确定建筑标准、结构形式、建筑物空间与平面布置以及建筑群体的配置等。

**1. 总平面设计**

总平面设计是指总图运输设计和总平面配置。包括的主要内容有：厂址方案、占地面积和土地利用情况；总图运输、主要建筑物和构筑物及公用设施的配置；水、电、气及其他外部协作条件等。

工业项目总平面设计的目的是在保证生产、满足工艺要求的前提下,根据自然条件、运输要求及城市规划等具体条件,确定建筑物、构筑物、交通线路、地上地下技术管线及绿化美化设施的相互配置,创造符合该企业生产特性的统一建筑整体。在布置总平面时,应该充分考虑到竖向布置、管道、交通线路、人流、物流等是否经济合理。总平面设计中影响工程造价的因素有以下几项。

(1) 占地面积。占地面积的大小一方面会影响征地费用的高低,另一方面也会影响管线布置成本及项目建成运营的运输成本。要注意节约用地,不占或少占农田。要合理确定拟建项目的生产规模,妥善处理建设项目长远规划与近期建设的关系,近期建设项目的布置应集中紧凑,尽可能设计外形规整的建筑,以增加场地的有效使用面积。

(2) 功能分区。功能分区要满足生产工艺过程的要求。生产工艺流程走向是企业生产的主动脉,因此生产工艺过程也是工业项目总平面设计中一个最根本的设计依据。总平面设计首先应进行功能分区,根据生产性质、工艺流程、生产管理的要求,将一个项目内所包含的各类车间和设备,按照生产上、卫生上和使用上的特征分组合并于一个特定区域内,既可以使建筑物的各项功能得到充分发挥,又可以使总平面布置紧凑、安全,避免深挖深填,减少土石方量和节约用地,降低工程造价。

(3) 运输方式的选择。选择方便经济的运输设施和合理的运输线路。运输设计应根据生产工艺和各功能区的要求以及建设地点的具体自然条件,合理布置运输线路,力求运距短、无交叉、无反复运输现象,并尽可能避免人流与物流交叉。厂区内道路布置应满足人流、物流和消防的要求,使建筑物、构筑物之间的联系最便捷。

(4) 地形、地质条件的选取。总平面布置应该按照地形、地质条件,因地制宜地进行布置,为生产和运输创造有利条件。力求减少土方工程量,以最少的建筑费用而获得良好的生产条件。

(5) 符合城市规划。工业建筑总平面布置的空间处理,应在满足生产功能的前提下,力求使厂区建筑物、构筑物组合设计整齐、简洁、美观,并与同一工业区内相邻厂房在造型、色彩等方面相互协调,使厂区建设成为城镇总体建设面貌的一个良好组成部分。

评价总平面设计的指标有面积指标、比率性指标(如建筑系数、土地利用系数等)及工程量指标。

**2. 工艺设计**

工艺设计是工程设计的核心,它是根据工业企业生产的特点、生产性质和功能来确定的。工艺设计一般包括生产设备的选择、工艺流程设计、工艺定额的制定和生产方法的确定。

工艺设计部分要确定企业的技术水平。影响工程造价的因素主要包括:建设规模、标准和产品方案;工艺流程和主要设备的选型;主要原材料、燃料供应;"三废"治理及环保措施。此外,还包括生产组织及生产过程中的劳动定员情况。

工艺技术方案的评价就是互斥投资项目的比较、选择,因此评价指标有净现值、净年值、差额内部收益率等。

### 3. 建筑设计评价

工业建筑设计必须为合理生产创造条件，因此，在建筑平面布置和立面形式选择上，应该满足生产工艺要求。在进行建筑设计时，应该熟悉生产工艺资料，掌握生产工艺特性及其对建筑的影响，根据生产工艺资料确定车间的高度、跨度及面积，根据不同的生产工艺过程决定车间平面组合方式。根据设备种类、规格、数量、重量和震动情况，以及设备的外形及基础尺寸，决定建筑物的大小、布置和基础类型以及建筑结构的选择。

民用建筑设计是根据建筑物的使用功能要求，确定建筑标准、结构形式、建筑物空间与平面布置以及建筑群体的配置等。

建筑设计必须采用各种切合实际的先进技术，从建筑形式、材料和结构的选择、结构布置和环境保护等方面采取措施以满足生产工艺对建筑设计的要求。在建筑设计阶段影响工程造价的主要因素有以下几项。

(1) 平面形状。一般情况下，建筑物平面形状越简单，它的单位面积造价就越低。因为不规则的建筑物将导致室外工程、排水工程、砌砖工程及屋面工程等复杂化，从而增加工程费用。一般情况下，建筑物周长与建筑面积之比 $K_周$ (即单位建筑面积所占外墙长度) 越低，设计越经济。$K_周$ 按圆形、正方形、矩形、T形、L形的次序依次增大。

(2) 流通空间。建筑物的经济平面布置的主要目标之一是，在满足建筑物使用要求的前提下，将流通空间减少到最小。这样可以相应地降低造价，但是造价不是检验设计是否合理的唯一标准，其他如美观和功能质量的要求也是非常重要的。

(3) 层高。在建筑面积不变的情况下，建筑层高增加会引起各项费用的增加。墙与隔墙及其有关粉刷、装饰费用的提高；供暖空间体积增加，导致热源及管道费增加；卫生设备、上下水管道长度增加；楼梯间造价和电梯设备费用的增加；施工垂直运输量增加。如果由于层高增加而导致建筑物总高度增加很多，则还可能需要增加结构和基础造价。

据有关资料分析，住宅层高每降低 10cm，可降低造价 1.2%～1.5%。层高降低还可提高住宅区的建筑密度，节约征地费、拆迁费及市政设施费。单层厂房层高每增加 1m，单位面积造价增加 1.8%～3.6%，年度采暖费用增加约 3%；多层厂房的层高每增加 0.6m，单位面积造价提高 8.3% 左右。由此可见，随着层高的增加，单位建筑面积造价也在不断增加。

(4) 建筑物层数。建筑工程总造价是随着建筑物的层数增加而提高的。建筑物层数对造价的影响，因建筑类型、形式和结构不同而不同。如果增加一个楼层不影响建筑物的结构形式，单位建筑面积的造价可能会降低。但是当建筑物超过一定层数时，结构形式就要改变，单位造价通常会增加。

民用建筑按层数划分为低层住宅(1～3层)、多层住宅(4～6层)、中层住宅(7～9层)和高层住宅(10层以上)。在民用建筑中多层住宅有降低造价和节省费用及节约用地的优点。表 5-1 分析了砖混结构的多层住宅单方造价与层数的关系。

由表 5-1 可知，随着住宅层数的增加，单方造价系数在逐渐降低，即层数越多越经济。但是边际造价系数也在逐渐减小，说明随着层数的增加，单方造价系数下降幅度减缓，当住宅超过 7 层时，就要增加电梯费用，需要提高结构强度，改变结构形式，使工程造价大幅上升。

表 5-1　砖混结构多层住宅层数与造价的关系

| 住宅层数 | 一层 | 二层 | 三层 | 四层 | 五层 | 六层 |
| --- | --- | --- | --- | --- | --- | --- |
| 单方造价系数/% | 138.05 | 116.95 | 108.38 | 103.51 | 101.68 | 100 |
| 边际造价系数/% |  | −21.1 | −8.75 | −4.87 | −1.83 | −1.68 |

工业厂房层数的选择应该重点考虑生产性质和生产工艺的要求。对于需要跨度大和层度高，拥有重型生产设备和起重设备，生产时有较大振动及大量热和气散发的重型工业，采用单层厂房是经济合理的；对于工艺过程紧凑，设备和产品重量不大，并要求恒温条件的各种轻型车间，可采用多层厂房，以充分利用土地，节约基础工程量，缩短交通线路、工程管线和围墙的长度，降低单方造价。

确定多层厂房的经济层数主要有两个因素：一是厂房展开面积的大小，展开面积越大，层数越可提高；二是厂房宽度和长度，宽度和长度越大，则经济层数越能增高，造价也随之相应降低。

(5) 住宅单元组成、户型和住户面积。住宅的单元数每栋以 3～4 个单元较为经济。住宅单元的组成是否合理是关系到适用与经济的重要问题，应根据家庭成员的组成情况、职业情况来确定每单元的房间大小和房间的组合，以便于居民的休息、工作和日常生活。

(6) 柱网布置。柱网布置是确定柱子的行距(跨度)和间距(每行柱子中相邻两个柱子间的距离)的依据。柱网布置是否合理，对工程造价和厂房面积的利用效率都有较大的影响。

对于单跨厂房，当柱间距不变时，跨度越大单位面积造价越低。对于多跨厂房，当跨度不变时，中跨数量越多越经济。

(7) 建筑物的体积与面积。随着建筑物体积和面积的增加，工程总造价会提高。对于工业建筑，在不影响生产能力的条件下，厂房、设备布置力求紧凑合理；要采用先进工艺和高效能的设备，节省厂房面积；要采用大跨度、大柱距的大厂房平面设计形式，提高平面利用系数。对于民用建筑，尽量减少结构面积比例，增加有效面积。住宅结构面积与建筑面积之比称为结构面积系数，这个系数越小，设计越经济。

(8) 建筑结构。建筑结构是指建筑工程中由基础、梁、板、柱、墙、屋架等构件所组成的起骨架作用的、能承受直接和间接"荷载"的体系。建筑结构按所用材料可分为砌体结构、钢筋混凝土结构、钢结构和木结构等。

建筑材料和建筑结构选择是否合理，不仅直接影响到工程质量、使用寿命、耐火抗震性能，而且对施工费用、工程造价有很大的影响。尤其是建筑材料，一般占直接费的 70%，降低材料费用，不仅可以降低直接费，而且也会导致间接费的降低。

建筑设计评价指标包括：单位面积造价；建筑物周长与建筑面积比；厂房展开面积；厂房有效面积与建筑面积比；工程全寿命成本。

### 5.2.3 设计阶段工程造价控制的重要意义

设计是建设项目由计划变为现实具有决定意义的工作阶段，工程项目建成后能否获得令人满意的经济效益，除了项目决策外，设计阶段的工程造价控制也具有很重要的意义。

(1) 在设计阶段进行工程造价的计价分析可以使造价构成更合理，提高资金利用效率。设计阶段工程造价的计价形式是编制设计概算，通过概算了解工程造价的构成，并可以利用设计阶段各种控制工程造价的方法使经济与成本更趋于合理化。

(2) 在设计阶段进行工程造价的计价分析可以提高投资控制效率。编制设计概算可以了解工程各组成部分的投资比例。对于投资比例较大的部分应作为投资控制的重点，这样可以提高投资控制效率。

(3) 在设计阶段控制工程造价会使控制工作更主动。设计阶段控制工程造价，可以使被动控制变为主动控制。

(4) 在设计阶段控制工程造价便于技术与经济相结合。在设计阶段吸收控制造价的人员参与全过程设计，使设计一开始就建立在健全的经济基础之上，在作出重要决定时就能充分认识其经济后果。

(5) 在设计阶段控制工程造价效果最显著。设计阶段的工程造价控制是整个工程造价控制的龙头。设计阶段的造价对投资的影响程度占到了 75%～95%，很显然，控制工程造价的关键是在设计阶段。因此，在设计一开始就将控制投资的思想根植于设计人员的头脑中，可保证选择恰当的设计标准和合理的功能水平。

### 5.2.4 设计方案的评价方法

#### 1. 多指标评价法

多指标评价法通过对反映建筑产品功能和耗费特点的若干技术经济指标的计算、分析、比较，评价设计方案的经济效果，又可分为多指标对比法和多指标综合评分法。

1) 多指标对比法

这是目前采用比较多的一种方法。它的基本特点是使用一组适用的指标体系，将对比方案的指标值列出，然后一一进行对比分析，根据指标值的高低来分析判断方案的优劣。

利用这种方法首先需要将指标体系中的各个指标，按其在评价中的重要性，分为主要指标和辅助指标。主要指标是能够比较充分反映工程的技术经济特点的指标，是确定工程项目经济效果的主要依据。辅助指标在技术经济分析中处于次要地位，是主要指标的补充，当主要指标不足以说明方案的技术经济效果优劣时，辅助指标就成为进一步开展技术经济分析的依据。

这种方法的优点是：指标全面、分析确切，可通过各种技术经济指标定性或定量直接反映方案技术经济性能的主要方面。

这种方法的缺点是：不便于考虑对某一功能进行评价，不便于综合定量分析，容易出现某一方案有些指标较优，另一些指标较差；而另一方案则可能是有些指标较差，另一些指标较优。这样就使分析工作复杂化。

通过多指标对比法综合分析，最后应给出以下结论。

(1) 分析对象的主要技术经济特点及适用条件。

(2) 现阶段实际达到的经济效果水平。

(3) 找出提高经济效果的潜力和途径以及相应采取的主要技术措施。

(4) 预期经济效果。

2) 多指标综合评分法

这种方法首先对需要进行分析评价的设计方案设定若干个评价指标，并按其重要程度确定各指标的权重，然后确定评分标准，并就各设计方案对各指标的满足程度打分，最后计算各方案的加权得分，以加权得分高者为最优设计方案。其计算公式为

$$S = \sum W_i \cdot S_i \quad i=1, 2, \cdots, n \tag{5-1}$$

式中：$S$——设计方案总得分；

$S_i$——某方案在评价指标 $i$ 上的得分；

$W_i$——评价指标 $i$ 的权重；

$n$——评价指标数。

这种方法的优点在于避免了多指标对比法指标间可能发生相互矛盾的现象，评价结果是唯一的。但是在确定权重及评分过程中存在主观臆断成分。同时，由于分值是相对的，因而不能直接判断各方案的各项功能实际水平。

【例 5-1】某建筑工程有 4 个设计方案，选定评价指标为实用性、平面布置、经济性、美观性四项，各指标的权重及各方案的得分为 10 分制，试选择最优设计方案。

计算结果见表 5-2。

表 5-2 多指标综合评分法计算

| 评价指标 | 权重 | 方案 A | | 方案 B | | 方案 C | | 方案 D | |
|---|---|---|---|---|---|---|---|---|---|
| | | 得分 | 加权得分 | 得分 | 加权得分 | 得分 | 加权得分 | 得分 | 加权得分 |
| 实用性 | 0.4 | 8 | 3.2 | 8 | 3.2 | 7 | 2.8 | 6 | 2.4 |
| 平面布置 | 0.2 | 8 | 1.6 | 9 | 1.8 | 8 | 1.6 | 9 | 1.8 |
| 经济性 | 0.3 | 9 | 2.7 | 9 | 2.7 | 9 | 2.7 | 8 | 2.4 |
| 美观性 | 0.1 | 7 | 0.7 | 9 | 0.9 | 8 | 0.8 | 9 | 0.9 |
| 合计 | | | 8.2 | | 8.6 | | 7.9 | | 7.5 |

由表 5-2 可知，方案 B 的加权得分最高，因此方案 B 最优。

**2. 静态投资效益评价法**

静态投资效益评价法是不考虑资金占用时间价值的方法，包括投资回收期法、计算费用法两种方法。

1) 投资回收期法

投资回收期反映初始投资补偿速度，是衡量设计方案优劣的重要依据，投资回收期越短，则设计方案越好。

不同设计方案的比较、选择实际上是互斥方案的比较、选择，首先要考虑到方案可比性问题。当相互比较的各设计方案能满足相同的需要时，就只需比较它们的投资和经营成本的大小，用差额投资回收期比较。差额投资回收期是指在不考虑时间价值的情况下，用投资大的方案比投资小的方案所节约的经营成本，回收差额投资所需要的时间。其计算公式为

$$\Delta P_t = \frac{K_2 - K_1}{C_1 - C_2} \tag{5-2}$$

式中：$K_2$——方案 2 的投资额；

$K_1$——方案 1 的投资额，且 $K_2 > K_1$；

$C_2$——方案 2 的年经营成本；

$C_1$——方案 1 的年经营成本，且 $C_1 > C_2$；

$\Delta P_t$——差额投资回收期。

当 $\Delta P_t \leqslant P_c$(基准投资回收期)时，投资大的方案优；反之，投资小的方案优。

如果两个比较方案的年业务量不同，则需将投资和经营成本转化为单位业务量的投资和成本，然后再计算差额投资回收期，进行方案比较、选择。其计算公式为

$$\Delta P_t = \frac{\dfrac{K_2}{Q_2} - \dfrac{K_1}{Q_1}}{\dfrac{C_1}{Q_1} - \dfrac{C_2}{Q_2}} \tag{5-3}$$

式中，$Q_1$、$Q_2$ 分别为各设计方案的年业务量；其他符号含义同前。

【例 5-2】某新建厂房有两个设计方案，方案甲的总投资为 2000 万元，年经营成本为 600 万元，年产量为 1200 件；方案乙的总投资为 1200 万元，年经营成本为 500 万元，年产量为 800 件。基准投资回收期 $P_c$=6 年，试选出最优设计方案。

**解**：首先计算各方案单位产量的费用。

$K_甲/Q_甲$=2000 万元/1200 件=1.67 万元/件

$K_乙/Q_乙$=1200 万元/800 件=1.5 万元/件

$C_甲/Q_甲$=600 万元/1200 件=0.5 万元/件

$C_乙/Q_乙$=500 万元/800 件=0.625 万元/件

$P_t$=(1.67-1.5)/(0.625-0.5)=1.36(年)

$P_t$<6 年，所以应选择投资额较大的方案甲为最优方案。

2) 计算费用法

房屋建筑物和构筑物的全寿命是指从投资估算、设计、施工、投产后使用直至报废拆除所经历的时间。全寿命费用不仅包括初始建设费，还包括运营期的费用。评价设计方案的优劣应考虑工程的全寿命费用。但是初始投资和运营期的费用是两类不同性质的费用，二者不能直接相加。一种合乎逻辑的计算费用方法是将二次性投资与经常性的经营成本统

一为一种性质的费用，可直接用来评价设计方案的优劣。

(1) 总计算费用法。其计算公式为

$$K_2+P_c C_2 \leqslant K_1+P_c C_1 \tag{5-4}$$

式中：$K$——项目总投资；

$C$——年经营成本；

$P_c$——基准投资回收期。

令 $TC_1=K_1+P_c C_1$、$TC_2=K_2+P_c C_2$ 分别表示方案 1、2 的总计算费用(Total Cost of Calculation，在公式中用 TC 表示)，则总计算费用最小的方案最优。

(2) 年计算费用法。其计算公式为

$$C_1+R_c K_1 \leqslant C_2+R_c K_2 \tag{5-5}$$

式中，$R_c$ 表示基准投资效果系数。

令 $AC=C+R_c K$ 表示投资方案的年计算费用(Annual Cost of Calculation，在公式中用 AC 表示)，则年计算费用越小的方案越优。差额投资回收期的倒数就是差额投资效果系数。

【例 5-3】某企业为扩大经营生产，有 3 个设计方案：方案一是改建现有工厂，一次性投资 2500 万元，年经营成本为 750 万元；方案二是建新厂，一次性投资 3400 万元，年经营成本为 650 万元；方案三是扩建现有工厂，一次性投资 4500 万元，年经营成本为 620 万元。3 个方案的厂房寿命期相同，所在行业的标准投资效果系数为 10%，用计算费用法选择最优方案。

**解**：由公式 $AC=C+R_c K$ 计算可知

$$AC_1=750+0.1 \times 2500=1000(万元)$$
$$AC_2=650+0.1 \times 3400=990(万元)$$
$$AC_3=620+0.1 \times 4500=1070(万元)$$

因为方案二年费用最小，故方案二最优。

静态经济评价指标简单直观，易于为人所接受。但是它没有考虑时间的价值以及各方案寿命差异。

**3. 动态经济评价指标**

动态经济评价指标是考虑时间价值的指标。对于寿命期相同的设计方案，可以采用净现值法、净年值法、内部收益率法等。寿命期不同的设计方案比较、选择，可以采用净年值法。

1) 净现值法

净现值法就是通过计算各个备选方案的净现值(Net Present Value，NPV)，并比较其大小而判断方案的优劣。这是多方案比较、选择中最常用的方法。其计算公式为

$$NPV=\sum_{t=0}^{n}(C_i-C_o)_t(1+i_c)^{-t} \tag{5-6}$$

式中：NPV——净现值；

$(C_i-C_o)_t$——第 $t$ 年的净现金流量；

$n$——项目计算期；

$i_c$——标准折现率，一般为银行贷款利率。

决策标准：净现值不小于 0 的方案可行；净现值小于 0 的方案不可行；净现值均大于 0 的净现值最大的方案为最优方案。

2) 净年值法

净年值法(Net Annual Value，NAV)是指通过资金时间价值的计算将项目的净现值换算为项目计算期内各年的等额年金。主要用于寿命期不同的多方案评价与比较，特别是寿命周期相差较大的多方案评价与比较。其计算公式为

$$NAV = NPV \frac{i(1+n)^n}{(1+i)^n - 1} \tag{5-7}$$

其评价标准与 NPV 的评价标准相同。

3) 内部收益率法

内部收益率(Internal Rate of Return，IRR)是指项目在整个计算期内各年净现金流量的现值和等于零时的折现率，也就是净现值等于零时的折现率。其计算公式为

$$\sum_{t=0}^{n}(C_i - C_o)_t (1+IRR)^{-t} = 0 \tag{5-8}$$

式中，IRR 为内部收益率。

内部收益率指标的评价标准为：若 IRR>$i_c$(行业标准折现率)，则 NPV>0 方案可以考虑；若 IRR=$i_c$(行业标准折现率)，则 NPV=0 方案可以考虑；若 IRR<$i_c$(行业标准折现率)，则 NPV<0 方案不可行。

## 5.3 工程设计方案的优化途径

### 5.3.1 通过优化设计进行造价控制

**1. 不同设计内容的造价控制重点**

(1) 建筑方案设计：满足项目主体、形象及设计师理念的前提下，充分考虑建设项目的使用和经济要求。

(2) 结构工程设计：满足结构安全的前提下，充分优化结构设计。

(3) 设备选型：满足建筑环境和使用功能的前提下，以经济实用、运行可靠、维护管理方便为原则进行主要设备选型。

(4) 装饰工程：以满足销售目标、形象要求和主体宣传为前提。

(5) 特殊专业工程：以满足销售为前提，尽可能采用限额设计。

(6) 室外附属工程：在保证道路应用和绿化指标的前提下，充分考虑形象与维护、保养费用。

2. 优化设计的步骤

优化设计的基本步骤包括提出优化设计建议、进行优化设计、分析工期和质量变化情况、提出造价变化情况、造价咨询单位及业主审核、实施优化方案。需要注意的是，在进行到提出造价变化情况或造价咨询单位及业主审核步骤时，如未能满足质量工期因素或审核未通过，则需要重新进行优化设计，并不断反复执行相应步骤直至满足要求后才能实施优化方案。

## 5.3.2 工程设计方案的优化途径

1. 设计招标和设计方案竞选

1) 设计招标

建设单位或招标代理机构首先就拟建的设计任务，编制招标文件，并通过报刊、网络或其他媒体发布招标公告，然后对投标单位进行资格审查，并向合格的设计单位发售招标文件，组织投标单位勘察工程现场，解答投标单位提出的问题，投标单位编制并投送标书，经过建设单位或招标代理机构组织开标、评标活动，决定中标单位并发出中标通知，双方签订设计委托合同。

设计招标有利于设计方案的选择和竞争，从中选择最优的设计方案，设计招标也有利于控制项目建设投资和缩短设计周期，降低设计费用。

2) 设计方案竞选

由建设单位或招标代理机构发布竞选文件，竞选文件一经发出，建设单位或招标代理机构不得擅自变更其内容或附加文件。参加方案竞选的各设计单位提交设计竞选方案后，建设单位组织有关人员和专家组成评定小组对设计方案按规定的评定方法进行评审，从中选择技术先进、功能全面、结构合理、安全适用、满足建筑节能及环保要求、经济美观的设计方案，综合评定各设计方案优劣，从中选择最优的设计方案，或将各方案的可取之处重新组合，提出最佳方案。方案竞选有利于设计方案的选择和竞争，建设单位选用设计方案的范围广泛，同时，参加方案竞选的单位想要在竞争中获胜，就要有独创之处，中选项目所做出的设计概算一般能控制在竞选文件规定的投资范围内。

2. 运用价值工程

1) 价值工程概念

价值工程是通过各相关领域的协作，对研究对象的功能与费用进行系统分析，不断创新，旨在提高研究对象的价值的思想方法和管理技术。其目的是以研究对象的最低寿命周期、成本，可靠地实现使用者所需的功能，以获取最佳的综合效益。

从以上这段话可以看出，价值工程的概念包括4个方面的内容。

(1) 着眼于寿命周期成本。寿命周期成本是指产品在其寿命周期内所发生的全部费用，包括生产成本和使用成本两部分。生产成本是发生在生产企业内部的成本，包括研究开发、设计以及制造过程中的费用；使用成本是指用户在使用过程中支付的各种费用的总和，它包括运输、安装、调试、管理、维修、耗能等方面的费用。值得注意的是，在寿命周期成本的构成中，一般由于生产成本在短期内集中支出并且体现在价格中，容易被人们认识，进而采取措施加以控制。而使用成本中的人工、能源、环境、维修等耗费由于分散支出，容易被人们忽视。因此，价值工程中对降低成本的考虑，是要综合考虑生产成本和使用成本的下降，兼顾生产者和用户的利益，以获得最佳的社会综合效益。

(2) 价值工程的核心是功能分析。功能可分为必要功能和不必要功能。价值工程的功能一般是指必要功能。因为用户购买一项产品，其目的不是为了获得产品本身，而是通过购买该项产品来获得所需要的功能。因此，价值工程对产品的分析，首先是对其功能的分析，通过功能分析，弄清哪些功能是必要的，哪些功能是不必要的。从而在改进方案中去掉不必要的功能，补充不足的功能，使产品的功能结构更加合理，达到可靠地实现使用者所需功能的目的。

(3) 价值工程是一项有组织的管理活动。价值工程研究的问题涉及产品的整个寿命周期，涉及面广，研究过程复杂，要经过许多部门的配合，才能收到良好的效果。

(4) 价值工程的目标表现为产品价值的提高。价值是指对象所具有的功能与获得该功能的全部费用之比，可用公式表示为

$$价值(V)=功能(F)/费用(C) \tag{5-9}$$

价值工程的目的是要从技术与经济的结合上去改进和创新产品，使产品既要在技术上可靠实现，又要在经济上支付费用最少，达到两者的最佳结合。根据价值的表达式，提高产品的价值有以下 5 种途径。

① 在提高功能水平的同时，降低成本。
② 在保持成本不变的情况下，提高功能水平。
③ 在保持功能水平不变的情况下，降低成本。
④ 成本稍有增加，但功能水平大幅度提高。
⑤ 功能水平稍有下降，但成本大幅度下降。

2) 价值工程的工作程序

价值工程是一项有组织的管理活动，涉及面广，研究过程复杂，必须按照一定的程序进行。价值工程的工作程序如下。

(1) 对象选择。
(2) 组成价值工程领导小组，并制订工作计划。
(3) 收集与研究对象相关的信息资料。
(4) 功能系统分析。
(5) 功能评价。
(6) 方案创新及评价。
(7) 由主管部门组织审批。
(8) 方案实施与检查。

3) 设计阶段实施价值工程的意义

在设计阶段，实施价值工程的意义重大，尤其是建筑工程。一方面，建筑产品具有单

件性的特点，工程设计也是一次性的，一旦图纸设计完成，产品的价值就基本确定了，这时再进行价值工程分析就变得很复杂，而且效果也不好；另一方面，在设计过程中涉及多部门多专业工种，就一项简单的民用住宅工程设计来说，就要涉及建筑、结构、电气、给排水、供暖、煤气等专业工种。在工程设计过程中，每个专业都各自独立进行设计，势必会产生各个专业工程设计的相互协调问题。通过实施价值工程，不仅可以保证各专业工种的设计符合各种规范和用户的要求，而且可以解决各专业工种设计的协调问题，得到整体合理和优良的方案。设计阶段实施价值工程的意义有以下3个方面。

(1) 价值工程可以使建筑产品的功能更合理。工程设计实质上就是对建筑产品的功能进行设计，而价值工程的核心就是功能分析。通过实施价值工程，可以使设计人员更准确地了解用户所需及建筑产品各项功能之间的比重，从而使设计更加合理。

(2) 可以有效地控制工程造价。开展价值工程需要对研究对象的功能与成本之间关系进行系统分析，设计人员的参与，可以避免在设计过程中只重视功能而忽略成本的倾向，在明确功能的前提下，发挥设计人员的创造精神，提出各种实施功能的方案，从中选取最合理的方案。

(3) 可以节约社会资源。开展价值工程对设计方案进行论证，可以评价设计技术是否先进、功能是否满足需要、经济是否合理、使用是否安全可靠，便于投资者确定设计方案，少走弯路，节约社会资源。

4) 价值工程在新建项目不同设计方案优选中的应用

在新建项目设计中应用价值工程与一般工业产品中应用价值工程略有不同，因为建设项目具有单件性和一次性的特点。利用其他项目的资料选择价值工程研究对象，效果较差。而设计主要是对项目的功能及其实现手段进行设计，因此，整个设计方案就可以作为价值工程的研究对象。在设计阶段实施价值工程的步骤一般有以下4个。

(1) 功能分析。建筑功能是指建筑产品满足社会需要的各种性能的总和。不同的建筑产品有不同的使用功能，它们通过一系列建筑因素体现出来，反映建筑物的使用要求。建筑产品的功能一般分为社会性功能、适用性功能、技术性功能、物理性功能和美学功能五类。功能分析首先应明确项目各类功能具体有哪些，哪些是主要功能，并对功能进行定义和整理，绘制功能系统图。

(2) 功能评价。要比较各项功能的重要程度，用0~1评分法、0~4评分法或者其他评分法(具体评价方法见案例)，计算各项功能和功能评价系数，作为该功能的重要度权数。

(3) 方案创新。根据功能分析的结果，提出各种实现功能的方案。

(4) 方案评价。以方案创新中提出的各种方案对各项功能的满足程度打分，然后以功能评价系数作为权数计算各方案的功能评价得分。最后再计算各方案的价值系数，以价值系数最大者为最优。

5) 价值工程在设计阶段控制工程造价中的应用

价值工程在设计阶段控制工程造价中的应用步骤如下。

(1) 对象选择。应选择对造价影响较大的项目作为价值工程的研究对象，即成本比重大、品种数量少的项目作为实施价值工程的重点。

(2) 功能分析。分析研究对象具有哪些功能，各功能之间的关系如何。

(3) 功能评价。评价各项功能，确定功能评价系数，并计算实现各项功能的现实成本是多少，从而计算各项功能的价值系数。价值系数小于 1 的，应该在功能水平不变的条件下降低成本，或在成本不变的条件下提高功能水平；价值系数大于 1 的，如果是重要的功能，应该提高成本，保证重要功能的实现。如果该项功能不重要，可以不做改变。在同一设计方案中，$V \approx 1$ 此功能的价值系数最好，$V$ 过高，成本偏低；$V$ 过低，成本偏高。

(4) 分配目标成本。根据限额设计的要求，确定研究对象的目标成本，并以功能评价系数为基础，将目标成本分摊到各项功能上，与各项功能的现实成本进行对比，确定成本改进期望值，成本改进期望值大的，应首先重点改进。

(5) 方案创新及评价。根据价值分析结果及目标成本分配结果的要求，提出各种方案，并用加权评分法选出最优方案，使设计方案更加合理。

### 3. 推广标准化设计、优化设计方案

标准化设计又称为定型设计、通用设计，是工程建设标准化的组成部分。各类工程建设的构件、配件、零部件、通用的建筑物、构筑物、公用设施等，只要有条件的，都应该实施标准化设计。设计标准规范是重要的技术规范，是进行工程建设、勘察设计施工及验收的重要依据。

广泛采用标准化设计，是提高设计质量、加快实现建筑工业化的客观要求。因为标准化设计来源于工程建设实际经验和科技成果，是将大量成熟的、行之有效的实际经验和科技成果，按照统一简化、协调选优的原则，提炼上升为设计规范和设计标准。所以，设计质量都比一般工程设计质量要高。另外，由于标准化设计采用的都是标准构配件，在专门的工厂中批量生产，使施工现场变成"装配车间"和机械化浇筑场所，大大压缩了现场的工程量。

广泛采用标准化设计，可以提高劳动生产率，加快工程建设进度。设计过程中，采用标准构件，可以节省设计力量，加快设计图纸的提供速度，缩短设计时间，从而使施工准备工作和订制构件等生产准备工作提前。

广泛采用标准化设计，可以节约建筑材料，降低工程造价。由于标准构配件的生产是在工厂内批量生产，可以发挥规模经济的作用，节约建筑材料。

### 4. 限额设计

1) 限额设计的概念

限额设计就是按照设计任务书批准的投资估算额进行初步设计，按照初步设计概算造价限额进行施工图设计，按施工图预算造价对施工图设计的各个专业设计文件做出决策。所以，限额设计实际上是建设项目投资控制系统中的一个重要环节，或称为一个关键措施。在整个设计过程中，设计人员与经济管理人员密切配合，做到技术与经济的统一。

2) 限额设计的工作内容

(1) 投资决策阶段。投资决策阶段是限额设计的关键。对政府工程而言，投资决策阶段的可行性研究报告是政府部门核准投资总额的主要依据，而批准的投资总额则是进行限

额设计的重要依据。为此,应在多方案技术经济分析和评价后确定最终方案,提高投资估算的准确度,合理确定设计限额目标。

(2) 初步设计阶段。初步设计阶段需要依据最终确定的可行性研究方案和投资估算,对影响投资的因素按照专业进行分解,并将规定的投资限额下达到各专业设计人员。设计人员应用价值工程的基本原理,通过多方案技术经济比选,创造出价值较高、技术经济性较为合理的初步设计方案,并将设计概算控制在批准的投资估算内。

(3) 施工图设计阶段。施工图是设计单位的最终成果文件,应按照批准的初步设计方案进行限额设计,施工图预算需控制在批准的设计概算范围内。

3) 限额设计的目标

(1) 限额设计目标的确定。限额设计目标是在初步设计开始前,根据批准的可行性研究报告及其投资估算确定的。虽然限额设计是设计阶段控制造价的有效方法,但工程设计是一个从概念到实施的不断认识的过程,控制限额的提出也难免会产生偏差或错误,因此限额设计应以合理的限额为目标。如果限额设计的目标值缺乏合理性,一方面目标值过低会造成这个目标值被突破,限额设计无法实现;另一方面目标值过高会造成投资浪费现象。

(2) 采用优化设计,确保限额目标的实现。优化设计是以系统工程理论为基础,应用现代数学方法对工程设计方案、设备选型、参数匹配、效益分析等方面进行最优化的设计方法。它是控制投资的重要措施。在进行优化设计时,必须根据问题的性质,选择不同的优化方法。

优化设计不仅可选择最佳设计方案,提高设计质量,而且能有效控制投资。

4) 限额设计的控制过程

限额设计控制工程造价可以从两个角度入手:一种是按照限额设计过程从前往后依次进行控制,即由投资估算控制初步设计,由设计概算控制施工图设计,称为纵向控制;另一种是对设计单位及其内部各专业、科室及设计人员进行考核,实施奖惩制度,进而保证设计质量的一种控制方法,称为横向控制。

(1) 限额设计的纵向控制。限额设计的纵向控制实际上就是建设项目投资目标管理的过程,即目标分解与计划、目标实施、目标实施检查、信息反馈的控制循环过程,包括以下几个阶段的控制。

① 投资分解。投资分解是实行限额设计的有效途径和主要方法。设计任务书获批准后,设计单位在设计之前应在设计任务书的总框架内将投资先分解到各专业,然后再分配到各单项工程和单位工程,作为进行初步设计的造价控制目标。

② 初步设计阶段的限额设计。初步设计应严格按分配的造价控制目标进行设计。在初步设计开始之前,项目总设计师应将设计任务书规定的设计原则、建设方针和投资限额向设计人员交底,将投资限额分专业下达到设计人员,发动设计人员认真研究实现投资限额的可能性,切实进行多方案比较、选择,对各个技术经济方案的关键设备、工艺流程、总图方案、总图建筑和各项费用指标进行比较和分析,从中选出既能达到工程要求,又不超过投资限额的方案,作为初步设计方案。

在初步设计限额中,各专业设计人员要增强控制工程造价的意识,在拟定设计原则、技术方案和选择设备材料过程中，应先掌握工程的参考造价和工程量，严格按照限额设计所分解的投资额进行设计，事先做好专业内部的平衡调整，提出节约投资的措施，力求将工程造价和工程量控制在限额内。

③ 施工图设计阶段的限额控制。在施工图设计中，不论是建设项目总造价，还是单项工程造价，均不应该超过初步设计概算造价。设计单位按照造价控制目标确定施工图设计的构造，选用材料和设备。

进行施工图设计应把握两个标准，一个是质量标准，一个是造价标准，并应做到两者协调一致、相互制约。

④ 设计变更。在初步设计阶段由于外部条件的制约和人们主观认识的局限，往往会造成施工图设计阶段，甚至施工过程中的局部修改和变更。这是使设计、建设更趋完善的正常现象，但是由此却会引起对已经确认的概算价值的变化。这种变化在一定范围内是允许的，但必须经过核算和调整，即先算账后变更的办法。如果涉及建设规模、设计方案等的重大变更，使预算大幅度增加时，必须重新编制或修改初步设计文件，并重新报批。

(2) 限额设计的横向控制。首先，横向控制必须明确各设计单位及设计单位内部各专业科室对限额设计所负的责任，将工程投资按专业进行分配，并分段考核，下段指标不得突破上段指标，责任落实越接近于个人，效果就越明显，并赋予责任者履行责任的权利。其次，要建立健全奖惩制度。设计单位在保证工程安全和不降低工程功能的前提下，采用新材料、新工艺、新设备、新方案节约了投资的，应根据节约投资额的大小，对设计单位给予奖励；因设计单位设计错误、漏项或扩大规模和提高标准而导致工程静态投资超支的，要视其超支比例扣减相应比例的设计费。

5）限额设计的要点

(1) 严格按建设程序办事。

(2) 在投资决策阶段，要提高投资估算的准确性，据以确定限额设计。

(3) 充分重视、认真对待每个设计环节及每项专业设计。

(4) 加强设计审核。

(5) 建立设计单位经济责任制。

(6) 施工图设计应尽量吸收施工单位人员意见，使之符合施工要求。

6）限额设计的不足与完善措施

(1) 限额设计的不足。限额设计的不足主要有以下 3 个方面。

① 限额设计的理论及其操作技术有待于进一步发展。

② 限额设计由于突出地强调了设计限额的重要性，而忽视了工程功能水平的要求及功能与成本的匹配性，可能会出现功能水平过低而增加工程运营维护成本的情况，或者在投资限额内没有达到最佳功能水平的现象。

③ 限额设计中的限额包括投资估算、设计概算、施工图预算等，均是指建设项目的一次性投资，而对项目建成后的维护使用费、项目使用期满后的报废拆除费用则考虑较少，这样就可能出现限额设计效果较好，但项目的全寿命费用不一定很经济的现象。

(2) 限额设计的完善措施。在限额设计的理论发展及其操作技术上做以下改进和完善。

首先,要合理确定和正确理解设计限额。为合理确定设计限额,要在各设计阶段运用价值工程原理进行设计,认真选出工程造价与功能最佳匹配的方案,经过认真全面、科学可靠的方案论证和经济技术评价,并报主管部门批准后,允许调整或重新确定限额。其次,要合理分解和使用投资限额。现行限额设计的设计目标,以可行性研究报告阶段批准的投资估算为最高限额,按直接工程费的90%下达分解,留下10%作为调节使用。提高投资估算的科学性是有效控制投资的前提。

## 5.4 设 计 概 算

### 5.4.1 设计概算的基本概念与作用

**1. 设计概算的基本概念**

设计概算是设计文件的重要组成部分,是在投资估算的控制下由设计单位根据初步设计(或扩大初步设计)图纸、概算定额(或概算指标)、各项费用定额或取费标准(指标)、建设地区的自然条件和技术经济条件以及设备与材料预算价格等资料,编制和确定的建设项目从筹建至竣工交付使用所需全部费用的文件。采用两阶段设计的项目,初步设计阶段必须编制设计概算,采用三阶段设计的项目,技术设计阶段必须编制修正概算。

概算由设计单位负责编制。一个建设项目由几个设计单位共同设计时,应由主体设计单位负责汇总编制总概算书,其他单位负责编制好所承担工程设计的概算。

**2. 设计概算的作用**

设计概算的作用可归纳为以下几点。

(1) 设计概算是编制建设项目投资计划、确定和控制建设项目投资的依据。设计概算一经批准,将作为控制建设项目投资的最高限额。竣工结算不能突破施工图预算,施工图预算不能突破设计概算。如果由于设计变更等原因建设费用超过概算,必须重新审查批准。

(2) 设计概算是控制施工图设计和施工图预算的依据。设计单位必须按照批准的初步设计和总概算进行施工图设计,施工图预算不得突破设计概算,如确需突破设计概算时,应按规定程序报批。

(3) 设计概算是衡量设计方案经济合理性和选择最佳设计方案的依据。设计部门在初步设计阶段要选择最佳设计方案,设计概算是从经济角度衡量设计方案经济合理性的重要依据。因此,设计概算是设计方案技术经济合理性的综合反映,据此可以用来对不同设计方案进行技术与经济的比较,选择最佳的设计方案。

(4) 设计概算是工程造价管理及编制招标标底和投标报价的依据。设计总概算一经批准,就作为工程造价管理的最高限额,作为评标和定标的依据。

(5) 设计概算是考核建设项目投资效果的依据。通过设计概算与竣工决算的对比,可以分析和考核投资效果的好坏,同时还可以验证设计概算的准确性,有利于加强设计概算管理和建设项目的造价管理工作。

## 5.4.2 设计概算的编制原则、依据及内容

### 1. 设计概算的编制原则

为提高设计概算的编制质量，科学、合理地确定建设项目投资，应坚持以下原则。

(1) 严格执行国家的建设方针和经济政策的原则。设计概算是一项技术和经济相结合的重要工作，要严格按照党和国家的方针、政策办事，坚决执行勤俭节约的方针，严格遵照规定的设计标准。

(2) 完整、准确地反映设计内容的原则。编制设计概算时，要认真了解设计意图，根据设计文件、图纸准确计算工程量，避免重算和漏算。设计修改后，要及时修正概算。

(3) 坚持结合拟建工程的实际，反映工程所在地当时价格水平的原则。为提高设计概算的准确性，要实事求是地对工程所在地的建设条件、可能影响造价的各种因素进行认真的调查研究。在此基础上正确使用定额、指标、费率和价格等各项编制依据，按照现行工程造价的构成，根据有关部门发布的价格信息及价格调整指数，使概算尽可能地反映设计内容、施工条件和实际价格。

### 2. 设计概算的编制依据

编制设计概算依据以下内容。

(1) 国家发布的有关建设和造价管理的法律、法规、规章、规程等。
(2) 批准的可行性研究报告及投资估算和主管部门的有关规定。
(3) 有关部门颁布的现行概算定额、概算指标、费用定额等和建设项目设计概算编制办法。
(4) 初步设计一览表。
(5) 有关部门发布的人工、设备、材料价格，造价指数等。
(6) 建设地区的自然、技术、经济条件等资料。
(7) 有关合同、协议等。
(8) 建设单位提供的有关工程造价的其他资料。

### 3. 设计概算的内容

设计概算可分为单位工程概算、单项工程概算和建设项目总概算三级。各种概算之间的关系如图 5-1 所示。

1) 单位工程概算

单位工程是指具有独立设计文件，能够独立组织施工的工程，是单项工程的组成部分，一个单项工程按其组成可分为建筑工程和设备及安装工程。单位工程概算是确定各单位工程建设费用的文件，是编制单项工程综合概算的依据。建筑工程概算包括：土建工程概算，给排水、采暖工程概算，通风、空调工程概算，电气照明工程概算，弱电工程概算，特殊

构筑物工程概算等；设备及安装工程概算包括：机械设备及安装工程概算，电气设备及安装工程概算，热力设备及安装工程概算，工具、器具及生产家具购置费概算等。

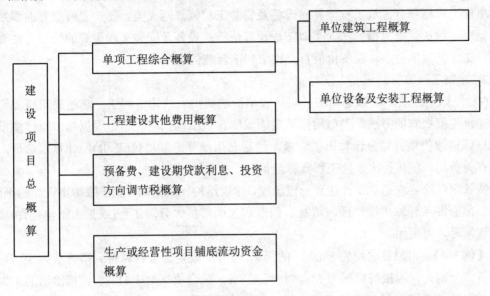

图 5-1 各种概算之间的关系

2) 单项工程概算

单项工程又称为工程项目，是指在一个建设项目中，具有独立的设计文件，建成后可以独立发挥生产能力或工程效益的项目，是建设项目的组成部分，如生产车间、办公楼、食堂、图书馆、学生宿舍、住宅楼等。单项工程是一个复杂的综合体，是具有独立存在意义的一个完整工程。单项工程概算是确定一个单项工程所需建设费用的文件，它是由单项工程中的各单位工程概算汇总编制而成的，是建设项目总概算的组成部分。

3) 建设项目总概算

建设项目总概算是确定整个建设项目从筹建到竣工验收所需全部费用的文件，是由各单项工程综合概算、工程建设其他费用概算、预备费、建设期贷款利息和投资方向调节税概算、生产或经营性项目铺底流动资金概算汇总编制而成的。

若干个单位工程概算汇总后成为单项工程概算，若干个单项工程概算和工程其他费用、预备费、建设期贷款利息等概算文件汇总成为建设项目总概算。单项工程概算和建设项目总概算仅是一种归纳、汇总性文件，因此，最基本的计算文件是单位工程概算书。建设项目若为一个独立的单项工程，则建设项目总概算书与单项工程综合概算书可合并编制。

## 5.4.3 设计概算的编制方法

### 1. 单位工程概算的编制方法

1) 单位工程概算的含义

单位工程是单项工程的组成部分，是指具有单独设计可以独立组织施工，但不能独立发挥生产能力或使用效益的工程。单位工程概算是确定单位工程建设费用的文件,是单项工程综合概算的组成部分。它由直接工程费、间接费、计划利润和税金组成。

单位工程概算分建筑工程概算和设备及安装工程概算两大类。建筑工程概算的编制方法有概算定额法、概算指标法、类似工程预算法等;设备及安装工程概算的编制方法有预算单价法、扩大单价法、设备价值百分比法和综合吨位指标法等。

2) 建筑工程概算的编制方法与实例

(1) 概算定额法。概算定额法又叫扩大单价法或扩大结构定额法。它是采用概算定额编制建筑工程概算的方法,类似用预算定额编制建筑工程预算。它是根据初步设计图纸资料和概算定额的项目划分计算出工程量,然后套用概算定额单价(基价),计算汇总后,再计取有关费用,便可得出单位工程概算造价。

概算定额法要求初步设计达到一定深度,建筑结构比较明确,能按照初步设计的平面、立面、剖面图纸计算出楼地面、墙身、门窗和屋面等扩大分项工程(或扩大结构构件)项目的工程量时才可采用。

**【例 5-4】**某市拟建面积为 $8500m^2$ 的商场,按有关规定标准计算得到措施费为 49 万元,各项费率分别为:间接费费率为 5%,利润为 7%,综合税率为 3.41%。请按给出的扩大单价和工程量(见表 5-3)编制出该商场土建工程设计概算造价和平方米造价。

表 5-3 某商场土建工程量和扩大单价

| 分部工程名称 | 单 位 | 工 程 量 | 扩大单价/元 |
|---|---|---|---|
| 基础工程 | $10m^3$ | 180 | 4000 |
| 混凝土及钢筋工程 | $10m^3$ | 170 | 7000 |
| 砌筑工程 | $10m^3$ | 300 | 2800 |
| 地面工程 | $100m^2$ | 60 | 1100 |
| 楼面工程 | $100m^2$ | 110 | 1800 |
| 屋面工程 | $100m^2$ | 70 | 4500 |
| 脚手架工程 | $100m^2$ | 55 | 600 |
| 模板工程 | $100m^2$ | 200 | 700 |

**解**:根据已知条件和表 5-3 所列数据及扩大单价,求得该商场土建工程造价如表 5-4 所示。

表 5-4 某商场土建工程概算造价

| 序号 | 分部工程名称 | 单 位 | 工 程 量 | 扩大单价/元 | 合价/元 |
|---|---|---|---|---|---|
| 1 | 基础工程 | $10m^3$ | 180 | 4000 | 720000 |
| 2 | 混凝土及钢筋工程 | $10m^3$ | 170 | 7000 | 1 190000 |
| 3 | 砌筑工程 | $10m^3$ | 300 | 2800 | 840000 |
| 4 | 地面工程 | $100m^2$ | 60 | 1100 | 66000 |
| 5 | 楼面工程 | $100m^2$ | 110 | 1800 | 198000 |

续表

| 序号 | 分部工程名称 | 单 位 | 工程量 | 扩大单价/元 | 合价/元 |
|---|---|---|---|---|---|
| 6 | 屋面工程 | 100m² | 70 | 4500 | 315000 |
| 7 | 脚手架工程 | 100m² | 55 | 600 | 33000 |
| 8 | 模板工程 | 100m² | 200 | 700 | 140000 |
| 9 | 直接费工程合计 | 以上8项之和 | | | 3502000 |
| 10 | 措施费 | | | | 490000 |
| 11 | 直接费小计 | 9+10 | | | 3992000 |
| 12 | 间接费 | 11×5% | | | 199600 |
| 13 | 利润 | (11+12)×7% | | | 293412 |
| 14 | 税金 | (11+12+13)×3.41% | | | 152939 |
| 概算造价 | | 11+12+13+14 | | | 4637951 |
| 平方米造价 | | 4637951/8500 | | | 547 元/m² |

(2) 概算指标法。概算指标法是采用直接费指标。概算指标法是用拟建的厂房、住宅的建筑面积(或体积)乘以技术条件相同或基本相同的概算指标得出直接费，然后按规定计算出措施费、间接费、利润和税金等，编制出单位工程概算的方法。

概算指标法的适用范围是当初步设计深度不够，不能准确地计算出工程量，但工程设计是采用技术比较成熟而又有类似工程概算指标可以利用时，可采用此法。

由于拟建工程(设计对象)往往与类似工程的概算指标的技术条件不尽相同，而且概算指标编制年份的设备、材料、人工等价格与拟建工程当时当地的价格也不会一样，因此必须对其进行调整。其调整方法如下。

① 设计对象的结构特征与概算指标有局部差异时的调整。计算公式为

$$\begin{aligned}\text{结构变化修正概算指标的}\\ \text{人工、材料、机械数量}\end{aligned} = \begin{aligned}\text{原概算指标的人工、}\\ \text{材料、机械数量}\end{aligned} + \begin{aligned}\text{换入结构}\\ \text{件工作量}\end{aligned} \times \begin{aligned}\text{相应定额人工、}\\ \text{材料、机械消耗量}\end{aligned}$$
$$- \begin{aligned}\text{换出结构}\\ \text{件工作量}\end{aligned} \times \begin{aligned}\text{相应定额人工、}\\ \text{材料、机械消耗量}\end{aligned} \quad (5\text{-}10)$$

② 设备、人工、材料、机械台班费用的调整。计算公式为

$$\begin{aligned}\text{设备、人工、材料、}\\ \text{机械修正概算费用}\end{aligned} = \begin{aligned}\text{原概算指标的设备、}\\ \text{人工、材料、机械费用}\end{aligned} + \sum \begin{pmatrix}\text{换入设备、人工、} & \text{拟建地区}\\ \text{材料、机械数量} & \times \text{相应单价}\end{pmatrix}$$
$$- \sum \begin{pmatrix}\text{换出设备、人工、} & \text{原概算指标设备、人工、}\\ \text{材料、机械数量} & \times \text{材料、机械单价}\end{pmatrix} \quad (5\text{-}11)$$

【例 5-5】某学校一座普通教学楼为框架结构，建筑面积为 4000m²，建筑工程直接工程费为 850 元/m²，其中毛石基础为 65 元/m²；现拟建一座新教学楼 6000m²，采用钢筋混凝土独立基础，基础的造价为 120 元/m²，其他结构相同。求该拟建教学楼建筑工程直接工程费造价。

**解**：调整后的概算指标 = 850 + 120 − 65 = 905(元/m²)

直接工程费 = 905 × 6000 = 5430000(元)

然后计算出措施费、间接费、利润和税金，便可求出新建办公楼的建筑工程造价。

(3) 类似工程预算法。类似工程预算法是利用技术条件与设计对象相类似的已完工程或在建工程的工程造价资料来编制拟建工程设计概算的方法。类似工程预算法在拟建工程初步设计与已完工程或在建工程的设计相类似又没有可用的概算指标时采用，但必须对建筑结构差异和价差进行调整。建筑结构差异的调整方法与概算指标法的调整方法相同。类似工程造价的价差调整常用的两种方法如下。

① 类似工程造价资料有具体的人工、材料、机械台班的用量时，可按类似工程预算造价资料中的主要材料用量、工日数量、机械台班用量乘以拟建工程所在地的主要材料预算价格、人工单价、机械台班单价，计算出直接费，再乘以当地的综合费率，即可得出所需的造价指标。

② 类似工程造价资料只有人工、材料、机械台班费用和措施费、间接费时，可按公式调整，即

$$D=AK \tag{5-12}$$

$$K=a\%K_1+b\%K_2+c\%K_3+d\%K_4+e\%K_5 \tag{5-13}$$

式中：$D$——拟建工程单方概算造价；

$A$——类似工程单方预算造价；

$K$——综合调整系数；

$a\%$、$b\%$、$c\%$、$d\%$、$e\%$——类似工程预算的人工费、材料费、机械台班费、措施费、间接费占预算造价的比率，如 $a\%=$类似工程人工费(或工资标准)/类似工程预算造价×100%，$b\%$、$c\%$、$d\%$、$e\%$ 与此类同；

$K_1$、$K_2$、$K_3$、$K_4$、$K_5$——拟建工程地区与类似工程预算造价在人工费、材料费、机械台班费、其他直接费、现场经费和间接费之间的差异系数，如 $K_1=$拟建工程概算的人工费(或工资标准)/类似工程预算人工费(或地区工资标准)，$K_2$、$K_3$、$K_4$、$K_5$ 与此类同。

3) 设备及安装单位工程概算的编制方法

设备及安装工程概算包括设备购置费用概算和设备安装工程费用概算两大部分。

(1) 设备购置费概算。其公式为

$$设备购置费概算=\sum(设备清单中的设备数量×设备原价)×(1+运杂费率) \tag{5-14}$$

或

$$设备购置费概算=\sum(设备清单中的设备数量×设备预算价格) \tag{5-15}$$

国产非标准设备原价在设计概算时可按下列两种方法确定。

① 非标准设备台(件)估价指标法。根据非标准设备的类型、重量、性能、材质等情况，以每台设备规定的估价指标计算，其公式为

$$非标准设备原价=设备台数×每台设备估价指标(元/台) \tag{5-16}$$

② 非标准设备吨重估价指标法。根据非标准设备的类型、重量、性能、材质等情况，以每台设备规定的吨重估价指标计算。其公式为

$$非标准设备原价=设备吨重×每吨重设备估价指标(元/吨) \tag{5-17}$$

(2) 设备安装工程费概算的编制方法。

① 预算单价法。当初步设计较深，有规定的设备清单时，可直接按安装工程预算定额

单价编制,编制程序基本与安装工程施工图预算相同。

② 扩大单价法。当初步设计深度不够,设备清单不完备,只有主体设备或成套设备重量时,可采用主体设备或成套设备的综合扩大安装单价来编制。

上述两种方法的具体操作与建筑概算相类似。

③ 设备价值百分比法,又叫安装设备百分比法。当初步设计深度不够,只有设备出厂价而无详细规格、重量时,安装费可按占设备费的百分比计算。该法常用于设备价格波动不大的定型产品和通用设备产品,公式为

$$设备安装费=设备原价×安装费率(\%) \quad (5-18)$$

④ 综合吨位指标法。当初步设计提供的设备清单有规格和设备重量时,可采用综合吨位指标编制概算,该法常用于设备价格波动较大的非标准设备和引进设备的安装工程概算,公式为

$$设备安装费=设备吨重×每吨设备安装费指标(元/吨) \quad (5-19)$$

**2. 单项工程概算的编制方法**

1) 单项工程综合概算的含义

单项工程综合概算是确定单项工程建设费用的综合性文件,它是由该单项工程的各专业的单位工程概算汇总而成的,是建设项目总概算的组成部分。

2) 单项工程综合概算的内容

单项工程综合概算文件一般包括编制说明、综合概算表(含其所附的单位工程概算表和建筑材料表)和有关专业的单位工程预算三大部分。

(1) 编制说明。编制说明应列在综合概算表的前面,其内容如下。

① 工程概况。简述建设项目性质、生产规模、建设地点等主要情况。

② 编制依据。包括国家和有关部门的规定、设计文件、现行概算定额或概算指标、设备材料的预算价格和费用指标等。

③ 编制方法。说明设计概算的编制方法。

④ 其他需要说明的问题。

(2) 综合概算表。综合概算表根据单项工程所辖范围内的各单位工程概算等基础资料,按照国家或部委所规定统一表格进行编制。

① 综合概算表的项目组成。工业建设项目综合概算表由建筑工程和设备及安装工程两大部分组成;民用工程项目综合概算表就是建筑工程一项。

② 综合概算的费用组成。一般由建筑工程费用、安装工程费用、设备购置及工器具和生产家具购置费组成。当不编制总概算时,还应包括工程建设其他费用、建设期贷款利息、预备费和固定资产方向调节税等费用项目。

**3. 建设项目总概算的编制方法**

1) 总概算的含义

建设项目总概算是设计文件的重要组成部分,是确定整个建设项目从筹建到竣工交付使用所预计花费的全部费用的文件。它是由各单项工程综合概算、工程建设其他费用、建

设期贷款利息、预备费、固定资产投资方向调节税和经营性项目的铺底资金概算所组成，按照主管部门规定的统一表格进行编制而成的。

2) 总概算的内容

设计总概算文件一般应包括以下几个。

(1) 封面、签署页及目录。

(2) 编制说明。编制说明应包括工程概况、资金来源及投资方式、编制依据及编制原则、编制方法、投资分析、其他需要说明的问题。

(3) 总概算表。总概算表应反映静态投资和动态投资两部分。

(4) 工程建设其他费用概算表。

(5) 单项工程综合概算表和建筑安装单位工程概算表。

(6) 工程量计算表和工、料数量汇总表。

(7) 分年度投资汇总表和分年度资金流量汇总表。

### 5.4.4 设计概算的审查

**1. 设计概算审查的意义**

设计概算审查的意义包括以下5个方面。

(1) 有利于合理分配投资资金，加强投资计划管理，有助于合理确定和有效控制工程造价。

(2) 有利于促进概算编制单位严格执行国家有关概算的编制规定和费用标准。

(3) 有利于促进设计的技术先进性与经济合理性。

(4) 有利于核定建设项目的投资规模。

(5) 有利于为建设项目投资的落实提供可靠的依据。

**2. 设计概算的审查内容**

设计概算审查的内容包括以下几方面。

1) 审查设计概算的编制依据

(1) 审查编制依据的合法性。

(2) 审查编制依据的时效性。

(3) 审查编制依据的适用范围。

2) 审查概算编制说明及深度、范围

(1) 审查编制说明。审查编制说明可以检查概算的编制方法、深度和编制依据等重大原则问题，若编制说明有差错，具体概算必有差错。

(2) 审查概算编制深度。审查是否有符合规定的"三级概算"，各级概算的编制、核对、审核是否按规定签署，有无随意简化，有无把"三级概算"简化为"二级概算"，甚至"一级概算"。

(3) 审查概算的编制范围。审查概算编制范围及具体内容是否与主管部门批准的建设项目范围及具体工程内容一致；审查建设项目具体工作内容有无重复计算或漏算；审查其他费用应列的项目是否符合规定，静态投资、动态投资和经营性项目铺底流动资金是否分别列出等。

3) 审查设计概算的内容

(1) 审查概算的编制是否符合党的方针、政策，是否根据工程所在地的自然条件而编制。

(2) 审查建设规模(投资规模、生产能力等)、建设标准(用地指标、建筑标准等)、配套工程、设计定员等是否符合原批准的可行性研究报告或立项批文的标准。

(3) 审查编制方法、计价依据和程序是否符合现行规定，包括定额或指标的适用范围和调整方法是否正确。

(4) 审查工程量是否正确。工程量的计算是否根据工程量计算规则和施工组织设计的要求进行，有无多算或漏算，尤其对工程量大、价高的项目要重点审查。

(5) 审查材料用量和价格。审查材料预算价格是否符合工程所在地的价格水平，材料价差调整是否符合现行规定及其计算是否正确。

(6) 审查设备规格、数量和配置是否符合设计要求，是否与设备清单相一致，设备预算价格是否真实，设备原价和运杂费的计算是否正确，非标准设备原价的计价方法是否符合规定，进口设备各项费用的组成及其计算程序、方法是否符合国家主管部门的规定。

(7) 审查建筑安装工程的各项费用的计取是否符合国家或地方有关部门的现行规定，计算程序和取费标准是否正确。

(8) 审查综合概算、总概算的编制内容、方法是否符合现行规定和设计文件的要求，有无设计文件外项目，有无将非生产性项目以生产性项目列入。

(9) 审查总概算文件的组成内容，是否完整地包括了建设项目从筹建到竣工投产为止的全部费用组成。

(10) 审查工程建设其他各项费用。要按国家和地区规定逐项审查，不属于总概算范围的费用项目不能列入概算，具体费率或计取标准是否按国家、行业有关部门规定计算，有无随意列项、交叉列项和漏项等。

(11) 审查项目的"三废"治理。拟建项目必须安排"三废"(废水、废气、废渣)的治理方案和投资，以满足"三废"排放达到国家标准。

(12) 审查技术经济指标。技术经济指标计算方法和程序是否正确。

(13) 审查投资经济效果。要从企业的投资效益和投产后的运营效益两方面分析，是否达到了先进可靠、经济合理的要求。

综合以上内容，审查设计概算的内容可以归纳为以下四点。

① 审查是否符合规划，是否突破投资估算，包括(1)和(2)。

② 审查计价依据、程序是否符合现行规定，包括(3)和(10)。

③ 审查工程量及套价的内容，包括(4)~(9)。

④ 审查"三废"治理、投资效益及经济效益，包括(11)~(13)。

4) 审查设计概算的方法

采用适当的方法审查设计概算，是确保审查质量，提高工作效率的关键。常用的方法有以下几个。

(1) 对比分析法。对比分析法主要是通过建设规模、标准与立项批文对比；工程数量与设计图纸对比；综合范围、内容与编制方法、规定对比；各项取费与规定标准对比；材料、人工单价与统一信息对比；引进设备、技术投资与报价要求对比；技术经济指标与同类工程对比等。通过以上对比，容易发现设计概算存在的主要问题和偏差。

(2) 查询核实法。查询核实法是对一些关键设备和设施、重要装置、引进工程图纸不全、难以核算的较大投资进行多方查询核对，逐项落实的方法。主要设备的市场价向设备供应部门或招标公司查询核实；重要生产装置、设施向同类企业(工程)查询了解；引进设备价格及有关费税向进出口公司调查落实；复杂的建筑安装工程向同类工程的建设、承包、施工单位征求意见；深度不够或不清楚的问题直接同原概算编制人员、设计者询问清楚。

(3) 主要问题复核法。对审查中发现的主要问题以及有较大偏差的设计进行复核，对重要、关键设备和生产装置或投资较大的项目进行复查。

(4) 分类整理法。对审查中发现的问题和偏差，对照单项工程、单位工程的顺序目录分类整理，汇总核增或核减的项目及金额，最后汇总审核后的总投资及增减投资额。

(5) 联合会审法。联合会审前，可先采取多种形式分头审查，包括设计单位自审，主管、建设、承包单位初审，工程造价咨询公司评审，邀请同行专家预审，审批部门复审等，经层层审查把关后，由有关单位和专家进行联合会审。在会审大会上，由设计单位介绍概算编制情况及有关问题，各有关单位、专家汇报初审、预审意见。然后进行认真分析、讨论，结合对各专业技术方案的审查意见所产生的投资增减，逐一核实原概算出现的问题。经过充分协商，认真听取设计单位意见后，实事求是地处理和调整。

## 5.5 施工图预算的编制与审查

### 5.5.1 施工图预算的基本概念

**1. 施工图预算的含义**

施工图预算是以施工图设计文件为依据，按照规定的程序、方法和依据，在工程施工前对工程项目的工程费用进行的预测与计算。施工图预算的成果文件称为施工图预算书，也简称施工图预算，它是在施工图设计阶段对工程建设所需资金作出较精确计算的设计文件。施工图预算价格既可以是按照政府统一规定的预算单价、取费标准、计价程序计算得到的属于计划或预期性质的施工图预算价格，也可以是通过招标投标法定程序后施工企业根据自身的实力即企业定额、资源市场单价以及市场供求及竞争状况计算得到的反映市场实际情况的价格。

## 2. 施工图预算的作用

施工图预算作为建设工程建设程序中一个重要的技术经济文件，在工程建设实施过程中具有十分重要的作用，可以归纳为以下几个方面。

1) 施工图预算对投资方的作用

(1) 施工图预算是设计阶段控制工程造价的重要环节，是控制施工图设计不突破设计概算的重要措施。

(2) 施工图预算是控制造价及资金合理使用的依据。施工图预算确定的预算造价是工程的计划成本，投资方按施工图预算造价筹集建设资金，合理安排建设资金计划，确保建设资金的有效使用，保证项目建设顺利进行。

(3) 施工图预算是确定工程招标控制价的依据。在设置招标控制价的情况下，建筑安装工程的招标控制价可按照施工图预算来确定。招标控制价通常是在施工图预算的基础上考虑工程的特殊施工措施、工程质量要求、目标工期、招标工程范围以及自然条件等因素进行编制的。

(4) 施工图预算可以作为确定合同价款、拨付工程进度款及办理工程结算的基础。

2) 施工图预算对施工企业的作用

(1) 施工图预算是建筑施工企业投标报价的基础。在激烈的建筑市场竞争中，建筑施工企业需要根据施工图预算，结合企业的投标策略，确定投标报价。

(2) 施工图预算是建筑工程预算包干的依据和签订施工合同的主要内容。在采用总价合同的情况下，施工单位通过与建设单位协商，可在施工图预算的基础上，考虑设计或施工变更后可能发生的费用与其他风险因素，增加一定系数作为工程造价一次性包干价。同样地，施工单位与建设单位签订施工合同时，其中工程价款的相关条款也必须以施工图预算为依据。

(3) 施工图预算是施工企业安排调配施工力量、组织材料供应的依据。施工企业在施工前，可以根据施工图预算的工、料、机分析，编制资源计划，组织材料、机具、设备和劳动力供应，并编制进度计划，统计完成的工作量，进行经济核算并考核经营成果。

(4) 施工图预算是施工企业控制工程成本的依据。根据施工图预算确定的中标价格是施工企业收取工程款的依据，企业只有合理利用各项资源，采取先进技术和管理方法，将成本控制在施工图预算价格以内，才能获得良好的经济效益。

(5) 施工图预算是进行"两算"对比的依据。施工企业可以通过施工图预算和施工预算的对比分析，找出差距，采取必要的措施。

3) 施工图预算对其他方面的作用

(1) 对于工程咨询单位而言，尽可能客观、准确地为委托方做出施工图预算，不仅体现出其水平、素质和信誉，而且强化了投资方对工程造价的控制，有利于节省投资，提高建设项目的投资效益。

(2) 对于工程项目管理、监督等中介服务企业而言，客观、准确的施工图预算是为业主方提供投资控制的依据。

(3) 对于工程造价管理部门而言，施工图预算是其监督、检查执行定额标准，合理确定工程造价、测算造价指数以及审定工程招标控制价的重要依据。

(4) 如在履行合同的过程中发生经济纠纷，施工图预算还是有关仲裁、管理、司法机关按照法律程序处理、解决问题的依据。

**3. 施工图预算的内容**

按照预算文件的不同，施工图预算的内容有所不同。建设项目总预算是反映施工图设计阶段建设项目投资总额的造价文件，是施工图预算文件的主要组成部分。由组成该建设项目的各个单项工程综合预算和相关费用组成。具体包括建筑安装工程费、设备及工器具购置费、工程建设其他费用、预备费、建设期贷款利息及铺底流动资金。施工图总预算应控制在已批准的设计总概算投资范围以内。

单项工程综合预算是反映施工图设计阶段一个单项工程(设计单元)造价的文件，是总预算的组成部分，由构成该单项工程的各个单位工程施工图预算组成。其编制的费用项目是各单项工程的建筑安装工程费、设备及工器具购置费和工程建设其他费用的总和。

单位工程预算是依据单位工程施工图设计文件、现行预算定额以及人工、材料和施工机械台班价格等，按照规定的计价方法编制的工程造价文件，包括单位建筑工程预算和单位设备及安装工程预算。单位建筑工程预算是建筑工程各专业单位工程施工图预算的总称，按其工程性质分为：一般土建工程预算，给排水工程预算，采暖、通风工程预算，煤气工程预算，电气照明工程预算，弱电工程预算，特殊构筑物如烟囱、水塔等工程预算以及工业管道工程预算等。安装工程预算是安装工程各专业单位工程预算的总称，安装工程预算按其工程性质分为机械设备安装工程预算、电气设备安装工程预算、工业管道安装工程预算和热力设备安装工程预算等。

## 5.5.2 施工图预算的编制依据概述

**1. 施工图预算的编制依据**

(1) 国家、行业和地方政府有关工程建设和造价管理的法律、法规和规定。

(2) 经过批准和会审的施工图设计文件，包括设计说明书、标准图、图纸会审纪要、设计变更通知单及经建设主管部门批准的设计概算文件。

(3) 施工现场勘察地质、水文、地貌、交通、环境及标高测量资料等。

(4) 预算定额(或单位估价表)、地区材料市场与预算价格等相关信息以及颁布的材料预算价格、工程造价信息、材料调价通知、取费调整通知等；工程量清单计价规范。

(5) 当采用新结构、新材料、新工艺、新技术、新设备而定额缺项时，按规定编制的补充预算定额，也是编制施工图预算的依据。

(6) 合理的施工组织设计和施工方案等文件。

(7) 工程量清单、招标文件、工程合同或协议书。它明确了施工单位承包的工程范围、应承担的责任、权利和义务。

(8) 项目有关的设备、材料供应合同、价格及相关说明书。

(9) 项目的技术复杂程度，以及新技术、专利使用情况等。

(10) 项目所在地区有关的气候、水文、地质地貌等的自然条件。

(11) 项目所在地区有关的经济、人文等社会条件。

(12) 预算工作手册、常用的各种数据、计算公式、材料换算表、常用标准图集及各种必备的工具书。

**2. 施工图预算的编制原则**

(1) 严格执行国家的建设方针和经济政策的原则。施工图预算要严格按照党和国家的方针、政策办事，坚决执行勤俭节约的方针，严格执行规定的设计和建设标准。

(2) 完整、准确地反映设计内容的原则。编制施工图预算时，要认真了解设计意图，根据设计文件、图纸准确计算工程量，避免重复和漏算。

(3) 坚持结合拟建工程的实际，反映工程所在地当时价格水平的原则。编制施工图预算时，要求实事求是地对工程所在地的建设条件、可能影响造价的各种因素进行认真的调查研究。在此基础上，正确使用定额、费率和价格等各项编制依据，按照现行工程造价的构成，根据有关部门发布的价格信息及价格调整指数，考虑建设期的价格变化因素，使施工图预算尽可能地反映设计内容、施工条件和实际价格。

**3. 施工图预算的编制程序**

施工图预算编制的程序主要包括三大内容，即单位工程施工图预算编制、单项工程综合预算编制、建设项目总预算编制。单位工程施工图预算是施工图预算的关键。施工图预算应在设计交底及会审图纸的基础上进行编制。

## 5.5.3 工程施工图预算的编制方法

**1. 建筑安装工程费计算**

单位工程施工图预算包括建筑工程费、安装工程费和设备及工、器具购置费。单位工程施工图预算中的建筑安装工程费应根据施工图设计文件、预算定额(或综合单价)以及人工、材料及施工机械台班等价格资料进行计算。主要编制方法有单价法和实物量法，其中单价法分为定额单价法和工程量清单单价法，在单价法中，使用较多的还是定额单价法。

定额单价法是用事先编制好的分项工程的单位估价表来编制施工图预算的方法。工程量清单单价法是指根据招标人按照国家统一的工程量计算规则提供工程数量，采用综合单价的形式计算工程造价的方法。实物量法是依据施工图纸和预算定额的项目划分及工程量计算规则，先计算出分部分项工程量，然后套用预算定额(实物量定额)来编制施工图预算的方法。

1) 定额单价法

定额单价法又称为工料单价法或预算单价法，是指分部分项工程的单价为直接工程费单价,将分部分项工程量乘以对应分部分项工程单价后的合计作为单位直接工程费,直接工程费汇总后,再根据规定的计算方法计取措施费、间接费、利润和税金,将上述费用汇总后得到该单位工程的施工图预算造价。定额单价法中的单价一般采用地区统一单位估价表中的各分项工程工料单价(定额基价)。定额单价法计算公式为

$$建筑安装工程预算造价=\sum(分项工程量\times分项工程工料单价)+措施费+间接费+利润+税金 \tag{5-20}$$

(1) 准备工作。准备工作阶段应主要完成以下工作内容。

① 收集编制施工图预算的编制依据。其中主要包括现行建筑安装工程定额、取费标准、工程量计算规则、地区材料预算价格以及市场材料价格等各种资料。

② 熟悉施工图等基础资料。熟悉施工图纸、有关的通用标准图、图纸会审记录、设计变更通知单等资料,并检查施工图纸是否安全、尺寸是否清楚,了解设计意图,掌握工程全貌。

③ 了解施工组织设计和施工现场情况。全面分析各分部分项工程,充分了解施工组织设计和施工方案,如工程进度、施工方法、人员使用、材料消耗、施工机械、技术措施等内容,注意影响费用的关键因素;核实施工现场情况,包括工程所在地地质、地形、地貌等情况,工程实地情况、当地气象资料、当地食品供应地点及运距等情况;了解工程布置、地形条件、施工条件、料场开采条件、场内外交通运输条件等。

(2) 列项并计算工程量。工程量计算一般按下列步骤进行:首先将单位工程划分为若干分项工程,划分的项目必须和定额规定的项目一致,这样才能正确地套用定额。不能重复列项计算,也不能漏项少算。工程量应严格按照图纸尺寸和现行定额规定的工程量计算规则进行计算,分项子目的工程量应遵循一定的顺序逐项计算,避免漏算和重算。

① 根据工程内容和定额项目,列出需计算工程量的分部分项工程。

② 根据一定的计算顺序和计算规则,列出分部分项工程量的计算式。

③ 根据施工图纸上的设计尺寸及有关数据,代入计算式进行数值计算。

④ 对计算结果的计量单位进行调整,使之与定额中相应的分部分项工程的计量单位保持一致。

(3) 套用定额预算单价,计算直接工程费。核对工程量计算结果后,将定额子项中的基价填于预算表单价栏内,并将单价乘以工程量得出合价,将结果填入合价栏,汇总求出单位工程直接工程费。计算直接工程费时需要注意以下几个问题。

① 分项工程的名称、规格、计量单位与预算单价或单位估价表中所列内容完全一致时,可以直接套用预算单价。

② 分项工程的主要材料品种与预算单价或单位估价表中规定材料不一致时,不能直接套用预算单价,需要按实际使用材料价格换算预算单价。

③ 分项工程施工工艺条件与预算单价或单位估价表不一致而造成人工、机械的数量增减时,一般调量不调价。

(4) 编制工料分析表。工料分析是按照各分项工程,依据定额或单位估价表,首先从定额项目表中分别将各分项工程消耗的每项材料和人工的定额消耗量查出;再分别乘以该

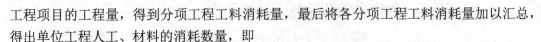

工程项目的工程量,得到分项工程工料消耗量,最后将各分项工程工料消耗量加以汇总,得出单位工程人工、材料的消耗数量,即

$$人工消耗量=某工种定额用工量×某分项工程量 \qquad (5-21)$$

$$材料消耗量=某材料定额用量×某分项工程量 \qquad (5-22)$$

(5) 计算主材费并调整直接工程费。许多定额项目基价为不完全价格,即未包括主材费用在内,因此还应单独计算出主材费。计算完成后将主材费的价差加入直接工程费。主材费计算的依据是当时当地的市场价格。

(6) 按计价程序计取其他费用,并汇总造价。根据规定的税率、费率和相应的计取基础,分别计算措施费、间接费、利润和税金。将上述费用累计后与直接工程费进行汇总,求出单位工程预算造价。与此同时,计算工程的技术经济指标,如单方造价。

(7) 复核。对项目填列、工程量计算公式、计算结果、套用单价、取费费率、数字计算结果、数据精确度等进行全面复核,及时发现差错并修改,以保证预算的准确性。

(8) 填写封面、编制说明。封面应写明工程编号、工程名称、预算总造价和单方造价等,编制说明,将封面、编制说明、预算费用汇总表、材料汇总表、工程预算分析表,按顺序编排并装订成册,便完成了单位施工图预算的编制工作。

定额单价法是编制施工图预算的常用方法,具有计算简单、工作量较小和编制速度较快、便于工程造价管理部门集中统一管理的优点。但由于是采用事先编制好的统一的单位估价表,其价格水平只能反映定额编制年份的价格水平,在市场价格波动较大的情况下,单价法的计算结果会偏离实际价格水平,虽然可采用调价,但调价系数和指数从测定到颁布又滞后且计算也较烦琐。另外,由于单价法采用的地区统一的单位估价表进行计价,承包商之间竞争的并不是自身的施工、管理水平,所以单价法并不完全适应市场经济环境。

(9) 单价法编制施工图预算的步骤如下。

① 搜集各种编制依据资料。

② 熟悉施工图纸和定额。

③ 计算工程量。

④ 套用预算定额单价。

⑤ 编制工料分析表。

⑥ 计算其他各项应取费用和汇总造价。

⑦ 复核。

⑧ 编制说明,填写封面。

2) 实物量法

用实物量法编制单位工程施工图预算,就是根据施工图计算的各分项工程量分别乘以地区定额中人工、材料、施工机械台班的定额消耗量,分类汇总得出该单位工程所需的全部人工、材料、施工机械台班消耗数量,然后再乘以当时当地人工工日单价、各种材料单价、施工机械台班单价,求出相应的人工费、材料费、机械使用费,再加上措施费,就可以求出该单位工程的直接费。间接费、利润及税金等费用计取方法与预算单价法相同。实物量法编制施工图预算的公式为

单位工程直接工程费=人工费+材料费+机械费

=综合工日消耗量×综合工日单价

+∑(各种材料消耗量×相应材料单价)

+∑(各种机械消耗量×相应机械台班单价)　　(5-23)

建筑安装工程预算造价=单位工程直接工程费+措施费+间接费+利润+税金　(5-24)

实物量法的优点是能较及时地将反映各种材料、人工、机械的当时当地市场单价计入预算价格，无须调价，反映当时当地的工程价格水平。

实物量法编制施工图预算的基本步骤如下。

(1) 准备资料、熟悉施工图纸。实物量法准备资料时，除准备定额单价法的各种编制资料外，重点应全面收集工程造价管理机构发布的工程造价信息及各种市场价格信息，如人工、材料、机械当时当地的实际价格，应包括不同品种、不同规格的材料预算价格，不同工种、不同等级的人工工资单价，不同种类、不同型号的机械台班单价等。要求获得的各种实际价格应全面、系统、真实和可靠。

(2) 列项并计算工程量。本步骤与定额单价法相同。

(3) 套用消耗量定额，计算人工、材料、机械台班消耗量。根据预算人工定额所列各类人工工日的数量，乘以各分项工程的工程量，计算出各分项工程所需各类人工工日的数量，统计汇总后确定单位工程所需的各类人工工日消耗量。同理，根据预算材料定额、预算机械台班定额分别确定出工程各类材料消耗数量和各类施工机械台班数量。

(4) 计算并汇总人工费、材料费和机械使用费，得到直接工程费。根据当时当地工程造价管理部门定期发布的或企业根据市场价格确定的人工工资单价、材料预算价格、施工机械台班单价，分别乘以人工、材料、机械消耗量，汇总即得到单位工程人工费、材料费和施工机械使用费，再次汇总即得到直接工程费。

(5) 计算其他各项费用，汇总造价。本步骤与定额单价法相同。

(6) 复核、填写封面、编制说明。检查人工、材料、机械台班的消耗量计算是否准确，有无漏算、重算或多算；套用的定额是否正确；检查采用的实际价格是否合理。其他内容可参考定额单价法。

实物量法与定额单价法首尾部分的步骤基本相同，所不同的主要是中间两个步骤，具体如下。

① 采用定额单价法计算工程量后，套用相应人工、材料、施工机械台班预算定额消耗量，求出各分项工程人工、材料、施工机械台班消耗数量并汇总成单位工程所需各类人工工日、材料和施工机械台班的消耗量。

② 实物量法，采用的是当时当地的各类人工工日、材料和施工机械台班的实际单价分别乘以相应的人工工日、材料和施工机械台班总的消耗量，汇总后得出单位工程的人工费、材料费和机械费。

在市场经济条件下，人工、材料和机械台班单价是随市场而变化的，它们是影响工程造价最活跃、最主要的因素。用实物量法编制施工图预算，采用的是工程所在地当时人工、材料、机械台班价格，较好地反映实际价格水平，工程造价的准确性高。虽然计算过程较单价法烦琐，但利用计算机便可解决此问题。因此，实物量法是与市场经济体制相适应的预算编制方法。

**2. 设备及工、器具购置费计算**

设备购置费由设备原价和设备运杂费构成；未到达固定资产标准的工、器具购置费一般以设备购置费为计算基数，按照规定的费率计算。设备及工、器具购置费计算方法及内容可参照设计概算编制的相关内容。

**3. 单位工程施工图预算书编制**

单位工程施工图预算由建筑安装工程费和设备及工、器具购置费组成，将计算好的建筑安装工程费和设备及工、器具购置费相加，即得到单位工程施工图预算，即

$$单位工程施工图预算 = 建筑安装工程费 + 设备及工、器具购置费 \tag{5-25}$$

单位工程施工图预算由单位建筑工程预算书和单位设备及安装工程预算书组成。单位建筑工程预算书则主要由建筑工程预算表和建筑工程取费表构成，单位设备及安装工程预算书则主要由设备及安装工程预算表和设备及安装工程取费表构成。

**4. 单项工程综合预算的编制**

单项工程综合预算造价由组成该单项工程的各个单位工程预算造价汇总而成。计算公式为

$$单项工程施工图预算 = \sum 单位建筑工程费用 + \sum 单位设备及安装工程费用 \tag{5-26}$$

单项工程综合预算书主要由综合预算表构成。

**5. 建设项目总预算的编制**

建设项目总预算由组成该建设项目的各个单项工程综合预算，以及经计算的工程建设其他费、预备费和建设期贷款利息和铺底流动资金汇总而成。三级预算编制中总预算由综合预算和工程建设其他费、预备费、建设期贷款利息及铺底流动资金汇总而成，计算公式为

$$总预算 = \sum 单项工程施工图预算 + 工程建设其他费 + 预备费 +$$
$$建设期贷款利息 + 铺底流动资金 \tag{5-27}$$

二级预算编制中总预算由单位工程施工图预算和工程建设其他费、预备费、建设期贷款利息及铺底流动资金汇总而成，计算公式为

$$总预算 = \sum 单位建筑工程费用 + \sum 单位设备及安装工程费用 + 工程建设其他费$$
$$+ 预备费 + 建设期贷款利息 + 铺底流动资金 \tag{5-28}$$

工程建设其他费、预备费、建设期贷款利息及铺底流动资金具体编制方法可参照第2章相关内容。以建设项目施工图预算编制时为界线，若上述费用已经发生，按合理发生金额列计，如果还未发生，按照原概算内容和本阶段的计费原则计算列入。

### 5.5.4 施工图预算的审查

**1. 审查施工图预算的意义**

施工图预算编完之后，需要认真进行审查。加强施工图预算的审查，对于提高预算的准确性、正确贯彻党和国家的有关方针政策、降低工程造价具有重要的现实意义。

(1) 有利于控制工程造价，克服和防止预算超概算。

(2) 有利于加强固定资产投资管理，节约建设资金。

(3) 有利于施工承包合同价的合理确定和控制。

(4) 有利于积累和分析各项技术经济指标，不断提高设计水平。

**2. 审查施工图预算的内容**

审查施工图预算的重点，应该放在工程量计算、预算单价套用、设备材料预算价格取定是否正确，各项费用标准是否符合现行规定等方面。

1) 审查工程量

根据图纸和工程量计算规则审查工程量的计算是否正确，有无多算、复算或漏算，使用的计算方法及计算结果是否正确等。

2) 审查设备、材料的预算价格

设备、材料预算价格是施工图预算造价所占比重最大和变化最大的，内容应当重点审查。审查设备、材料的预算价格是否符合工程所在地的真实价格，要注意信息价的时间、地点是否符合要求，是否按规定调整；设备、材料的原价确定方法是否正确；设备运杂费的计算是否正确，材料预算价格的计算是否符合规定。

3) 审查预算单价的套用

预算中所列各分项工程预算单价是否与现行预算定额的预算单价相符，其名称、规格、计量单位和所包含的工程内容是否与单位估价表一致；审查换算的分项工程是否允许换算、换算是否正确。

4) 审查有关费用及计取

措施费的计算是否符合有关的规定标准，间接费和利润的计取基础是否符合现行规定；预算外调增的材料差价是否计取了间接费，有无巧立名目、乱计费、乱摊费的现象。

**3. 审查施工图预算的方法**

施工图预算的审查方法有以下三大类。

1) 全面审查法

全面审查法又叫逐项审查法，就是按预算定额顺序或施工的先后顺序，逐一地全部进行审查的方法。其具体计算方法和审查过程与编制施工图预算基本相同。此方法的优点是全面、细致，经审查的工程预算差错比较少、质量比较高；缺点是工作量大。对于一些工程量比较小、工艺比较简单的工程，编制工程预算的技术力量又比较薄弱，可采用全面审查法。

2) 对比法

对比法适用于已建工程同拟建工程类似的情况，包括以下几种。

(1) 标准预算审查法。对于利用标准图纸或通用图纸施工的工程，先集中力量编制标准预算，以此为标准审查预算的方法称为标准预算审查法。按标准图纸设计或通用图纸施工的工程一般上部结构和做法相同，可集中力量细审一份预算或编制一份预算，作为这种标准图纸的标准预算，或以这种标准图纸的工程量为标准，对照审查，而对局部不同的部分作单独审查即可。这种方法的优点是时间短、效果好、好定案；缺点是只适用于按标准图纸设计的工程，适用范围小。

(2) 对比审查法。这是用已建成工程的预算或虽未建成但已审查修正的工程预算对比审查拟建的类似工程预算的一种方法。

(3) 筛选审查法。筛选审查法是统筹法的一种，也是一种对比方法。建筑工程虽然有建筑面积和高度的不同，但是它们的各个分部分项工程的工程量、造价、用工量在每个单位面积上的数值变化不大，把这些数据加以汇集、优选、归纳为工程量、造价(价值)、用工 3 个单方基本值表，并注明其适用的建筑标准。这些基本值犹如"筛子孔"，用来筛选各分部分项工程，筛下去的就不审查了，没有筛下去的就意味着此分部分项工程的单位建筑面积数值不在基本值范围之内，应对该分部分项工程详细审查。当所审查预算的建筑面积标准与"基本值"所适用的标准不同时，就要对其进行调整。

(4) 利用手册审查法。利用手册审查法是把工程中常用的构件、配件事先整理成预算手册，按手册对照审查的方法。

(5) 分解对比审查法。一个单位工程，按直接费与间接费进行分解，然后再把直接费按工种和分部工程进行分解，分别与审定的标准预算进行对比分析的方法，叫分解对比审查法。

3) 重点抽查法

重点抽查法审查时间短、效果好，适用于工程量大或造价高的工程。包括以下两种。

(1) 分组计算审查法。分组计算审查法是一种加快审查工程预算速度的方法，把预算中的项目划分为若干组，并把相邻且有一定内在联系的项目编为一组，审查或计算同一组中某个分项工程量，利用工程量间具有相同或相似计算基础的关系，判断同组中其他几个分项工程量计算的准确程度的方法。

(2) 重点抽查法。重点抽查法是抓住工程预算中的重点进行审查的方法。审查的重点一般是工程量大或造价较高、工程结构复杂的工程，补充单位估价表，计取各项费用(如计费基础、取费标准等)。

## 5.6 案例分析

【案例分析一】

背景：某房地产公司对某公寓项目的开发征集到若干设计方案，经筛选后对其中较为出色的 4 个设计方案作进一步的技术经济评价。有关专家决定从 5 个方面(分别以 F1～F5 表示)对不同方案的功能进行评价,并对各功能的重要性达成以下共识:F2 和 F3 同样重要,F4 和 F5 同样重要,F1 相对于 F4 很重要,F1 相对于 F2 较重要。此后,各位专家对该 4 个方案的功能满足程度分别打分,其结果见表 5-5。

表 5-5　方案功能得分

| 方案功能 | 得 分 | | | |
| --- | --- | --- | --- | --- |
| | A | B | C | D |
| F1 | 9 | 10 | 9 | 8 |
| F2 | 10 | 10 | 8 | 9 |
| F3 | 9 | 9 | 10 | 9 |
| F4 | 8 | 8 | 8 | 7 |
| F5 | 9 | 7 | 9 | 6 |

根据造价工程师估算,A、B、C、D 这 4 个方案的单方造价分别为 1420 元/$m^2$、1230 元/$m^2$、1150 元/$m^2$、1360 元/$m^2$。

问题:

(1) 计算各功能的权重。

(2) 用价值指数法选择最佳设计方案。

分析:本案例主要考核 0～4 评分法的运用。按 0～4 评分法的规定,两个功能因素比较时,其相对重要程度有以下 3 种基本情况。

① 很重要的功能因素得 4 分,另一很不重要的功能因素得 0 分。

② 较重要的功能因素得 3 分,另一较不重要的功能因素得 1 分。

③ 同样重要或基本同样重要时,则两个功能因素各得 2 分。

值得注意的是,两项功能进行比较所得分值合计等于 4 分。

解:(1) 根据背景资料所给出的相对重要程度条件,各功能权重的计算结果见表 5-6。

表 5-6　功能权重计算结果

| 功能 | F1 | F2 | F3 | F4 | F5 | 得 分 | 权 重 |
| --- | --- | --- | --- | --- | --- | --- | --- |
| F1 | × | 3 | 3 | 4 | 4 | 14 | 14/40=0.350 |
| F2 | 1 | × | 2 | 3 | 3 | 9 | 9/40=0.2225 |
| F3 | 1 | 2 | × | 3 | 3 | 9 | 9/40=0.225 |
| F4 | 0 | 1 | 1 | × | 2 | 4 | 4/40=0.100 |
| F5 | 0 | 1 | 1 | 2 | × | 4 | 4/40=0.100 |
| 合计 | | | | | | 40 | 1.000 |

(2) 分别计算各方案的功能指数、成本指数、价值指数如下。

① 计算功能指数。将各方案的各功能得分分别与该功能的权重相乘,然后汇总即为该方案的功能加权得分,各方案的功能加权得分为

$W_A=9×0.350+10×0.225+9×0.225+8×0.100+9×0.100=9.125$

$W_B=10×0.350+10×0.225+9×0.225+8×0.100+7×0.100=9.275$

$W_C=9×0.350+8×0.225+10×0.225+8×0.100+9×0.100=8.900$

$W_D=8×0.350+9×0.225+9×0.225+7×0.100+6×0.100=8.150$

各方案功能的总加权得分为 $W=W_A+W_B+W_C+W_D$

$$=9.125+9.275+8.900+8.150=35.45$$

因此各方案的功能指数为

$F_A=9.125/35.45=0.257$

$F_B=9.275/35.45=0.262$

$F_C=8.900/35.45=0.251$

$F_D=8.150/35.45=0.230$

② 计算成本指数。各方案的成本指数为

$C_A=1420/(1420+1230+1150+1360)=1420/5160=0.275$

$C_B=1230/5160=0.238$

$C_C=1150/5160=0.223$

$C_D=1360/5160=0.264$

③ 计算价值指数。各方案的价值指数为

$V_A=F_A/C_A=0.257/0.275=0.935$

$V_B=F_B/C_B=0.262/0.238=1.101$

$V_C=F_C/C_C=0.251/0.223=1.126$

$V_D=F_D/C_D=0.230/0.264=0.871$

由于 C 方案的价值指数最大，所以 C 方案为最佳方案。

**【案例分析二】**

背景：承包商 B 在某高层住宅楼的现浇楼板施工中，拟采用钢木组合模板体系或小钢模体系施工。经有关专家讨论，决定从模板总摊销费用(F1)、楼板浇筑质量(F2)、模板人工费(F3)、模板周转时间(F4)、模板装拆便利性(F5)5 个技术经济指标对该两个方案进行评价，并采用 0~1 评分法对各技术经济指标的重要程度进行评分，F1 相对于 F2 较不重要，F1 相对于 F3、F4、F5 较重要，F2 相对于 F3、F4、F5 较重要。F3 相对于 F4 较不重要、相对于 F5 较重要。F4 相对于 F5 较重要。两方案技术经济指标的得分见表 5-7，经造价工程师估算，钢木组合模板在该工程的总摊销费用为 40 万元，每平方米楼板的模板人工费为 8.5 元；小钢模在该工程的总摊销费用为 50 万元，每平方米楼板的模板人工费为 6.8 元。该住宅楼的楼板工程量为 25000 $m^2$。

问题：

(1) 试确定各技术经济指标的权重(计算结果保留 3 位小数)。

(2) 若以楼板工程的单方模板费用作为成本比较对象，试用价值指数法选择较经济的模板体系(功能指数、成本指数、价值指数均保留两位小数)。

表 5-7 指标得分

| 指标 \ 方案 | 钢木组合模板 | 小钢模 |
|---|---|---|
| 总摊销费用 | 10 | 8 |
| 楼板浇筑质量 | 9 | 10 |
| 模板人工费 | 9 | 10 |
| 模板周转时间 | 10 | 7 |
| 模板装拆便利性 | 10 | 9 |

**分析：** 本案例主要考核 0~1 评分法的运用和成本指数的确定。0~1 评分法的特点是，两指标(或功能)相比较时，无论两者的重要程度相差多大，较重要的得 1 分，较不重要的得 0 分。在运用 0~1 评分法时还需注意，采用 0~1 评分法确定指标重要程度得分时，会出现合计得分为零的指标(或功能)，需要将各指标合计得分分别加 1 进行修正后再计算其权重。

**解：**（1）根据 0~1 评分法，各技术经济指标得分和权重的计算结果见表 5-8。

表 5-8 得分和权重计算结果

| 指标 | F1 | F2 | F3 | F4 | F5 | 得分 | 修正得分 | 权重 |
|---|---|---|---|---|---|---|---|---|
| F1 | — | 0 | 1 | 1 | 1 | 3 | 4 | 4/15=0.267 |
| F2 | 1 | — | 1 | 1 | 1 | 4 | 5 | 5/15=0.333 |
| F3 | 0 | 0 | — | 0 | 1 | 1 | 2 | 2/15=0.133 |
| F4 | 0 | 0 | 1 | — | 1 | 2 | 3 | 3/15=0.200 |
| F5 | 0 | 0 | 0 | 0 | — | 0 | 1 | 1/15=0.067 |
| 合计 | | | | | | | 15 | 1.000 |

（2）① 计算两方案的功能指数，结果见表 5-9。

表 5-9 功能指数计算

| 技术经济指标 | 权重 | 钢木组合模板 | 小钢模 |
|---|---|---|---|
| 总摊销费用 | 0.267 | 10×0.267=2.67 | 8×0.267=2.14 |
| 模板浇筑质量 | 0.333 | 9×0.333=3.00 | 10×0.333=3.33 |
| 模板人工费 | 0.133 | 9×0.133=1.20 | 10×0.133=1.33 |
| 模板周转时间 | 0.200 | 10×0.200=2.00 | 7×0.200=1.40 |
| 模板装拆便利性 | 0.067 | 10×0.067=0.67 | 9×0.067=0.60 |
| 合计 | 1.000 | 9.54 | 8.80 |
| 功能指数 | | 9.54/(9.54+8.80)=0.52 | 8.8/(9.54+8.8)=0.48 |

② 计算各方案的成本指数。

钢木组合模板的单方模板费用为：40/2.5+8.5=24.5(元/m²)

小钢模的单方模板费用为：50/2.5+6.8=26.8(元/m²)

则

钢木组合模板的成本指数为：24.5/(24.5+26.8)=0.48

小钢模的成本指数为：26.8/(24.5+26.8)=0.52

③ 计算两个方案的价值指数。

钢木组合模板的价值指数为：0.52/0.48=1.08

小钢模的价值指数为：0.48/0.52=0.92

因为钢木组合模板的价值指数高于小钢模的价值指数，故应选用钢木组合模板体系。

## 本 章 小 结

本章主要从建设项目设计阶段如何控制工程造价方面做了阐述，主要了解设计阶段的划分及设计阶段影响工程造价的因素，熟悉工程设计方案的优选方法及限额设计方法，要求掌握价值工程方法，设计概算的编制和审查方法及施工图预算的编制和审查方法。

## 复习思考题

5-1 设计阶段影响工程造价的因素有哪些？

5-2 工程设计方案的优化途径有哪几种？

5-3 根据价值工程的原理，提高产品价值的途径有几种？

5-4 如何进行限额设计的横向、纵向管理？

5-5 建筑工程概算的编制方法有哪些？

5-6 设备及安装工程概算的编制方法有哪些？

5-7 审查概算的方法有哪些？

5-8 施工图预算的编制方法有哪些？有何区别？

5-9 审查施工图预算的方法有哪些？

# 第6章 建设项目招投标阶段工程造价的控制

**本章学习要求和目标：**
- 了解发承包文件与招标文件的编制。
- 熟悉招标工程量清单与招标控制价的编制。
- 熟悉投标文件及投标工程量清单的编制。
- 掌握中标价及合同价款的签订。
- 了解投标报价的策略。

## 6.1 建设项目招投标方式和招标文件的编制

### 6.1.1 招标文件的组成内容及其编制要求

招标文件是指导整个招标投标工作全过程的纲领性文件。按照《中华人民共和国招标投标法》的规定，招标文件应当包括招标项目的技术要求，对投标人资格审查的标准、投标报价要求和评标标准等所有实质性要求和条件以及拟签合同的主要条款。建设项目施工招标文件是由招标人(或其委托的咨询机构)编制和发布的，它既是投标单位编制投标文件的依据，也是招标人与将来中标人签订工程承包合同的基础。招标文件中提出的各项要求，对整个招标工作乃至发承包双方都具有约束力，因此招标文件的编制及其内容必须符合有关法律法规的规定。

**1. 施工招标文件的编制内容**

根据《标准施工招标文件》的规定，施工招标文件包括以下内容。

1) 招标公告(或投标邀请书)

当未进行资格预审时，招标文件中应包括招标公告。当进行资格预审时，招标文件中应包括投标邀请书，该邀请书可代替资格预审通过通知书，以明确投标人已具备了在某具体项目某具体标段的投标资格，其他内容包括招标文件的获取、投标文件的递交等。

2) 投标人须知

投标人须知主要包括对于项目概况的介绍和招标过程的各种具体要求，在正文中的未尽事宜可以通过"投标人须知前附表"作进一步明确，由招标人根据招标项目具体特点和实际需要编制和填写，但无须与招标文件的其他章节相衔接，并不得与投标人须知正文的内容相抵触；否则抵触内容无效。投标人须知一般包括以下10个方面的内容。

(1) 总则。主要包括项目概况、资金来源和落实情况、招标范围、计划工期和质量要求的描述，对投标人资格要求的规定，对费用承担、保密、语言文字、计量单位等内容的约定，对踏勘现场、投标预备会的要求，以及对分包和偏离问题的处理。项目概况中主要包括项目名称、建设地点以及招标人和招标代理机构的情况等。

(2) 招标文件。主要包括招标文件的构成以及澄清和修改的规定。

(3) 投标文件。主要包括：投标文件的组成，投标报价编制的要求，投标有效期和投标保证金的规定，需要提交的资格审查资料，是否允许提交备选投标方案，以及投标文件标识所应遵循的标准格式要求。

(4) 投标。主要规定投标文件的密封和标识、递交、修改及撤回的各项要求。在此部分中应当确定投标人编制投标文件所需要的合理时间，即投标准备时间，是指自招标文件开始发出之日起至投标人提交投标文件截止之日止，最短不得少于20天。

(5) 开标。规定开标的时间、地点和程序。

(6) 评标。说明评标委员会的组建方法、评标原则和采取的评标办法。

(7) 合同授予。说明拟采用的定标方式，中标通知书的发出时间，要求承包人提交的履约担保和合同的签订时限。

(8) 重新招标和不再招标。规定重新招标和不再招标的条件。

(9) 纪律和监督。主要包括对招标过程各参与方的纪律要求。

(10) 需要补充的其他内容。

3) 评标办法

评标办法可选择经评审的最低投标价法和综合评估法等方法。

4) 合同条款及格式

其包括本工程拟采用的协议书、通用合同条款、专用合同条款以及各种合同附件的格式。

5) 工程量清单

工程量清单是表现拟建工程实体性项目、非实体性项目、其他项目名称或相应名称和数量以及规费和税金等内容的明细清单，以满足工程项目具体量化和计量支付的需要；是招标人编制招标控制价和投标人编制投标价的重要依据。如按照规定应编制招标控制价的项目，其招标控制价也应在招标时一并公布。

6) 图纸

图纸是指应由招标人提供的用于计算招标控制价和投标人计算投标报价所必需的各种详细程度的图纸。

7) 技术标准和要求

招标文件规定的各项技术标准应符合国家强制性规定。招标文件中规定的各项技术标准均不得要求或标明某一特定的专利、商标、名称、设计、原产地或生产供应者，不得含有倾向或者排斥潜在投标人的其他内容。如果必须引用某一生产供应商的技术标准才能准确或清楚地说明拟招标项目的技术标准时，则应当在参照后面加上"或相当于"的字样。

8) 投标文件格式

提供各种投标文件编制所应依据的参考格式。

9) 规定的其他材料

如需要其他材料,应在"投标人须知前附表"中予以规定。

#### 2. 招标文件的澄清和修改

1) 招标文件的澄清

投标人应仔细阅读和检查招标文件的全部内容。如发现缺页或附件不全,应及时向招标人提出,以便补齐。如有疑问,应在规定的时间前以书面形式(包括信函、电报、传真等可以有形地表现所载内容的形式),要求招标人对招标文件予以澄清。招标文件的澄清将在规定的投标截止日期15天前以书面形式发给所有购买招标文件的投标人,但不指明澄清问题的来源。如果澄清发出的时间距投标截止日期不足15天,相应推迟投标截止时间。

投标人在收到澄清后,应在规定的时间内以书面形式通知招标人,确认已收到该澄清。投标人收到澄清后的确认时间,可以采用一个相对的时间,如招标文件澄清发出后12h以内;也可以采用一个绝对的时间,如2013年1月19日中午12点以前。

2) 招标文件的修改

招标人对已发出的招标文件进行必要的修改,应当在投标截止日期15天前,招标人可以书面形式修改招标文件,并通知所有已购买招标文件的投标人。如果修改招标文件的时间距投标截止日期不足15天,相应推后投标截止时间。投标人收到修改内容后,应在规定的时间内以书面形式通知招标人,确认已收到该修改文件。

#### 3. 建设项目施工招标过程中其他文件的主要内容

1) 资格预审公告和招标公告的内容

(1) 资格预审公告的内容。按照《标准施工招标资格预审文件》的规定,资格预审公告具体包括以下内容。

① 招标条件。明确拟招标项目已符合前述的招标条件。

② 项目概况与招标范围。说明本次招标项目的建设地点、规模、计划工期、招标范围、标段划分等。

③ 申请人的资格要求。包括对于申请资质、业绩、人员、设备、资金等各方面的要求,以及是否接受联合体资格预审申请的要求。

④ 资格预审的方法。明确采用合格制或有限数量制。

⑤ 资格预审文件的获取。是指获取资格预审文件的地点、时间和费用。

⑥ 资格预审申请文件的递交。说明递交资格预审申请文件的截止时间。

⑦ 发布公告的媒介。

⑧ 联系方式。

(2) 招标公告的内容。若未进行资格预审,可以单独发布招标公告,根据《工程建设项目施工招标投标办法》和《标准施工招标文件》的规定,招标公告具体包括以下内容。

① 招标条件。
② 项目概况与招标范围。
③ 投标人资格要求。
④ 招标文件的获取。
⑤ 投标文件的递交。
⑥ 发布公告的媒介。
⑦ 联系方式。

2) 资格审查文件的内容与要求

资格审查分为资格预审和资格后审。资格预审是指在投标前对潜在投标人进行的资质条件、业绩、信誉、技术、资金等多方面情况进行资格审查，而资格后审是指在开标后投标人进行的资格审查。采取资格预审的，招标人应当在资格预审文件中载明资格预审的条件、标准和方法；采取资格后审的，招标人应当在招标文件中载明对投标人资格要求的条件、标准和方法。招标人不得改变载明的资格条件或者以没有载明的资格条件对潜在投标人或者投标人进行资格审查。

(1) 资格预审文件的内容。发出资格预审公告后，招标人向申请参加资格预审的申请人出售资格预审文件。资格预审文件的内容主要包括资格预审公告、申请人须知、资格审查办法、资格预审申请文件格式、项目建设概况等内容，同时还包括关于资格预审文件澄清和修改的说明。

(2) 资格预审申请文件的内容。资格预审申请文件应包括下列内容。
① 资格预审申请函。
② 法定代表人身份证明或附有法定代表人身份证明的授权委托书。
③ 联合体协议书(如工程接受联合体投标)。
④ 申请人基本情况表；建设项目投标是指具有合法资格的投标人根据招标条件，经过全面研究和详细计算，在指定期限内填写标书、提出报价，并等候开标，决定能否中标的经济活动。

投标人是响应招标、参加投标竞争的法人或者其他组织。投标人应具备法人资格，有能力承担招标项目，符合招标文件的要求。投标人不得与招标人串通投标，损害国家利益、社会公共利益或者他人的合法权益。

## 6.1.2 建设项目招标方式和策划

**1. 建设项目施工招标方式**

根据《中华人民共和国招标投标法》，工程施工招标分公开招标和邀请招标两种方式。

1) 公开招标

公开招标又称为无限竞争性招标，是指招标人按程序，通过报刊、广播、电视、网络等媒体发布招标公告，邀请具备条件的施工承包商投标竞争，然后从中确定中标者并与之签订施工合同的过程。

公开招标方式的优点是，招标人可以在较广的范围内选择承包商，投标竞争激烈，择优率更高，有利于招标人将工程项目交予可靠的承包商实施，并获得有竞争性的商业报价，同时，也可在较大程度上避免招标过程中的贿标行为。因此，国际上政府采购通常采用这种方式。

公开招标方式的缺点是，准备招标、对投标申请者进行资格预审和评标的工作量大，招标时间长、费用高。同时，参加竞争的投标者越多，中标的机会就越小；投标风险越大，损失的费用也就越多，而这种费用的损失必然会反映在标价中，最终会由招标人承担，故这种方式在一些国家较少采用。

2) 邀请招标

邀请招标也称为有限竞争性招标，是指招标人以投标邀请书的形式邀请预先确定的若干家施工承包商投标竞争，然后从中确定中标者并与之签订施工合同的过程。

采用邀请招标方式时，邀请对象应以 5~10 家为宜，但不应少于 3 家；否则就失去了竞争意义。与公开招标方式相比，邀请招标方式的优点是不发布招标公告，不进行资格预审，简化了招标程序，因而节约了招标费用、缩短了招标时间。而且由于招标人比较了解投标人以往的业绩和履约能力，从而减少了合同履行过程中承包商违约的风险。对于采购标的较小的工程项目，采用邀请招标方式比较有利。此外，有些工程项目的专业性强，有资格承接的潜在投标人较少或者需要在短时间内完成投标任务等，不宜采用公开招标方式的也应采用邀请招标方式。值得注意的是，尽管采用邀请招标方式时不进行资格预审，但为了体现公平竞争和便于招标人对各投标人的综合能力进行比较，仍要求投标人按招标文件的有关要求，在投标文件中提供有关资质资料，在评标时以资格后审的形式作为评审内容之一。

邀请招标方式的缺点是，由于投标竞争的激烈程度较差，有可能会提高中标合同价；也有可能排除某些在技术上或报价上有竞争力的承包商参与投标。

**2. 建设项目招标的策划**

施工招标策划是指建设单位及其委托的招标代理机构在准备招标文件前，根据工程项目的特点及潜在投标人情况等确定招标方案。招标策划得好坏，关系到招标的成败，直接影响投标人的投标报价乃至施工合同价。因此，招标策划对于施工招投标过程中的工程造价管理起着关键作用。施工招标策划主要包括施工标段划分、合同计价方式及合同类型选择等内容。

1) 施工标段划分

工程项目施工是一个复杂的系统工程，影响标段划分的因素有很多。应根据工程项目的内容、规模和专业复杂程度确定招标范围，合理划分标段。对于工程规模大、专业复杂的工程项目，建设单位的管理能力有限时，应考虑采用施工总承包的招标方式选择施工队伍。这样有利于减少各专业之间因配合不当造成的窝工、返工、索赔风险。但采用这种承包方式，有可能使工程报价相对较高。对于工艺成熟的一般性项目，涉及专业不多时，可考虑采用平行承包的招标方式，分别选择各专业承包单位并签订施工合同。采用这种承包方式，建设单位一般可得到较为满意的报价，有利于控制工程造价。划分施工标段时，应考虑的因素包括工程特点、对工程造价的影响、承包单位专长的发挥、工地管理及其他因素。

(1) 工程特点。如果工程场地集中、工程量不大、技术不太复杂，由一家承包单位总包易于管理，则一般不分标。但如果工地场面大、工程量大，有特殊技术要求，则应考虑划分为若干标段。

(2) 对工程造价的影响。通常情况下，一项工程由一家施工单位总承包易于管理，同时便于劳动力、材料、设备的调配，因而可得到交底造价。但对于大型、复杂的工程项目，对承包单位的施工能力、施工经验、施工设备等有较高要求。在这种情况下，如果不划分标段，就可能使有资格参加投标的承包单位大大减少。竞争对手的减少，必然会导致工程报价的上涨，反而得不到较为合理的报价。

(3) 承包单位专长的发挥。工程项目是由单项工程、单位工程或专业工程组成，在考虑划分施工标段时，既要考虑不会产生各承包单位施工的交叉干扰，又要注意各承包单位之间在空间和时间上的衔接。

(4) 工地管理。从工地管理角度看，分标时应考虑两方面问题，一是工程进度的衔接，二是工地现场的布置和干扰。工程进度的衔接很重要，特别是工程网络计划中关键线路上的项目一定要选择施工水平高、能力强、信誉好的承包单位，以防止影响其他承包单位的进度。从现场布置的角度看，承包单位越少越好。分标时要对几个承包单位在现场的施工场地进行细致、周密的安排。

(5) 其他因素。除上述因素外，还有许多其他因素影响施工标段的划分，如建设资金、设计图纸供应等。资金不足、图纸分期供应时，可先进行部分招标。

总之，标段的划分是选择招标方式和编制招标文件前的一项非常重要的工作，需要考虑上述因素综合分析后确定。

2) 合同计价方式

施工合同中，计价方式可分为 3 种，即总价方式、单价方式和成本加酬金方式。相应的施工合同也称为总价合同、单价合同和成本加酬金合同。其中，成本加酬金的计价方式又可根据酬金的计取方式不同，分为百分比酬金、固定酬金、浮动酬金和目标成本加奖罚 4 种计价方式。

3) 合同类型选择

施工合同有多种类型。合同类型不同，合同双方的义务和责任不同，各自承担的风险也不尽相同。建设单位应综合考虑以下因素来选择适合的合同类型。

(1) 工程项目的复杂程度。建设规模大且技术复杂的工程项目，承包风险较大，各项费用不易准确估算，因而不宜采用固定总价合同。最好是对有把握的部分采用固定总价合同，估算不准的部分采用单价合同或成本加酬金合同。有时，在同一施工合同中采用不同的计价方式，是建设单位与施工承包单位合理分担施工风险的有效办法。

(2) 工程项目的设计深度。工程项目的设计深度是选择合同类型的重要因素。如果已完成工程项目的施工图设计，施工图纸和工程量清单详细而明确，则可选总价合同；如果实际工程量与预计工程量可能有较大出入时，应优先选择单价合同；如果只完成工程项目的初步设计，工程量清单不够明确时，则可选择单价合同或成本加酬金合同。

(3) 施工技术的先进程度。如果在工程施工中有较大部分采用新技术、新工艺，建设单位和施工承包单位对此缺乏经验，又无国家标准时，为了避免投标单位盲目地提高承包价款，或由于对施工难度估计不足而导致承包亏损，不宜采用固定总价合同，而应选用成本加酬金合同。

(4) 施工工期的紧迫程度。对于一些紧急工程(如灾后恢复工程等)，要求尽快开工且工期较紧时，可能仅有实施方案，还没有施工图纸，施工承包单位不可能报出合理的价格，选择成本加酬金合同较为合适。

总之，对于一个工程项目而言，究竟采用何种合同类型不是固定不变的。在同一个工程项目中不同的工程部分或不同阶段，可以采用不同类型的合同。在进行招标策划时，必须依据实际情况，权衡各种利弊，然后再作出最佳决策。

## 6.2 建设项目招标工程量清单与招标控制价的编制

为使建设工程发包与承包计价活动规范、有序地进行，不论是招标发包还是直接发包，都必须注重前期工作。尤其是对于招标发包，关键是应从施工招标开始，在拟订招标文件的同时，科学、合理地编制工程量清单、招标控制价以及评标标准和办法，只有这样才能对投标报价、合同价的约定以至于后期的工程结算这一工程发承包计价全过程起到良好的控制作用。

### 6.2.1 招标工程量清单的编制

招标工程量清单是招标人依据国家标准、招标文件、设计文件以及施工现场实际情况编制的，随招标文件发布供投标报价的工程量清单，包括对其的说明和表格。编制招标工程量清单，应充分体现"量价分离"的"风险分担"原则，招标阶段，由招标人或其委托的工程造价咨询人根据工程项目设计文件，编制出招标工程项目的工程量清单，并将其作为招标文件的组成部分。招标人对工程量清单中各分部分项工程或适合以分部分项工程项目清单设置的措施项目的工程量的准确性和完整性负责；投标人应结合企业自身实际、参考市场有关价格信息完成清单项目工程的组合报价，并对其承担风险。

**1. 招标工程量清单的编制依据及准备工作**

1) 招标工程量清单的编制依据

(1) 《建设工程工程量清单计价规范》(GB 50500—2013)以及各专业工程量计算规范等。

(2) 国家或省级、行业建设主管部门颁发的计价定额和办法。

(3) 建设工程设计文件及相关资料。

(4) 与建设工程有关的标准、规范、技术资料。

(5) 拟订的招标文件。

(6) 施工现场情况、地勘水文资料、工程特点及常规施工方案。

(7) 其他相关资料。

2) 招标工程量清单编制的准备工作

招标工程量清单编制的相关工作在收集资料包括编制依据的基础上,需进行以下工作。

(1) 初步研究,对各种资料进行认真研究,为工程量清单的编制做准备,主要包括以下内容。

① 《建设工程工程量清单计价规范》(GB 50500—2013),专业工程量计算规范,当地计价规定及相关文件;熟悉设计文件,掌握工程全貌,便于清单项列项的完整、工程量的准确计算及清单项目的准确描述,对设计文件中出现的问题应及时提出。

② 熟悉招标文件、招标图纸,确定工程量清单编审的范围及需要设定的暂估价;收集相关市场价格信息,为暂估价的确定提供依据。

③ 对《建设工程工程量清单计价规范》(GB 50500—2013)缺项的新材料、新技术、新工艺,收集足够的基础资料,为补充项目的制定提供依据。

(2) 现场踏勘。为了选用合理的施工组织设计和施工技术方案,需进行现场踏勘,以充分了解施工现场情况及工程特点,主要对以下两方面进行调查。

① 自然地理条件。工程所在地的地理位置、地形、地貌、用地范围等;气象,水文情况,包括气温、湿度、降雨量等;地质情况,包括地质构造及特征、承载能力等;地震、洪水及其他自然灾害情况。

② 施工条件。工程现场周围的道路、进出场条件、交通限制情况;工程现场施工临时设施、大型施工机具、材料堆放场地安排情况;工程现场邻近建筑物与招标工程的间距、结构形式、基础埋深、新旧程度、高度;市政给排水管线位置、管径、压力、废水、污水处理方式、市政、消防供水管道管径、压力、位置等;现场供电方式、方位、距离、电压等;工程现场通信线路的连接和铺设;当地政府有关部门对施工现场管理的一般要求、特殊要求及规定等。

(3) 拟订常规施工组织设计。施工组织设计是指导拟建工程项目的施工准备和施工的技术经济文件。根据项目的具体情况编制施工组织设计,拟定工程的施工方案、施工顺序、施工方法等,便于工程量清单的编制及准确计算,特别是工程量清单中的措施项目。

施工组织设计编制的主要依据:招标文件中的相关要求,设计文件中的图纸及相关说明,现场踏勘资料,有关定额,现行有关技术标准、施工规范或规则等。作为招标人,仅需拟订常规的施工组织设计。

在拟订常规的施工组织设计时需注意以下问题。

① 估算整体工程量,根据概算指标或类似工程进行估算,且仅对主要项目加以估算即可,如土石方、混凝土等。

② 拟定施工总方案。施工总方案只需对重大问题和关键工艺作原则性的规定,无须考虑施工步骤,主要包括施工方法、施工机械设备的选择、科学的施工组织、合理的施工进度、现场的平面布置及各种技术措施。制订总方案要满足以下原则:从实际出发,符合现

场的实际情况,在切实可行的范围内尽量求其先进和快速;满足工期的要求;确保工程质量和施工安全;尽量降低施工成本,使方案更加经济、合理。

③ 确定施工顺序。合理确定施工顺序需要考虑以下几点:各分部分项工程之间的关系;施工方法和施工机械的要求;当地的气候条件和水文要求;施工顺序对工期的影响。

④ 编制施工进度计划。施工进度计划要满足合同对工期的要求,在不增加资源的前提下尽量提前。编制施工进度计划时要处理好工程中各分部、分项、单位工程之间的关系,避免出现施工顺序的颠倒或工种相互冲突。

⑤ 计算人、材、机资源需要量。人工工日数量根据估算的工程量、选用的定额、拟定的施工总方案、施工方法及要求的工期来确定,并考虑节假日、气候等的影响。材料需要量主要根据估算的工程量和选用的材料消耗定额进行计算。机具台班数量则根据施工方案确定选择机械设备方案及仪器仪表和种类的匹配要求,再根据估算的工程量和机具消耗定额进行计算。

⑥ 施工平面的布置。施工平面布置是根据施工方案、施工进度要求,对施工现场的道路交通、材料仓库、临时设施等做出合理的规划布置。主要包括:建设项目施工总平面图上的一切地上、地下已有和拟建的建筑物、构筑物以及其他设施的位置和尺寸;所有为施工服务的临时设施的布置位置,如施工用地范围、施工用道路,材料仓库,取土与弃土位置,水源、电源位置,安全、消防设施位置;永久性测量放线标桩位置等。

### 2. 招标工程量清单的编制内容

1) 分部分项工程项目清单编制

分部分项工程项目清单所反映的是拟建工程分部分项工程项目名称和相应数量的明细清单,招标人负责包括项目编码、项目名称、项目特征描述、计量单位和工程量计算在内的 5 项内容。

(1) 项目编码。分部分项工程项目清单的项目编码,应根据拟建工程的工程量清单项目名称设置,同一招标工程的项目码不得有重码。

(2) 项目名称。分部分项工程项目清单的项目名称应按专业工程量计算规范附录的项目名称结合拟建工程的实际确定。

在分部分项工程项目清单中所列出的项目,应是在单位工程的施工过程中以其本身构成该单位工程实体的分项工程,但应注意以下几点。

① 当在拟建工程的施工图纸中有体现,并且在专业工程量计算规范附录中也有相对应的项目时,则根据附录中的规定直接列项,计算工程量,确定其项目编码。

② 当在拟建工程的施工图纸中有体现,但在专业工程量计算规范附录中没有相对应的项目,并且在附录项目的"项目特征"或"工程内容"中也没有提示时,则必须编制针对这些分项工程的补充项目,在清单中单独列项并在清单的编制说明中注明。

(3) 项目特征描述。工程量清单的项目特征是确定一个清单项目综合单价不可缺少的重要依据,在编制工程量清单时,必须对项目特征进行准确和全面的描述,但有些项目特征用文字往往又难以准确和全面地描述。为达到规范、简洁、准确、全面描述项目特征的要求，在描述工程量清单项目特征时应按以下原则进行。

① 项目特征描述的内容应按附录中的规定，结合拟建工程的实际，满足确定综合单价的需要。

② 若采用标准图集或施工图纸能够全部或部分满足项目特征描述的要求，项目特征描述可直接采用译见××图集××图号的方式。对不能满足项目特征描述要求的部分，仍应用文字描述。

(4) 计量单位。分部分项工程项目清单的计量单位与有效位数应遵守清单计价规范规定。当附录中有两个或两个以上计量单位的，应结合拟建工程项目的实际选择其中一个确定。

(5) 工程量的计算。分部分项工程项目清单中所列工程量应按专业工程量计算规范规定的工程量计算规则计算。另外，对补充项的工程量计算规则必须符合下述原则：一是其计算规则要具有可计算性；二是计算结果要具有唯一性。

工程量的计算是一项繁杂而细致的工作，为了计算的快速、准确并尽量避免漏算或重算，必须依据一定的计算原则及方法。

① 计算口径一致。根据施工图列出的工程量清单项目，必须与专业工程量计算规范中相应清单项目的口径相一致。

② 按工程量计算规则计算。工程量计算规则是综合确定各项消耗指标的基本依据，也是具体工程测算和分析资料的基准。

③ 按图纸计算。工程量按每一分项工程，根据设计图纸进行计算，计算时采用的原始数据必须以施工图纸所表示的尺寸或施工图纸能读出的尺寸为准进行计算，不得任意增减。

④ 按一定顺序计算。计算分部分项工程量时，可以按照定额编目顺序或按照施工图专业顺序依次进行计算。对于计算同一张图纸的分项工程量时，一般可采用以下几种顺序：按顺时针或逆时针顺序计算；按先横后纵顺序计算；按轴线编号顺序计算；按施工先后顺序计算；按定额分部分项顺序计算。

2) 措施项目清单编制

措施项目清单指为完成工程项目施工，发生于该工程施工准备和施工过程中的技术、生活、安全、环境保护等方面的项目清单，措施项目分单价措施项目和总价措施项目。

措施项目清单的编制需考虑多种因素，除工程本身的因素外，还涉及水文、气象、环境、安全等因素。措施项目清单应根据拟建工程的实际情况列项，若出现《建设工程工程量清单计价规范》(GB 50500—2013)中未列的项目，可根据工程实际情况补充。项目清单的设置要考虑拟建工程的施工组织设计，施工技术方案，相关的施工规范与施工验收规范，招标文件中提出的某些必须通过一定的技术措施才能实现的要求，设计文件中一些不足以写进技术方案的但是要通过一定的技术措施才能实现的内容。

一些可以精确计算工程量的措施项目可采用与分部分项工程项目清单编制相同的方式，编制"分部分项工程和单价措施项目清单与计价表"，而有些措施项目费用的发生与使用时间、施工方法或者两个以上的工序相关，并大都与实际完成的实体工程量的大小关系不大，如安全文明施工、冬雨季施工、已完工程设备保护等，应编制"总价措施项目清单与计价表"。

3) 其他项目清单的编制

其他项目清单是应招标人的特殊要求而发生的与拟建工程有关的其他费用项目和相应数量的清单。工程建设标准的高低、工程的复杂程度、工程的工期长短、工程的组成内容、发包人对工程管理要求等都直接影响到其具体内容，当出现未包含在表格中内容的项目时，可根据实际情况补充，其中：

(1) 暂列金额是指招标人暂定并包括在合同中的一笔款项。用于工程合同签订时尚未确定或者不可预见的所需材料、工程设备、服务的采购，施工中可能发生的工程变更、合同约定调整因素出现时的合同价款调整以及发生的索赔、现场签证确认等的费用。此项费用由招标人填写其项目名称、计量单位、暂定金额等，若不能详列，也可只列暂定金额总额。由于暂列金额由招标人支配，实际发生后才得以支付，因此，在确定暂列金额时应根据施工图纸的深度、暂估价设定的水平、合同价款约定调整的因素以及工程实际情况合理确定，一般可按分部分项工程项目清单的 10%～15%确定，不同专业预留的暂列金额应分别列项。

(2) 暂估价是招标人在招标文件中提供的用于支付必然要发生但暂时不能确定价格的材料、工程设备的单价以及专业工程的金额。一般而言，为方便合同管理和计价，需要纳入分部分项工程量项目综合单价中的暂估价，应只是材料、工程设备暂估单价，以方便投标与组价，以"项"为计量单位给出的专业工程暂估价一般应是综合暂估价，即应当包括除规费、税金以外的管理费、利润等。

(3) 计日工是为了解决现场发生的工程合同范围以外的零星工作或项目的计价而设立的。计日工为额外工作的计价提供一个方便快捷的途径，计日工对完成零星工作所消耗的人工工时、材料数量、机具台班进行计量，并按照计日工表中填报的适用项目的单价进行计价支付，编制计日工表格时，一定要给出暂定数量，并且需要根据经验，尽可能估算一个比较贴近实际的数量，且尽可能把项目列全，以消除因此而产生的争议。

(4) 总承包服务费。这是为了解决招标人在法律法规允许的条件下，进行专业工程发包以及自行采购供应材料、设备时，要求总承包人对发包的专业工程提供协调和配合服务，对供应的材料、设备提供收、发和保管服务以及对施工现场进行统一管理，对竣工资料进行统一汇总整理等发生并向承包人支付的费用。招标人应当按照投标人的投标报价支付该项费用。

4) 规费、税金项目清单的编制

规费、税金项目清单应按照规定的内容列项，当出现规范中没有的项目时，应根据省级政府或有关部门的规定列项。税金项目清单除规定的内容外，如国家税法发生变化或增加税种，应对税金项目清单进行补充。规费、税金的计算基础和费率均应按国家或地方相关部门的规定执行。

5) 工程量清单总说明的编制

工程量清单编制总说明包括以下内容。

(1) 工程概况。工程概况中要对建设规模、工程特征、计划工期、施工现场实际情况、自然地理条件、环境保护要求等做出描述。其中，建设规模是指建筑面积；工程特征应说明基础及结构类型、建筑层数、高度、门窗类型及各部位装饰、装修做法；计划工期是指按工期定额计算的施工天数；施工现场实际情况是指施工场地的地表状况；自然地理条件，是指建筑场地所处地理位置的气候及交通运输条件；环境保护要求，是针对施工噪声及材料运输可能对周围环境造成的影响和污染所提出的防护要求。

(2) 工程招标及分包范围，招标范围是指单位工程的招标范围，如建筑工程招标范围为"全部建筑工程"，装饰装修工程招标范围为"全部装饰装修工程"，或招标范围不含桩基础、幕墙、门窗等，工程分包是指特殊工程项目的分包，如招标人自行采购安装"铝合金门窗"等。

(3) 工程量清单编制依据。包括建设工程工程量清单计价规范、设计文件、招标文件、施工现场情况、工程特点及常规施工方案等。

(4) 工程质量、材料、施工等的特殊要求。工程质量的要求是指招标人要求拟建工程的质量应达到合格或优良标准；对材料的要求是指招标人根据工程的重要性、使用功能及装饰装修标准提出，如对水泥的品牌、钢材的生产厂家、花岗石的出产地、品牌等的要求；施工要求一般是指建设项目中对单项工程的施工顺序等的要求。

(5) 其他需要说明的事项。

6) 招标工程量清单汇总

在分部分项工程项目清单、措施项目清单、其他项目清单、规费和税金项目清单编制完成以后，经审查复核，与工程量清单封面及总说明汇总并装订，由相关责任人签字和盖章，形成完整的招标工程量清单文件。

## 6.2.2 招标控制价的编制

《中华人民共和国招标投标法实施条例》规定，招标人可以自行决定是否编制标底，一个招标项目只能有一个标底，标底必须保密。同时规定，招标人设有最高投标限价的，应当在招标文件中明确最高投标限价或者最高投标限价的计算方法，招标人不得规定最低投标限价。

**1. 招标控制价的编制规定与依据**

招标控制价是指根据国家或省级建设行政主管部门颁发的有关计价依据和办法，依据拟订的招标文件和招标工程量清单，结合工程具体情况发布的招标工程的最高投标限价。根据住房和城乡建设部颁布的《建筑工程施工发包与承包计价管理办法》(住建部令16号)的规定，国有资金投资的建筑工程招标的，应当设有最高投标限价；非国有资金投资的建筑工程招标的，可以设有最高投标限价或招标标底。

1) 编制招标控制价的规定

(1) 国有资金投资的工程建设项目应实行工程量清单招标，招标人应编制招标控制价，并应当拒绝高于招标控制价的投标报价，即投标人的投标报价若超过公布的招标控制价，则其投标应被否决。

(2) 招标控制价应由具有编制能力的招标人或受其委托、具有相应资质的工程造价咨询人编制。工程造价咨询人不得同时接受招标人和投标人对同一工程的招标控制价和投标报价的编制。

(3) 招标控制价应当依据工程量清单、工程计价有关规定和市场价格信息等编制。招标控制价应在招标文件中公布，对所编制的招标控制价不得进行上浮或下调。招标人应当在招标时公布招标控制价的总价，以及各单位工程的分部分项工程费、措施项目费、其他项目费、规费和税金。

(4) 招标控制价超过批准的概算时，招标人应将其报原概算审批部门审核。这是由于我国对国有资金投资项目的投资控制实行的是设计概算审批制度，国有资金投资的工程原则上不能超过批准的设计概算。

(5) 投标人经复核认为招标人公布的招标控制价未按照《建设工程工程量清单计价规范》(GB 50500—2013)的规定进行编制的，应在招标控制价公布后5天内向招标投标监督机构和工程造价管理机构投诉。工程造价管理机构受理投诉后，应立即对招标控制价进行复查，组织投诉人、被投诉人或其委托的招标控制价编制人等单位人员对投诉问题逐一核对，工程造价管理机构应当在受理投诉的10天内完成复查，特殊情况下可适当延长，并作出书面结论通知投诉人、被投诉人及负责该工程招投标监督的招投标管理机构，当招标控制价复查结论与原公布的招标控制价误差大于±3%时，应责成招标人改正，当重新公布招标控制价时，若重新公布之日起至原投标截止期不足15天的应延长投标截止期。

(6) 招标人应将招标控制价及有关资料报送工程所在地或有该工程管辖权的行业管理部门工程造价管理机构备查。

2) 招标控制价的编制依据

招标控制价的编制依据是指在编制招标控制价时需要进行工程量计量、价格确认、工程计价的有关参数、率值的确定等工作时所需的基础性资料，主要包括以下内容。

(1) 现行国家标准《建设工程工程量清单计价规范》(GB 50500—2013)与专业工程量计算规范。

(2) 国家或省级、行业建设主管部门颁发的计价定额和计价办法。

(3) 建设工程设计文件及相关资料。

(4) 拟订的招标文件及招标工程量清单。

(5) 与建设项目相关的标准、规范、技术资料。

(6) 施工现场情况、工程特点及常规施工方案。

(7) 工程造价管理机构发布的工程造价信息，但工程造价信息没有发布的，参照市场价。

(8) 其他的相关资料。

**2. 招标控制价的编制内容**

1) 招标控制价计价程序

建设工程的招标控制价反映的是单位工程费用，各单位工程费用是由分部分项工程费、措施项目费、其他项目费、规费和税金组成。单位工程招标控制价计价程序见表 6-1。

表 6-1 建设单位工程招标控制价计价程序(施工企业按标价计价程序)

工程名称：　　　　　　　　　　　标段：　　　　　　　　　　　第　页 共　页

| 序号 | | | |
|---|---|---|---|
| 1 | | 按计价规定计算/(自主报价) | |
| 1.1 | | | |
| 1.2 | | | |
| 2 | 措施项目 | 按计价规定计算/(自主报价) | |
| 2.1 | 其中：安全文明施工费 | 按计价规定计算/(按规定标准计算) | |
| 3 | | | |
| 3.1 | | 按计价规定计算/(按招标文件提供金额计列) | |
| 3.2 | | 按计价规定计算/(按招标文件提供金额计列) | |
| 3.3 | | 按计价规定计算/(自主报价) | |
| 3.4 | 其中：总承包服务费 | 按计价规定计算/(自主报价) | |
| 4 | | 按规定标准计算 | |
| 5 | | (人工费+材料费+施工机具使用费+企业管理费+利润+规费)×规定税率 | |
| 招标控制价/(投标报价) | | 合计=1+2+3+4+5 | |

注：本表适用于单位工程招标控制价计算或投标报价计算，如无单位工程划分，单项工程也使用本表。

由于投标人(施工企业)投标报价计价程序与招标人(建设单位)招标控制价计价程序具有相同的表格，为便于对比分析，此处将两种表格合并列出，其中表格栏目中斜线后带括号的内容用于投标报价，其余为通用栏目。

2) 分部分项工程费的编制

分部分项工程费应根据招标文件中的分部分项工程项目清单及有关要求，按《建设工程工程量清单计价规范》(GB 50500—2013)有关规定确定综合单价计价。

(1) 综合单价的组价过程。招标控制价的分部分项工程费应由各单位工程的招标工程量清单中给定的工程量乘以其相应综合单价汇总而成。综合单价应按照招标人发布的分部分项工程项目清单的项目名称、工程量、项目特征描述，依据工程所在地区颁发的计价定额和人工、材料、机具台班价格信息等进行组价确定。首先，依据提供的工程量清单和施工图纸，按照工程所在地区颁发的计价定额的规定，确定所组价的定额项目名称，并计算出相应的工程量；其次，依据工程造价政策规定或工程造价信息确定其人工、材料、机具台班单价；最后，在考虑风险因素确定管理费率和利润率的基础上，按规定程序计算出所组价定额项目的合价，然后将若干项所组价的定额项目合价相加除以工程量清单项目工程量，便得到工程量清单项目综合单价，见下列公式，对于未计价材料费(包括暂估单价的材料费)应计入综合单价。

定额项目合价=定额项目工程量×[∑(定额人工消耗量×人工单价)
+∑(定额材料消耗量×材料单价)+∑(定额机械台班消耗量×机械台班单价)
+价差(基价或人工、材料、机具费用)+管理费和利润]

工程量清单综合单价=∑(定额项目合价+未计价材料)/工程量清单项目工程量

(2) 综合单价中的风险因素。为使招标控制价与投标报价所包含的内容一致，综合单价中应包括招标文件中要求投标人所承担的风险内容及其范围(幅度)产生的风险费用。

① 对于技术难度较大和管理复杂的项目，可考虑一定的风险费用，并纳入综合单价中。

② 对于工程设备、材料价格的市场风险，应依据标准的规定、工程所在地或行业工程造价管理机构的有关规定以及市场价格趋势考虑一定率值的风险费用，纳入综合单价中。

③ 税金、规费等法律、法规、规章和政策变化的风险和人工单价等风险费用不应纳入综合单价。

3) 措施项目费的编制

(1) 措施项目费中的安全文明施工费应当按照国家或省级、行业建设主管部门的规定标准计价，该部分不得作为竞争性费用。

(2) 措施项目应按招标文件中提供的措施项目清单确定，措施项目分为以"量"计算和以"项"计算两种，对于可计量的措施项目，以"量"计算即按其工程量用与分部分项工程项目清单单价相同的方式确定综合单价；对于不可计量的措施项目，则以"项"为单位，采用费率法按有关规定综合取定，采用费率法时需确定某项费用的计费基数及其费率，结果应是包括除规费、税金以外的全部费用，计算公式为

以"项"计算的措施项目清单费=措施项目计费基数×费率

4) 其他项目费的编制

(1) 暂列金额。暂列金额由招标人根据工程特点、工期长短，按有关计价规定进行估算，一般可以分部分项工程费的10%～15%为参考。

(2) 暂估价。暂估价中的材料单价应按照工程造价管理机构发布的工程造价信息中的材料单价计算，工程造价信息未发布的材料单价，其单价参考市场价估算；暂估价中的专业工程暂估价应分为不同专业，按有关计价规定估算。

(3) 计日工。在编制招标控制价时，对计日工中的人工单价和施工机具台班单价应按省级、行业建设主管部门或其授权的工程造价管理机构公布的单价计算；材料应按工程造价管理机构发布的工程造价信息中的材料单价计算，工程造价信息未发布单价的材料，其价格应按市场调查确定的单价计算。

(4) 总承包服务费。总承包服务费应按照省级或行业建设主管部门的规定计算，在计算时可参考以下标准。

① 招标人仅要求对分包的专业工程进行总承包管理和协调时，按分包的专业工程估算造价的1.5%计算。

② 招标人要求对分包的专业工程进行总承包管理和协调，并同时要求提供配合服务时，根据招标文件中列出的配合服务内容和提出的要求，按分包的专业工程估算造价的3%～5%计算。

③ 招标人自行供应材料的，按招标人供应材料价值的1%计算。

5) 规费和税金的编制

规费和税金必须按国家或省级、行业建设主管部门的规定计算，其中：

$$税金=计费基数\times 综合税率$$

**3. 编制招标控制价时应注意的问题**

(1) 采用的材料价格应是工程造价管理机构通过工程造价信息发布的材料价格，工程造价信息未发布材料单价的材料，其材料价格应通过市场调查确定。另外，未采用工程造价管理机构发布的工程造价信息时，需在招标文件或答疑补充文件中对招标控制价采用的与造价信息不一致的市场价格予以说明，采用的市场价格则应通过调查、分析确定。有可靠的信息来源。

(2) 施工机械设备的选型直接关系到综合单价水平，应根据工程项目特点和施工条件，本着经济适用、先进高效的原则确定。

(3) 应该正确、全面地使用行业和地方的计价定额与相关文件。

(4) 不可竞争的措施项目和规费、税金等费用的计算均属于强制性的条款，编制招标控制价时应按国家有关规定计算。

(5) 不同工程项目、不同施工单位会有不同的施工组织方法，所发生的措施费也会有所不同，因此，对于竞争性的措施费用的确定，招标人应首先编制常规的施工组织设计或施工方案，然后经专家论证确认后再合理确定措施项目与费用。

## 6.3 投标文件及投标报价的编制

投标是一种要约，需要严格遵守关于招投标的法律规定及程序，还需对招标文件作出实质性响应，并符合招标文件的各项要求，科学、规范地编制投标文件与合理策略地提出报价，直接关系到承揽工程项目的中标率。

### 6.3.1 建设项目投标与投标文件的编制(投标报价部分)

**1. 投标报价前期工作**

1) 投标报价流程

任何一个施工项目的投标报价都是一项复杂的系统工程，需要周密思考、统筹安排。在取得招标信息后，投标人首先要决定是否参加投标，如果参加投标，即进行前期工作：准备资料，申请并参加资格预审；获取招标文件；组建投标报价班子。进入询价与编制阶段，整个投标过程需遵循一定的程序进行。

2) 研究招标文件

投标人取得招标文件后，为保证工程量清单报价的合理性，应对投标人须知、合同条件、技术规范、图纸和工程量清单等重点内容进行分析，深刻、正确地理解招标文件和业主的意图。

(1) 投标人须知，它反映了招标人对投标的要求，特别要注意项目的资金来源、投标书的编制和递交、投标保证金、更改或备选方案、评标方法等，重点在于防止废标。

(2) 合同分析。

① 合同背景分析。投标人有必要了解与自己承包的工程内容有关的合同背景，了解监理方式，了解合同的法律依据，为报价和合同实施及索赔提供依据。

② 合同形式分析。主要分析承包方式(如分项承包、施工承包、设计与施工总承包和管理承包等)；计价方式(如固定合同价格、可调合同价格和成本加酬金确定的合同价格等)。

③ 合同条款分析。主要包括：承包商的任务、工作范围和责任；工程变更及相应的合同价款调整；付款方式、时间，应注意，合同条款中关于工程预付款、材料预付款的规定，根据这些规定和预计的施工进度计划，计算出占用资金的数额和时间，从而计算出需要支付的利息数额并计入投标报价；施工工期，合同条款中关于合同工期、竣工日期、部分工程分期交付工期等规定，这是投标人制订施工进度计划的依据，也是报价的重要依据，要注意合同条款中有无工期奖罚的规定，尽可能做到在工期符合要求的前提下报价有竞争力，或在报价合理的前提下工期有竞争力；业主责任，投标人所制订的施工进度计划和做出的报价，都是以业主履行责任为前提的。所以，应注意合同条款中关于业主责任措辞的严密性，以及关于索赔的有关规定。

④ 技术标准和要求分析。工程技术标准是按工程类型来描述工程技术和工艺内容特点，对设备、材料、施工和安装方法等所规定的技术要求，有的是对工程质量进行检验、试验和验收所规定的方法和要求。它们与工程量清单中各子项工作密不可分，报价人员应在准确理解招标人要求的基础上对有关工程内容进行报价。任何忽视技术标准的报价都是不完整、不可靠的，有时可能导致工程承包重大失误和亏损。

⑤ 图纸分析。图纸是确定工程范围、内容和技术要求的重要文件，也是投标者确定施工方法等施工计划的主要依据。图纸的详细程度取决于招标人提供的施工图设计所达到的深度和所采用的合同形式。详细的设计图纸可使投标人比较准确地估价，而不够详细的图纸则需要估价人员采用综合估价方法，其结果一般不很精确。

3) 调查工程现场

招标人在招标文件中一般会明确进行工程现场踏勘的时间和地点。投标人对一般区域调查重点应注意以下几个方面。

(1) 自然条件调查。例如，气象资料，水文资料，地震、洪水及其他自然灾害情况，地质情况等。

(2) 施工条件调查。主要包括：工程现场的用地范围、地形、地貌、地物、高程，地上或地下障碍物，现场的三通一平情况；工程现场周围的道路、进出场条件、有无特殊交通限制；工程现场施工临时设施、大型施工机具、材料堆放场地安排的可能性，是否需要二次搬运；工程现场邻近建筑物与招标工程的间距、结构形式、基础埋深、新旧程度、高度；市政给水及污水、雨水排放管线位置、高程、管径、压力，废水、污水处理方式，市政、消防供水管道管径、压力、位置等；当地供电方式、方位、距离、电压等；当地煤气供应能力，管线位置、高程等；工程现场通信线路的连接和铺设；当地政府有关部门对施工现场管理的一般要求、特殊要求及规定，是否允许节假日和夜间施工等。

(3) 其他条件调查。主要包括各种构件、半成品及商品混凝土的供应能力和价格以及现场附近的生活设施、治安情况等。

**2. 询价与工程量复核**

1) 询价

投标报价之前，投标人必须通过各种渠道，采用各种手段对工程所需各种材料、设备等的价格、质量、供应时间、供应数量等进行系统、全面的调查，同时还要了解分包项目的分包形式、分包范围、分包人报价、分包人履约能力及信誉等。询价是投标报价的基础，它为投标报价提供可靠的依据。询价时要特别注意两个问题：一是产品质量必须可靠，并须满足招标文件的有关规定；二是供货方式、时间、地点，有无附加条件和费用。

(1) 询价的渠道。

① 直接与生产厂商联系。

② 了解生产厂商的代理人或从事该项业务的经纪人。

③ 了解经营该项产品的销售商。

④ 向咨询公司进行询价。通过咨询公司所得到的询价资料比较可靠，但需要支付一定的咨询费用；也可向同行了解。

⑤ 通过互联网查询。

⑥ 自行进行市场调查或信函询价。

(2) 生产要素询价。

① 材料询价。材料询价的内容包括调查对比材料价格、供应数量、运输方式、保险和有效期、不同买卖条件下的支付方式等。询价人员在施工方案初步确定后，立即发出材料询价单，并催促材料供应商及时报价。收到询价单后，询价人员应将从各种渠道所询得的材料报价及其他有关资料汇总整理。对同种材料从不同经销部门所得到的所有资料进行比较分析，选择合适、可靠的材料供应商的报价，提供给工程报价人员使用。

② 施工机械设备询价。在外地施工需用的机械设备，有时在当地租赁或采购可能更为有利。因此，事前有必要进行施工机械设备的询价。必须采购的机械设备，可向供应厂商询价。对于租赁的机械设备，可向专门从事租赁业务的机构询价，并应详细了解其计价方法。

③ 劳务询价。劳务询价主要有两种情况：一种是成建制的劳务公司，相当于劳务分包，一般费用较高，但素质较可靠，工效较高，承包商的管理工作较轻；另一种是劳务市场招募零散劳动力，根据需要进行选择，这种方式虽然劳务价格低廉，但有时素质达不到要求或工效降低，且承包商的管理工作较繁重。投标人应在对劳务市场充分了解的基础上决定采用哪种方式，并以此为依据进行投标报价。

(3) 分包询价。总承包商在确定了分包工作内容后，就将分包专业的工程施工图纸和技术说明送交预先选定的分包单位，请他们在约定的时间内报价，以便进行比较选择，最终选择合适的分包人。对分包人询价应注意以下几点：分包标函是否完整；分包工程单价所包含的内容；分包人的工程质量、信誉及可信赖程度；质量保证措施；分包报价。

2) 复核工程量

工程量清单作为招标文件的组成部分，是由招标人提供的。工程量的大小是投标报价最直接的依据。复核工程量的准确程度，将影响承包商的经营行为：一是根据复核后的工程量与招标文件提供的工程量之间的差距，考虑相应的投标策略，决定报价尺度；二是根据工程量的大小采取合适的施工方法，选择适用、经济的施工机具设备，投入使用相应的劳动力数量等。

复核工程量，要与招标文件中所给的工程量进行对比，注意以下几方面。

(1) 投标人应认真根据招标说明、图纸、地质资料等招标文件资料，计算主要清单工程量，复核工程量清单。其中特别注意，要按一定顺序进行，避免漏算或重算；正确划分分部分项工程项目，与"清单计价规范"保持一致。

(2) 复核工程量的目的不是修改工程量清单，即使有误，投标人也不能修改工程量清单中的工程量，因为修改了清单就等于擅自修改了合同。对工程量清单存在的错误，可以向招标人提出，由招标人统一修改，并把修改情况通知所有投标人。

(3) 针对工程量清单中工程量的遗漏或错误，是否向招标人提出修改意见取决于投标策略。投标人可以运用一些报价的技巧提高报价的质量，争取在中标后能获得更大的收益。

(4) 通过工程量计算复核还能准确地确定订货及采购物资的数量，防止由于超量或少购等带来的浪费、积压或停工待料。

## 6.3.2 投标报价的编制方法和内容

投标报价是投标人希望达成工程承包交易的期望价格，它不能高于招标人设定的招标控制价。作为投标报价计算的必要条件，应预先确定施工方案和施工进度。此外，投标报价计算还必须与采用的合同形式相协调。

**1. 投标报价的编制原则**

报价是投标的关键性工作，报价是否合理不仅直接关系到投标的成败，还关系到中标后企业的盈亏。投标报价的编制原则如下。

(1) 投标报价由投标人自主确定，但必须执行《建设工程工程量清单计价规范》(GB 50500—2013)的强制性规定。投标报价应由投标人或受其委托、具有相应资质的工程造价咨询人编制。

(2) 投标人的投标报价不得低于工程成本，《中华人民共和国招标投标法》第四十一条规定："中标人的投标应当符合下列条件……(二)能够满足招标文件的实质性要求，并且经评审的投标价格最低；但是投标价格低于成本的除外。"《评标委员会和评标方法暂行规定》(七部委12号令)第二十一条规定："在评标过程中，评标委员会发现投标人的报价明显低于其他投标报价或者在设有标底时明显低于标底的，使得其投标报价可能低于其个别成本的，应当要求该投标人做出书面说明并提供相关证明材料。投标人不能合理说明或者不能提供相关证明材料的，由评标委员会认定该投标人以低于成本报价竞标，应当否决该投标人的投标。"根据上述法律、规章的规定，特别要求投标人的投标报价不得低于工程成本。

(3) 投标报价要以招标文件中设定的发承包双方责任划分，作为考虑投标报价费用项目和费用计算的基础，发承包双方的责任划分不同，会导致合同风险不同的分摊，从而导致投标人选择不同的报价；根据工程发承包模式考虑投标报价的费用内容和计算深度。

(4) 以施工方案、技术措施等作为投标报价计算的基本条件；以反映企业技术和管理水平的企业定额作为计算人工、材料和机具台班消耗量的基本依据；充分利用现场考察、调研成果、市场价格信息和行情资料，编制基础标价。

(5) 报价计算方法要科学严谨，简明适用。

**2. 投标报价的编制依据**

《建设工程工程量清单计价规范》(GB 50500—2013)规定，投标报价应根据下列依据编制和复核。

(1) 《建设工程工程量清单计价规范》(GB 50500—2013)与专业工程量计算规费。
(2) 国家或省级、行业建设主管部门颁发的计价办法。
(3) 企业定额，国家或省级、行业建设主管部门颁发的计价定额和计价办法。
(4) 招标文件、招标工程量清单及其补充通知、答疑纪要。
(5) 建设工程设计文件及相关资料。
(6) 施工现场情况、工程特点及投标时拟定的施工组织设计或施工方案。
(7) 与建设项目相关的标准、规范等技术资料。
(8) 市场价格信息或工程造价管理机构发布的工程造价信息。
(9) 其他的相关资料。

**3. 投标报价的编制方法和内容**

投标报价的编制过程，应首先根据招标人提供的工程量清单编制分部分项工程量清单计价表、措施项目清单计价表、其他项目清单计价表、规费和税金项目清单计价表，计算完毕之后，汇总得到单位工程投标报价汇总表，再层层汇总，分别得出单项工程投标报价汇总表和工程项目投标总价汇总表。在编制过程中，投标人应按招标人提供的工程量清单填报价格。填写的项目编码、项目名称、项目特征、计量单位、工程量必须与招标人提供的一致。

1) 分部分项工程和措施项目清单与计价表的编制
(1) 分部分项工程和单价措施项目清单与计价表的编制

承包人投标价中的分部分项工程费和以单价计算的措施项目费应按招标文件中分部分项工程和单价措施项目清单与计价表的特征描述确定综合单价计算。因此确定综合单价是分部分项工程和单价措施项目清单与计价表编制过程中最主要的内容。综合单价包括完成一个清单项目所需的人工费、材料费、施工机具使用费、管理费、利润，并考虑风险费用的分摊。

综合单价=人工费+材料费+施工机具使用费+管理费+利润+投标人应承担的风险

① 确定综合单价时的注意事项。

a. 以项目特征描述为依据。项目特征是确定综合单价的重要依据之一，投标人投标报价时应依据招标文件中清单项目的特征描述确定清单项目的综合单价。在招标投标过程中，当出现招标工程量清单特征描述与设计图纸不符时，投标人应以招标工程量清单的项目特征描述为准，确定投标报价的综合单价。当施工中施工图纸或设计变更与工程量清单项目特征描述不一致时，发承包双方应按实际施工的项目特征，依据合同约定重新确定综合单价。

b. 材料、工程设备暂估价的处理。招标文件中在其他项目清单中提供了暂估单价的材料和工程设备，应按其暂估的单价计入分部分项工程量清单项目的综合单价中。

c. 考虑合理的风险。招标文件中要求投标人承担的风险费用，投标人应考虑计入综合单价。在施工过程中，当出现的风险内容及其范围(幅度)在招标文件规定的范围(幅度)内时，综合单价不得变动，合同价款不作调整。根据国际惯例并结合我国工程建设的特点，发承包双方对工程施工阶段的风险宜采用以下分摊原则。

Ⅰ. 对于主要由市场价格波动导致的价格风险，如工程造价中的建筑材料、燃料等价格风险，发承包双方应当在招标文件中或在合同中对此类风险的范围和幅度予以明确约定，进行合理分摊。根据工程特点和工期要求，一般采取的方式是承包人承担5%以内的材料、工程设备价格风险，10%以内的施工机具使用费风险。

Ⅱ. 对于法律、法规、规章或有关政策出台导致工程税金、规费、人工费发生变化，并由省级、行业建设行政主管部门或其授权的工程造价管理机构根据上述变化发布的政策性调整，承包人不应承担此类风险，应按照有关调整规定执行。

Ⅲ. 对于承包人根据自身技术水平、管理、经营状况能够自主控制的风险，如承包人的管理费、利润的风险，承包人应结合市场情况，根据企业自身的实际合理确定、自主报价，该部分风险由承包人全部承担。

② 分部分项工程综合单价确定的步骤和方法。

a. 确定计算基础。计算基础主要包括消耗量指标和生产要素单价。应根据本企业的企业实际消耗量水平，并结合拟定的施工方案确定完成清单项目需要消耗的各种人工、材料、机械台班的数量。计算时应采用企业定额，在没有企业定额或企业定额缺项时，可参照与本企业实际水平相近的国家、地区、行业定额，并通过调整来确定清单项目的人、材、机单位用量。各种人工、材料、机械台班的单价，则应根据询价的结果和市场行情综合确定。

b. 分析每一清单项目的工程内容。在招标文件提供的工程量清单中，招标人已对项目特征进行了准确、详细的描述，投标人根据这一描述，再结合施工现场情况和拟定的施工方案确定完成各清单项目实际应发生的工程内容。必要时可参照《建设工程工程量清单计价规范》(GB 50500—2013)中提供的工程内容，有些特殊的工程也可能出现规范列表之外的工程内容。

c. 计算工程内容的工程数量与清单单位的含量。每项工程内容都应根据所选定额的工程量计算规则计算其工程数量，当定额的工程量计算规则与清单的工程量计算规则相一致时，可直接以工程量清单中的工程量作为工程内容的工程数量。

当采用清单单位含量计算人工费、材料费、施工机具使用费时,还需要计算每一计量单位的清单项目所分摊的工程内容的工程数量,即清单单位含量,有

$$清单单位含量=某工程内容的定额工程量/清单工程量$$

d. 分部分项工程人工、材料、机械费用的计算。以完成每一计量单位的清单项目所需的人工、材料、机械用量为基础计算,即

$$每一计量单位清单项目某种资源的使用量=该种资源的定额单位用量×相应定额条目的清单单位含量$$

再根据预先确定的各种生产要素的单位价格,计算出每一计量单位清单项目的分部分项工程的人工费、材料费与施工机具使用费。

人工费=完成单位清单项目所需人工的工日数量×人工工日单价

材料费=∑完成单位清单项目所需各种材料、半成品的数量×各种材料、半成品的单价

机械使用费=∑完成单位清单项目所需各种机械的台班数量×各种机械的台班单价

e. 计算综合单价。管理费和利润的计算可按照约定的取费基数以及一定的费率取费计算,若以人工费、材料费、机械费之和为取费基数,则有

$$管理费=(人工费+材料费+施工机具使用费)×管理费费率$$
$$利润=(人工费+材料费+施工机具使用费)×利润率$$

将上述 5 项费用汇总,并考虑合理的风险费用后,即可得到清单综合单价。根据计算出的综合单价,可编制分部分项工程和单价措施项目清单与计价表。

(2) 工程量清单综合单价分析表的编制。为表明综合单价的合理性,投标人应对其进行单价分析,以作为评标时的判断依据,综合单价分析表的编制应反映上述综合单价的编制过程,并按照规定的格式进行。

【案例分析】某土方工程进行投标报价,给定工程量清单如表 6-2 所示,其挖沟槽定额工程量为 77.05m³,土方回填定额工程量为 51.99m³,试对挖沟槽土方和土方回填进行报价清单综合单价分析,并填制分部分项工程和单价措施项目清单与计价表。

表 6-2 某土方工程分部分项工程和单价措施项目清单与计价

项目名称:  标段:  共 页 第 页

| 序号 | 项目编码 | 项目名称 | 项目特征 | 计量单位 | 工程量 | 金额/元 | | 暂列金额 |
|---|---|---|---|---|---|---|---|---|
| | | | | | | 综合单价 | 合价 | |
| 2 | 010101003001 | 挖沟槽土方 | ①土层类别:三类土<br>②挖土深度:1.3m | m³ | 47.70 | 10.76 | 513 | |
| 4 | 010103002001 | 土方回填 | ①密实度要求:夯填<br>②填方来源:利用原基础挖土方<br>③填方粒径要求(无特殊要求不必描述) | m³ | 30.84 | 23.24 | 717 | |

续表

| 序号 | 项目编码 | 项目名称 | 项目特征 | 计量单位 | 工程量 | 金额/元 综合单价 | 金额/元 合价 | 金额/元 暂列金额 |
|---|---|---|---|---|---|---|---|---|
| 5 | 010103001001 | 余土弃置 | ①废弃料品种：三类土<br>②弃土运距：10km | m³ | 25.06 | | | |

**解**：计算清单单位含量。

　　余土弃置清单单位含量=25.06/47.70=0.525

　　挖沟槽土方清单单位含量=(77.05-25.06)/47.70=1.090

　　土方回填清单单位含量=(77.05-25.06)/30.84=1.686

挖沟槽土方和土方回填综合单价分析见表6-3和表6-4。

按分部分项工程和单价措施项目清单综合单价分析结果填制表6-3和表6-4。

表6-3　挖沟槽土方综合单价分析

| 项目编码 | 010101003001 | | 项目名称 | | 挖沟槽土方 | | 计量单位 | m³ | 工程量 | 47.70 | |
|---|---|---|---|---|---|---|---|---|---|---|---|
| 清单综合单价组成明细 | | | | | | | | | | | |
| 定额编号 | 定额名称 | 定额单位 | 数量 | 单价 | | | | 合价 | | | |
| | | | | 人工费 | 材料费 | 机械费 | 管理费和利润 | 人工费 | 材料费 | 机械费 | 管理费和利润 |
| 1-53 | 挖掘机挖装槽坑土方三类土 | m³ | 0.525 | 3.53 | 0 | 2.87 | 0.64 | 1.85 | 0 | 1.51 | 0.34 |
| 1-50 | 挖掘机挖槽坑土方 三类土 | m³ | 1.090 | 3.53 | 0 | 2.30 | 0.64 | 3.85 | 0 | 2.51 | 0.70 |
| 人工单价 | | 小计 | | | | | | 5.70 | 0 | 4.02 | 1.04 |
| 综合工日98.02元/工日 | | 未计价材料费 | | | | | | 0 | | | |
| 清单项目综合单价 | | | | | | | | 10.76 | | | |
| 材料费明细 | 主要材料名称、规格、型号 | | | 单位 | 数量 | | | 单价/元 | 合价/元 | 暂估单价/元 | 暂估合价/元 |
| | 其他材料费 | | | | | | | | | | |
| | 材料费小计 | | | | | | | | | | |

2) 总价措施项目清单与计价表的编制

编制内容主要是计算各项措施项目费，措施项目费应根据招标文件中的措施项目清单及投标时拟定的施工组织设计或施工方案按不同报价方式自主报价。计算时应遵循以下原则。

(1) 投标人可根据工程实际情况结合施工组织设计，自主确定措施项目费。对招标人所列的措施项目可以进行增补。这是由于各投标人拥有的施工装备、技术水平和采用的施工方法有所差异，招标人提出的措施项目清单是根据一般情况确定的，没有考虑不同投标人的"个性"，投标人投标时应根据自身编制的投标施工组织设计或施工方案确定措施项目，对招标人提供的措施项目进行调整。投标人根据投标施工组织设计或施工方案调整和确定的措施项目应通过评标委员会的评审。

(2) 措施项目清单计价应根据拟建工程的施工组织设计，对于可以精确计"量"的措施项目宜采用分部分项工程量清单方式的综合单价计价；对于不能精确计量的措施项目可以"项"为单位的方式按"率值"计价，应包括除规费、税金外的全部费用；以"项"为计量单位的，按项计价，其价格组成与综合单价相同，应包括除规费、税金以外的全部费用。

(3) 措施项目清单中的安全文明施工费应按照国家或省级、行业建设主管部门的规定计价，不得作为竞争性费用。招标人不得要求投标人对该项费用进行优惠，投标人也不得将该项费用参与市场竞争。

表 6-4 土方回填综合单价分析

| 项目编码 | 010103001001 | | 项目名称 | | 土方回填 | | 计量单位 | | $m^3$ | 工程量 | 30.84 |
|---|---|---|---|---|---|---|---|---|---|---|---|
| 清单综合单价组成明细 | | | | | | | | | | | |
| 定额编号 | 定额名称 | 定额单位 | 数量 | 单价 | | | | 合价 | | | |
| | | | | 人工费 | 材料费 | 机械费 | 管理费和利润 | 人工费 | 材料费 | 机械费 | 管理费和利润 |
| 1-38 | 推土机推运一般土方 运距≤20m 三类土 | $m^3$ | 1.686 | 0.5 | 0 | 2.53 | 0.09 | 0.84 | 0 | 4.26 | 0.15 |
| 1-131 | 夯填土 机械槽坑 | $m^3$ | 1.686 | 7.10 | | 2.30 | 1.28 | 11.96 | | 3.88 | 2.15 |
| 人工单价 | | 小计 | | | | | | 12.80 | 0 | 8.14 | 2.30 |
| 综合工日 98.02 元/工日 | | 未计价材料费 | | | | | | 0 | | | |
| 清单项目综合单价 | | | | | | | | 23.24 | | | |
| 材料费明细 | 主要材料名称、规格、型号 | | | 单位 | 数量 | | 单价/元 | 合价/元 | | 暂估单价/元 | 暂估合价/元 |
| | 其他材料费 | | | | | | | | | | |
| | 材料费小计 | | | | | | | | | | |

3) 其他项目清单与计价表的编制

其他项目费主要由暂列金额、暂估价、计日工以及总承包服务费组成。投标人对其他项目费投标报价时应遵循以下原则。

(1) 暂列金额应按照其他项目清单中列出的金额填写，不得变动。

(2) 暂估价不得变动和更改。暂估价中的材料暂估价必须按照招标人提供的暂估单价计入分部分项工程费用中的综合单价；专业工程暂估价必须按照招标人提供的其他项目清单中列出的金额填写。材料暂估单价和专业工程暂估价均由招标人提供，为暂估价格，在工程实施过程中，对于不同类型的材料与专业工程采用不同的计价方法。

① 招标人在工程量清单中提供了暂估价的材料和专业工程属于依法必须招标的，由承包人和招标人共同通过招标确定材料单价与专业工程中标价。

② 若材料不属于依法必须招标的，经发、承包双方协商确认单价后计价。

③ 若专业工程不属于依法必须招标的，由发包人、总承包人与分包人按有关计价依据进行计价。

(3) 计日工应按照其他项目清单列出的项目和估算的数量，自主确定各项综合单价并计算费用。

(4) 总承包服务费应根据招标人在招标文件中列出的分包专业工程内容和供应材料、设备情况，按照招标人提出的协调、配合与服务要求和施工现场管理需要自主确定。

### 6.3.3 投标报价的策略

投标报价策略是指投标单位在投标竞争中的系统工作部署及参与投标竞争的方式和手段。对投标单位而言，投标报价策略是投标取胜的重要方式、手段和艺术。投标报价策略可分为基本策略和报价技巧两个层面。

**1. 基本策略**

投标报价的基本策略主要是指投标单位应根据招标项目的不同特点，并考虑自身的优势和劣势，选择不同的报价。

1) 可选择报高价的情形

投标单位遇下列情形时，其报价可高些：施工条件差的工程(如条件艰苦、场地狭小或地处交通要道等)；专业要求高的技术密集型工程且投标单位在这方面有专长，声望也较高；总价低的小工程，以及投标单位不愿做而被邀请投标，又不便不投标的工程；特殊工程，如港口码头、地下开挖工程等；投标对手少的工程；工期要求紧的工程；支付条件不理想的工程。

2) 可选择报低价的情形

投标单位遇下列情形时，其报价可低些：施工条件好的工程，工作简单、工程量大而其他投标人都可以做的工程，如大量土方工程、一般房屋建筑工程等投标单位急于打入某一市场、某一地区，或虽已在某一地区经营多年，但即将面临没有工程的情况，机械设备无工地转移时；附近有工程而本项目可利用该工程的设备、劳务或有条件短期内突击完成的工程；投标对手多，竞争激烈的工程；非急需工程；支付条件好的工程。

**2. 报价技巧**

报价技巧是指投标中具体采用的对策和方法，常用的报价技巧有不平衡报价法、多方案报价法、无利润竞标法和突然降价法等。此外，对于计日工、暂定金额、可供选择的项目等也有相应的报价技巧。

1) 不平衡报价法

不平衡报价法是指在不影响工程总报价的前提下，通过调整内部各个项目的报价，以达到既不提高总报价、不影响中标，又能在结算时得到更理想的经济效益的报价方法。不平衡报价法适用于以下几种情况。

(1) 能够早日结算的项目(如前期措施费、基础工程、土石方工程等)可以适当提高报价，以利资金周转，提高资金时间价值。后期工程项目(如设备安装、装饰工程等)的报价可适当降低。

(2) 经过工程量核算，预计今后工程量会增加的项目，适当提高单价，这样在最终结算时可多盈利；而对于将来工程量有可能减少的项目，适当降低单价，这样在工程结算时不会有太大损失。

(3) 设计图纸不明确、估计修改后工程量要增加的工程可以提高单价；而工程内容说明不清楚的，则可降低一些单价，在工程实施阶段通过索赔再寻求提高单价的机会。

(4) 对暂定项目要作具体分析。因这一类项目要在开工后由建设单位研究决定是否实施，以及由哪一家承包单位实施。如果工程不分标，不会另由一家承包单位施工，则其中肯定要施工的单价可报高些，不一定要施工的则应报低些。如果工程分标，该暂定项目也可能由其他承包单位施工时，则不宜报高价，以免抬高总报价。

(5) 单价与包干混合制合同中，招标人要求有些项目采用包干报价时，宜报高价。一则这类项目多半有风险，二则这类项目在完成后可全部按报价结算。对于其余单价项目，则可适当降低报价。

(6) 有时招标文件要求投标人对工程量大的项目报"综合单价分析表"，投标时可将单价分析表中的人工费及机械设备费报得高些，而材料费报得低些。这主要是为了在今后补充项目报价时，可以参考选用"综合单价分析表"中较高的人工费和机械费，而材料则往往采用市场价，因而可获得较高的收益。

2) 多方案报价法

多方案报价法是指在投标文件中报两个价：一个是按招标文件的条件报一个价；另一个是加注解的报价，即如果某条款作某些改动，报价可降低多少。这样，可降低总报价，吸引招标人。

多方案报价法适用于招标文件中的工程范围不很明确，条款不很清楚或很不公正，或技术规范要求过于苛刻的工程。采用多方案报价法可降低投标风险，但投标工作量较大。

3) 无利润竞标法

对于缺乏竞争优势的承包单位，在不得已时可采用根本不考虑利润的报价方法，以获得中标机会。无利润竞标法通常在下列情形时采用。

(1) 有可能在中标后，将大部分工程分包给索价较低的一些分包商。

(2) 对于分期建设的工程项目，先以低价获得首期工程，而后赢得机会创造第二期工程中的竞争优势，并在以后的工程实施中获得盈利。

(3) 较长时期内，投标单位没有在建工程项目，如果再不中标，就难以维持生存。因此，虽然本工程无利可图，但只要能有一定的管理费维持公司的日常运转，就可设法渡过暂时困难，以图将来东山再起。

4) 其他报价技巧

(1) 计日工单价的报价。如果是单纯报计日工单价，且不计入总报价中，则可报高些，以便在建设单位额外用工或使用施工机械时多盈利。但如果计日工单价要计入总报价时，则需具体分析是否报高价，以免抬高总报价。总之，要分析建设单位在开工后可能使用的计日工数量，再来确定报价策略。

(2) 暂定金额的报价。暂定金额的报价有以下 3 种情形。

① 招标单位规定了暂定金额的分项内容和暂定总价款，并规定所有投标单位都必须在总报价中加入这笔固定金额，但由于分项工程量不很准确，允许将来按投标单位所报单价和实际完成的工程量付款。这种情况下，由于暂定总价款是固定的，对各投标单位的总报价水平竞争力没有任何影响，因此，投标时应适当提高暂定金额的单价。

② 招标单位列出了暂定金额的项目和数量，但并没有限制这些工程量的估算总价，要求投标单位既列出单价，也应按暂定项目的数量计算总价，当将来结算付款时可按实际完成的工程量和所报单价支付。这种情况下，投标单位必须慎重考虑。如果单价定得高，与其他工程量计价一样，将会增大总报价，影响投标报价的竞争力；如果单价定得低，将来这类工程量增大，会影响收益。一般来说，这类工程量可以采用正常价格。如果投标单位估计今后实际工程量肯定会增大，则可适当提高单价，以在将来增加额外收益。

③ 只有暂定金额的一笔固定总金额，将来这笔金额做什么用，由招标单位确定。这种情况对投标竞争没有实际意义，按招标文件要求将规定的暂定金额列入总报价即可。

(3) 可供选择项目的报价。有些工程项目的分项工程，招标单位可能要求按某一方案报价，而后再提供几种可供选择方案的比较报价。投标时，应对不同规格情况下的价格进行调查，对于将来有可能被选择使用的规格应适当提高其报价；对于技术难度大或其他原因导致的难以实现的规格，可将价格有意抬高得更多些，以阻挠招标单位选用。但是，"可供选择项目"是招标单位进行选择，并非由投标单位任意选择。因此，虽然适当提高可供选择项目的报价，并不意味着肯定可以取得较好的利润，只是提供了一种可能性，一旦招标单位今后选用，投标单位才可得到额外利益。

(4) 增加建议方案。招标文件中有时规定，可提一个建议方案，即可以修改原设计方案，提出投标单位的方案。这时，投标单位应抓住机会，组织一批有经验的设计和施工工程师，仔细研究招标文件中的设计和施工方案，提出更为合理的方案以吸引招标单位，促成自己的方案中标。这种新建议方案可以降低总造价或缩短工期，或使工程实施方案更为合理。但要注意，对原招标方案一定也要报价。建议方案不要写得太具体，要保留方案的技术关键,防止招标单位将此方案交给其他投标单位。同时要强调的是,建议方案一定要比较成熟,具有较强的可操作性。

(5) 采用分包商的报价。总承包商通常应在投标前先取得分包商的报价,并增加总承包商摊入的管理费,将其作为自己投标总价的一个组成部分一并列入报价单中。应当注意,分包商在投标前可能同意接受总承包商压低其报价的要求,但等总承包商中标后,他们常以种种理由要求提高分包价格,这将使总承包商处于十分被动的地位。为此,总承包商应在投标前找几家分包商分别报价,然后选择其中一家信誉较好、实力较强和报价合理的分包商签订协议,同意该分包商作为分包工程的唯一合作者,并将分包商的姓名列到投标文件中,但要求该分包商相应地提交投标保函。如果该分包商认为总承包商确实有可能中标,也许愿意接受这一条件。这种将分包商的利益与投标单位捆在一起的做法,不但可以防止分包商事后反悔和涨价,还可能迫使分包商报出较合理的价格,以便共同争取中标。

(6) 许诺优惠条件。投标报价中附带优惠条件是一种行之有效的手段。招标单位在评标时,除了主要考虑报价和技术方案外,还要分析其他条件,如工期、支付条件等。因此,在投标时主动提出提前竣工、低息贷款、赠予施工设备、免费转让新技术或某种技术专利、免费技术协作、代为培训人员等,均是吸引招标单位、利于中标的辅助手段。

## 6.4 中标价及合同价款的确定

### 6.4.1 中标人的确定

#### 1. 中标候选人的确定

除招标文件中特别规定了授权评标委员会直接确定中标人外,招标人应依据评标委员会推荐的中标候选人确定中标人,评标委员会提交中标候选人的人数应符合招标文件的要求,应当不超过 3 人,并标明排列顺序。中标人的投标应当符合下列条件之一。

(1) 能够最大限度满足招标文件中规定的各项综合评价标准。

(2) 能够满足招标文件的实质性要求,并且经评审的投标价格最低;但是投标价格低于成本的除外。

对使用国有资金投资或者国家融资的项目,招标人应当确定排名第一的中标候选人为中标人。排名第一的中标候选人放弃中标,因不可抗力提出不能履行合同,或者招标文件规定应当提交履约保证金而在规定的期限内未能提交的,招标人可以确定排名第二的中标候选人为中标人。排名第二的中标候选人因上述同样原因不能签订合同的,招标人可以确定排名第三的中标候选人为中标人。

招标人可以授权评标委员会直接确定中标人。

招标人不得向中标人提出压低报价、增加工作量、缩短工期或其他违背中标人意愿的要求,即不得以此作为发出中标通知书和签订合同的条件。

**2. 评标报告的内容及提交**

评标委员会完成评标后,应当向招标人提交书面评标报告,并抄送有关行政监督部门。评标报告应如实记载以下内容。

(1) 基本情况和数据表。

(2) 评标委员会成员名单。

(3) 开标记录。

(4) 符合要求的投标一览表。

(5) 废标情况说明。

(6) 评标标准、评标方法或者评标因素一览表。

(7) 经评审的价格或者评分比较一览表。

(8) 经评审的投标人排序。

(9) 推荐的中标候选人名单与签订合同前要处理的事宜。

(10) 澄清、说明、补正事项纪要。

评标报告由评标委员会全体成员签字。对评标结果有不同意见的评标委员会成员应当以书面方式阐述其不同意见和理由,评标报告应当注明该不同意见。评标委员会成员拒绝在评标报告上签字且不陈述其不同意见和理由的,视为同意评标结论。评标委员会应当对此做出书面说明并记录在案。

**3. 公示与中标通知**

1) 公示中标候选人

为维护公开、公平、公正的市场环境,鼓励各招投标当事人积极参与监督,按照《中华人民共和国招标投标法实施条例》的规定,依法必须进行招标的项目,招标人应当自收到评标报告之日起 3 日内公示中标候选人,公示期不得少于 3 日。投标人或者其他利害关系人对依法必须进行招标项目的评标结果有异议的,应当在中标候选人公示期间提出。招标人应当自收到异议之日起 3 日内作出答复;作出答复前,应当暂停招标投标活动。

对中标候选人的公示需明确以下几个方面。

(1) 公示范围。公示的项目范围是依法必须进行招标的项目,其他招标项目是否公示中标候选人由招标人自主决定。公示的对象是全部中标候选人。

(2) 公示媒体。招标人在确定中标人之前,应当将中标候选人在交易场所和指定媒体上进行公示。

(3) 公示时间(公示期)。公示期从公示的第二天开始算起,在公示期满后招标人才可以签发中标通知书。

(4) 公示内容。对中标候选人全部名单及排名进行公示,而不是只公示排名第一的中标候选人。同时,对有业绩信誉条件的项目,在投标报名或开标时提供的作为资格条件或业绩信誉情况,应一并进行公示,但不含投标人的各评分要素的得分情况。

(5) 异议处置。公示期间,投标人及其他利害关系人向招标人提出异议,经核查后发现在招投标过程中确有违反相关法律法规且影响评标结果公正性的,招标人应当重新组织评标或招标。招标人拒绝自行纠正或无法自行纠正的，则根据《中华人民共和国招标投标法实施条例》第六十条的规定向行政监督部门提出投诉。对故意虚构事实，扰乱招投标市场秩序的，则按照有关规定进行处理。

2) 发出中标通知书

中标人确定后，招标人应当向中标人发出中标通知书，并同时将中标结果通知所有未中标的投标人。中标通知书对招标人和中标人具有法律效力。中标通知书发出后，招标人改变中标结果，或者中标人放弃中标项目的，应当依法承担法律责任。依据《中华人民共和国招标投标法》的规定，依法必须进行招标的项目，招标人应当自确定中标人之日起15日内，向有关行政监督部门提交招标投标情况的书面报告。在书面报告中至少应包括下列内容。

(1) 招标范围。

(2) 招标方式和发布招标公告的媒介。

(3) 招标文件中投标人须知、技术条款、评标标准和方法、合同主要条款等内容。

(4) 评标委员会的组成和评标报告。

(5) 中标结果。

3) 履约担保

在签订合同前，中标人以及联合体的中标人应按招标文件有关规定的金额、担保形式和招标文件规定的履约担保格式，向招标人提交履约担保。履约担保有现金、支票、履约担保书和银行保函等形式，可以选择其中的一种作为招标项目的履约保证金，履约保证金不得超过中标合同金额的10%。中标人不能按要求提交履约保证金的，视为放弃中标，其投标保证金不予退还，给招标人造成的损失超过投标保证金数额的，中标人还应当对超过部分予以赔偿。中标后的承包人应保证其履约保证金在发包人颁发工程接收证书前一直有效。发包人应在工程接收证书颁发后28天内把履约保证金退还给承包人。

## 6.4.2 合同价款的确定

合同价款是合同文件的核心要素，建设项目不论是招标发包还是直接发包，合同价款的具体数额均在"合同协议书"中载明。

### 1. 签约合同价与中标价的关系

签约合同价是指合同双方签订合同时在协议书中列明的合同价格，对于以单价合同形式招标的项目，工程量清单中各种价格的总计即为合同价。合同价就是中标价，因为中标价是指评标时经过算术修正的并在中标通知书中声明招标人接受的投标价格。法理上，经公示后招标人向投标人所发出的中标通知书(投标人向招标人回复确认中标通知书已收到)，中标的中标价就受到法律保护，招标人不得以任何理由反悔。这是因为合同价格属于招投标活动中的核心内容，根据《中华人民共和国招投标法》第四十六条有关"招标人和中标人应当……按照招标文件和中标人的投标文件订立书面合同，招标人和中标人不得再行订立背离合同实质性内容的其他协议"的规定，发包人应根据中标通知书确定的价格签订合同。

**2. 合同价款约定的规定和内容**

1) 合同签订的时间及规定

招标人和中标人应当自中标通知书发出之日起 30 天内,根据招标文件和中标人的投标文件订立书面合同。中标人无正当理由拒签合同的,招标人取消其中标资格,其投标保证金不予退还;给招标人造成的损失超过投标保证金数额的,中标人还应当对超出部分予以赔偿。发出中标通知书后,招标人无正当理由拒签合同的,招标人向中标人退还投标保证金;给中标人造成损失的,还应当赔偿损失。招标人与中标人签订合同后 5 个工作日内,应当向中标人和未中标的投标人退还投标保证金。

2) 合同价款类型的选择

实行招标的工程合同价款应由发承包双方依据招标文件和中标人的投标文件在书面合同中约定。合同约定不得违背招、投标文件中关于工期、造价、质量等方面的实质性内容。招标文件与中标人投标文件不一致的地方,以投标文件为准。

不实行招标的工程合同价款,在发承包双方认可的合同价款基础上,由发承包双方在合同中约定。实行工程量清单计价的工程,应采用单价合同。建设规模较小、技术难度较低、工期较短,且施工图设计已审查批准的建设工程可以采用总价合同;紧急抢险、救灾以及施工技术特别复杂的建设工程可以采用成本加酬金合同。

3) 合同价款约定的内容

发承包双方应在合同条款中对下列事项进行约定。

(1) 预付工程款的数额、支付时间及抵扣方式。

(2) 安全文明施工措施的支付计划、使用要求等。

(3) 工程计量与支付工程进度款的方式、数额及时间。

(4) 合同价款的调整因素、方法、程序、支付及时间。

(5) 施工索赔与现场签证的程序、金额确认与支付时间。

(6) 承担计价风险的内容、范围以及超出约定内容、范围的调整办法。

(7) 工程竣工价款结算编制与核对、支付及时间。

(8) 工程质量保证金的数额、扣留方式及时间。

(9) 违约责任以及发生合同价款争议的解决方法及时间。

(10) 与履行合同、支付价款有关的其他事项。

### 6.4.3 施工合同的类型及选择

**1. 固定合同价**

合同中确定的工程合同价在实施期间不因价格变化而调整。固定合同价可分为固定合同总价和固定合同单价两种。

(1) 固定合同总价。它是指承包整个工程的合同价款总额已经确定,在工程实施中不再因物价上涨而变化，所以，固定合同总价应考虑价格风险因素，也须在合同中明确规定合同总价包括的范围。

(2) 固定合同单价。它是指合同中确定的各项单价在工程实施期间不因价格变化而调整，而在每月(或每阶段)工程结算时，根据实际完成的工程量结算，在工程全部完成时以竣工图的工程量最终结算工程总价款。

**2. 可调合同价**

可调合同价又分为可调总价和可调单价。

(1) 可调总价。合同中确定的工程合同总价在实施期间可随价格变化而调整。发包人和承包人在签订合同时，以招标文件的要求及当时的物价计算出合同总价。如果在执行合同期间，由于通货膨胀引起成本增加达到某一限度时，合同总价则作相应调整。可调合同价使发包人承担了通货膨胀的风险，承包人则承担其他风险。一般适合于工期较长(如1年以上)的项目。

(2) 可调单价。合同单价可调，一般是在工程招标文件中规定。在合同中签订的单价，根据合同约定的条款，如在工程实施过程中物价发生变化等，可作调整。有的工程在招标或签约时，因某些不确定性因素而在合同中暂定某些分部分项工程的单价，在工程结算时，再根据实际情况和合同约定对合同单价进行调整，确定实际结算单价。

**3. 成本加酬金确定的合同价**

合同中确定的工程合同价，其工程成本部分按现行计价依据计算，酬金部分则按工程成本乘以通过竞争确定的费率计算，将两者相加，确定出合同价。一般分为以下几种形式。

(1) 成本加固定百分比酬金确定的合同价。这种合同价是发包人对承包人支付的人工、材料和施工机械使用费、其他直接费、施工管理费等按实际直接成本全部据实补偿，同时按照实际直接成本的固定百分比付给承包人一笔酬金，作为承包方的利润。

(2) 成本加固定金额酬金确定的合同价。这种合同价与上述成本加固定百分比酬金合同价相似。其不同之处仅在于发包人付给承包人的酬金是一笔固定金额的酬金。

(3) 成本加奖罚确定的合同价。首先要确定一个目标成本，这个目标成本是根据粗略估算的工程量和单价表编制出来的。在此基础上，根据目标成本来确定酬金的数额，可以是百分数的形式，也可以是一笔固定酬金。然后，根据工程实际成本支出情况另外确定一笔奖金，当实际成本低于目标成本时，承包人除从发包人处获得实际成本、酬金补偿外，还可根据成本降低额得到一笔奖金。当实际成本高于目标成本时，承包人仅能从发包人处得到成本和酬金的补偿。此外，视实际成本高出目标成本情况，若超过合同价的限额，还要处以一笔罚金。

(4) 最高限额成本加固定最大酬金确定的合同价。首先要确定最高限额成本、报价成本和最低成本，当实际成本没有超过最低成本时，承包人花费的成本费用及应得酬金等都可得到发包人的支付，并与发包人分享节约额；如果实际工程成本在最低成本和报价成本之间，承包人只能得到成本和酬金；如果实际工程成本在报价成本与最高限额成本之间，则只能得到全部成本；实际工程成本超过最高限额成本时，则超出部分发包人不予支付。

## 6.5 招投标案例分析

**【案例分析一】**

某商厦采用钢筋混凝土框架结构,建设单位采用邀请招标的方式选择施工单位。该工程建设项目标底为 4000 万元(人民币),定额工期为 40 个月。经资格审查 4 家承包商(A、B、C、D)均具有相应资质等级,采用综合评分法进行评标。

1) 评标原则

(1) 评价的项目中各项评分的权重分别为:报价占 40%,工期占 20%,施工组织设计占 20%,企业信誉占 10%,施工经验占 10%。

(2) 各单项评分时满分均按 100 分,计算分值时保留小数点后一位。

(3) 报价项的评分原则:在标底值的±5%范围内为合理报价,超出此范围则是不合理报价。记分以标底为 100 分,报价每偏差-1%扣 10 分,偏差+1%扣 15 分。

(4) 工期项的评分原则:以定额工期为准,提前 15%为满分 100 分,依次每延后 5%扣 10 分,超过定额工期者淘汰。

(5) 企业信誉项的评分原则:以企业近 3 年工程优良率为标准,优良率 100%为满分 100 分,依此类推。

(6) 施工经验项的评分原则:按企业近 3 年承建类似工程占全部工程的百分比计算,100%为满分 100 分。

(7) 施工组织设计由专家评分决定。

经审查,4 家投标单位的 5 项指标汇总如表 6-5 所示。

表 6-5 投标单位的主要指标

| 投标单位 | 报价/万元 | 工期/月 | 近 3 年工程优良率/% | 近 3 年承建类似工程率/% | 施工组织设计专家打分 |
|---|---|---|---|---|---|
| A | 3960 | 36 | 50 | 30 | 95 |
| B | 4040 | 37 | 40 | 30 | 87 |
| C | 3920 | 34 | 55 | 40 | 93 |
| D | 4080 | 38 | 40 | 50 | 85 |

2) 问题

(1) 根据上述评分原则和各投标单位的具体情况,计算出各投标单位的各项评价指标得分是多少?

(2) 按综合评分法确定各投标单位的综合得分。

(3) 优选出综合条件最好的投标单位作为中标单位。

**参考答案**

**问题1：**

① 报价得分。

A 施工单位：偏离标准值Δ=(3960-4000)/4000=-1%，扣 10 分。

报价得分=100-10=90(分)。

B 施工单位：偏离标准值Δ=(4040-4000)/4000=+1%，扣 15 分。

报价得分=100-15=85(分)。

C 施工单位：偏离标准值Δ=(3920-4000)/4000=-2%，扣 20 分。

报价得分=100-20=80(分)。

D 施工单位：偏离标准值Δ=(4080-4000)/4000=+2%，扣 30 分。

报价得分=100-30=70(分)。

② 工期得分。

A 施工单位：偏离定额工期Δ=(40-36)/40=10%，比 15%延后 5%，扣 10 分。

工期得分=100-10=90(分)。

B 施工单位：偏离定额工期Δ=(40-37)/40=7.5%，比 15%延后 7.5%，扣 15 分。

工期得分=100-15=85(分)。

C 施工单位：偏离定额工期Δ=(40-34)/40=15%，与满分标准相同，扣 0 分。

工期得分=100-0=100(分)。

D 施工单位：偏离定额工期Δ=(40-38)/40=5%，比 15%延后 10%，扣 20 分。

工期得分=100-20=80(分)。

③ 企业信誉得分。

若施工单位近 3 年工程优良率为 $N$%，则其信誉得分是 $N$ 分。

A 施工单位：近 3 年工程优良率为 50%，信誉得分=50(分)。

B 施工单位：近 3 年工程优良率为 40%，信誉得分=40(分)。

C 施工单位：近 3 年工程优良率为 55%，信誉得分=55(分)。

D 施工单位：近 3 年工程优良率为 40%，信誉得分=40(分)。

④ 施工经验得分。

若企业近 3 年承建类似工程占全部工程的 $M$%，则其信誉得分是 $M$ 分。

A 施工单位：近 3 年承建类似工程占全部工程的 30%，信誉得分=30(分)。

B 施工单位：近 3 年承建类似工程占全部工程的 30%，信誉得分=30(分)。

C 施工单位：近 3 年承建类似工程占全部工程的 40%，信誉得分=40(分)。

D 施工单位：近 3 年承建类似工程占全部工程的 50%，信誉得分=50(分)。

**问题2**：按综合评分法确定各投标单位加权综合评分，结果如表 6-6 所示。

**问题3**：根据上述计算，综合得分最高的 A 施工单位被选定为中标单位。

表 6-6  各投标单位的加权评分

| 序号 | 各项加权得分计算式 | A 施工单位 | B 施工单位 | C 施工单位 | D 施工单位 |
|---|---|---|---|---|---|
| 1 | 报价得分×权重(40%) | 90×0.4=36 | 85×0.4=34 | 80×0.4=32 | 70×0.4=28 |
| 2 | 工期得分×权重(20%) | 90×0.2=18 | 85×0.2=17 | 100×0.2=20 | 80×0.2=16 |
| 3 | 信誉得分×权重(10%) | 50×0.1=5 | 40×0.1=4 | 55×0.1=5.5 | 40×0.1=4 |
| 4 | 经验得分×权重(10%) | 30×0.1=3 | 30×0.1=3 | 40×0.1=4 | 50×0.1=5 |
| 5 | 施组得分×权重(20%) | 95×0.2=19 | 87×0.2=17.4 | 87×0.2=17.4 | 85×0.2=17 |
| 6 | 综合评分得分 | 总得分=81 | 总得分=75.4 | 总得分=80.1 | 总得分=70 |

## 【案例分析二】

某国有资金参股的智能化写字楼建设项目，经过相关部门批准采用邀请招标方式进行施工招标。招标人于 2018 年 10 月 8 日向具有承接该项目能力的 A、B、C、D、E 5 家投标人发出投标邀请书，其中说明，10 月 12—18 日 9—16 时在该招标人总工办领取招标文件，11 月 8 日 16 时为投标截止时间。该 5 家投标人均接受邀请，并按约定时间提交了投标文件。但投标人 A 在送出投标文件后发现报价估算有较严重的失误，遂赶在投标截止时间前 10min 递交了一份书面声明，撤回已提交的投标文件。

开标时，由招标人委托的市公证处人员检查投标文件的密封情况，确认无误后，由工作人员当众拆封。由于投标人 A 已撤回投标文件，故招标人宣布有 B、C、D、E 这 4 家投标人投标，并宣读该 4 家投标人的投标价格、工期和其他主要内容。

评标委员会委员全部由招标人直接确定，共由 7 人组成，其中招标人代表 2 人，本系统技术专家 2 人、经济专家 1 人，外系统技术专家 1 人、经济专家 1 人。

在评标过程中，评标委员会要求 B、D 两投标人分别对其施工方案作详细说明，并对若干技术要点和难点提出问题，要求其提出具体、可靠的实施措施。作为评标委员的招标人代表希望投标人 B 再适当考虑一下降低报价的可能性。

按照招标文件中确定的综合评标标准，4 个投标人综合得分从高到低的顺序依次为 B、D、C、E，故评标委员会确定投标人 B 为中标人。投标人 B 为外地企业，招标人于 11 月 20 日将中标通知书以挂号方式寄出，投标人 B 于 11 月 24 日收到中标通知书。

由于从报价情况来看，4 个投标人的报价从低到高的顺序依次为 D、C、B、E，因此，从 11 月 26 日至 12 月 21 日招标人又与投标人 B 就合同价格进行了多次谈判，结果投标人 B 将价格降到略低于投标人 C 的报价水平，最终双方于 12 月 22 日签订了书面合同。

问题：

(1) 从招标投标的性质来看，本案例中的要约邀请、要约和承诺的具体表现是什么？

(2) 从所介绍的背景资料来看，在该项目的招标投标程序中有哪些不妥之处？请逐一说明原因。

**参考答案**

**问题1：**

答：本案例中，要约邀请是招标人的投标邀请书，要约是投标人的投标文件，承诺是招标发出人的中标通知书。

**问题2：**

在该项目招标投标程序中有以下不妥之处，分析如下。

(1) "招标人宣布有B、C、D、E这4家投标人投标"不妥，因为投标人A虽然已撤回投标文件，但仍应作为投标人加以宣布。

(2) "评标委员会委员全部由招标人直接确定"不妥，因为在7名评标委员会中招标人只可选派2名相当专家资质人员参加评标委员会；对于智能化办公楼项目，除了有特殊要求的专家可由招标人直接确定外，其他专家均应采取(从专家库中)随机抽取方式确定评标委员会委员。

(3) "评标委员会要求投标人提出具体、可靠的实施措施"不妥，因为按规定，评标委员会可以要求投标人对投标文件中含义不明确的内容作必要的澄清或者说明，但是澄清或者说明不得超出投标文件的范围或者改变投标文件的实质性内容，因此，不能要求投标人就实质性内容进行补充。

(4) "作为评标委员的招标人代表希望投标人B再适当考虑一下降低报价的可能性"不妥。因为在确定中标人前，招标人不得与投标人就投标价格、投标方案的实质性内容进行谈判。

(5) 对"评标委员会确定投标人B为中标人"要进行分析。如果招标人授权评标委员会直接确定中标人，由评标委员会定标是对的；否则就是错误的。

(6) "中标通知书发出后招标人与中标人就合同价格进行谈判"不妥，因为招标人和中标人应按照招标文件和投标文件订立书面合同，不得再行订立背离合同实质性内容的其他协议。

(7) 订立书面合同的时间不妥，因为招标人和中标人应当自中标通知书发出之日(不是中标人收到中标通知书之日)起30日内订立书面合同，而本案例为32日。

**【案例分析三】**

某投标人通过资格预审后，对招标文件进行了仔细分析，发现招标人所提出的工期要求过于苛刻，且合同条款中规定每拖延一天逾期违约金为合同价的1%。若要保证实现该工期要求，必须采取特殊措施，从而大大增加成本；还发现原设计结构方案采用框架剪力墙体系过于保守。因此，该投标人在投标文件中说明招标人的工期要求难以实现，因而按自己认为的合理工期(比招标人要求的工期增加6个月)编制施工进度计划并据此报价；还建议将框架剪力墙体系改为框架体系，并对这两种结构体系进行了技术经济分析和比较，证明框架体系不仅能保证工程结构的可靠性和安全性，增加使用面积、提高空间利用的灵活性，而且可降低造价约3%，并按照框架剪力墙体系和框架体系分别报价。

该投标人将技术标和商务标分别封装，在封口处加盖本单位公章和项目经理签字后在投标截止日期前一天上午将投标文件报送招标人。次日(即投标截止日当天)下午在规定的开标时间前 1h，该投标人又递交了一份补充材料，其中声明将原报价降低 4%，并且合价等于各组成部分的合计。但是，招标人的有关工作人员认为，根据国际上"一标一投"的惯例，一个投标人不得递交两份投标文件，因而拒收该投标人的补充材料。

开标会由市招投标办的工作人员主持，市公证处有关人员到会，各投标人代表均到场。开标前，市公证处人员对各投标人的资质进行审查，并对所有投标文件进行审查，确认所有投标文件均有效后，正式开标。主持人宣读投标人名称、投标价格、投标工期和有关投标文件的重要说明。

问题：

(1) 该投标人运用了哪几种报价技巧？其运用是否得当？请逐一加以说明。

(2) 招标人对投标人进行资格预审应包括哪些内容？

(3) 从所介绍的背景资料来看，在该项目招标程序中存在哪些不妥之处？请分别作简单说明。

**参考答案**

**问题 1：**

答：该投标人运用了三种报价技巧，即多方案报价法、增加建议方案法和突然降价法。

其中，多方案报价法运用不当，因为运用该报价技巧时，必须对原方案(本案例指招标人的工期要求)报价，而该投标人在投标时仅说明了该工期要求难以实现，却并未报出相应的投标价。

增加建议方案法运用得当，通过对两个结构体系方案的技术经济分析和比较，论证了建议方案(框架体系)的技术可行性和经济合理性，对招标人有很强的说服力，并按照框架剪力墙和框架体系分别报价。

突然降价法也运用得当，原投标文件的递交时间比规定的投标截止时间仅提前 1 天多，这既是符合常理的，又为竞争对手调整、确定最终报价留有一定的时间，起到了迷惑竞争对手的作用。若提前时间太多，会引起竞争对手的怀疑，而在开标前一小时突然递交了一份补充文件，这时竞争对手已不可能再调整报价了。

**问题 2：**

答：招标人对投标人进行资格预审应包括以下内容。

(1) 投标人签订合同的权利：营业执照和资质证书。

(2) 投标人履行合同的能力：人员情况、技术装备情况、财务状况等。

(3) 投标人目前的状况：投标资格是否被取消、账户是否被冻结等。

(4) 近 3 年情况：是否发生过重大安全事故和质量事故。

(5) 法律、行政法规规定的其他内容。

**问题 3：**

答：该项目招标程序中存在以下不妥之处。

(1) "招标单位的有关工作人员拒收投标人的补充材料"不妥，因为投标人在投标截止日之前所递交的任何正式书面文件都是有效文件，都是投标文件的有效组成部分，也就是说，补充文件与原投标文件共同构成一份投标文件，而不是两份相互独立的投标文件。

(2) "开标会由市招投标办的工作人员主持"不妥，因为开标会应由招标人或招标代理人主持，并宣读投标人名称、投标价格、投标工期等内容。

(3) "开标前，市公证处人员对各投标人的资质进行了审查"不妥，因为公证处人员无权对投标人资格进行审查，其到场的作用在于确认开标的公正性和合法性(包括投标文件的合法性)，资格审查应在投标之前进行(背景资料说明了该投标人已通过资格预审)。

(4) "公证处人员对所有投标文件进行审查"不妥，因为公证处人员在开标时只是检查各投标文件的密封情况，并对整个开标过程进行公证。

(5) "公证处人员确认所有投标文件均有效"不妥，因为该投标人的投标文件仅有投标单位的公章和项目经理的签字，而无法定代表人或其代理人的签字或盖章，应当作为废标处理。

## 【案例分析四】

某承包商参与某高层商用办公楼土建工程的投标(安装工程由业主另行招标)。为了既不影响中标，又能在中标后取得较好的收益，决定采用不平衡报价法对原估价作适当调整，具体数字见表6-7。

表6-7 报价调整前后对比

单位：万元

| 状 态 | 桩基围护工程 | 主体结构工程 | 装饰工程 | 总 价 |
|---|---|---|---|---|
| 调整前(投标估价) | 1480 | 6600 | 7200 | 15280 |
| 调整后(正式报价) | 1600 | 7200 | 6480 | 15280 |

现假设桩基围护工程、主体结构工程、装饰工程的工期分别为4个月、12个月、8个月，贷款月利率为1%，现值系数见表6-8，并假设各分部工程每月完成的工作量相同且能按月度及时收到工程款(不考虑工程款结算所需要的时间)。

表6-8 现值系数

| $n$/月 | 4 | 8 | 12 | 16 |
|---|---|---|---|---|
| $(P/A, 1\%, n)$ | 3.9020 | 7.6517 | 11.2551 | 14.7179 |
| $(P/F, 1\%, n)$ | 0.9610 | 0.9235 | 0.8874 | 0.8528 |

问题：

(1) 该承包商所运用的不平衡报价法是否恰当？为什么？

(2) 采用不平衡报价法后，该承包商所得工程款的现值比原估价增加多少(以开工日期为折现点)？

**参考答案**

**问题1：**

答：恰当。因为该承包商是将属于前期工程的桩基围护工程和主体结构工程的单价调高,而将属于后期工程的装饰工程的单价调低,可以在施工的早期阶段收到较多的工程款,从而可以提高承包商所得工程款的现值;而且这三类工程单价的调整幅度均在±10%以内,属于合理范围。

**问题2:**

解:

计算单价调整前后的工程款现值。

单价调整前的工程款现值。

桩基围护工程每月工程款 $A_1=1480/4=370$(万元)

主体结构工程每月工程款 $A_2=6600/12=550$(万元)

装饰工程每月工程款 $A_3=7200/8=900$(万元)

则单价调整前的工程款现值为

$PV_0=A_1(P/A, 1\%, 4)+A_2(P/A, 1\%, 12)(P/F, 1\%, 4)+A_3(P/A, 1\%, 8)(P/F, 1\%, 16)$

$=370×3.9020+550×11.2551×0.9610+900×7.6517×0.8528$

$=1443.74+5948.88+5872.83$

$=13265.45$(万元)

单价调整后的工程款现值。

桩基围护工程每月工程款 $A'_1=1600/4=400$(万元)

主体结构工程每月工程款 $A'_2=7200/12=600$(万元)

装饰工程每月工程款 $A'_3=6480/8=810$(万元)

则单价调整后的工程款现值为

$PV'=A'_1(P/A, 1\%, 4)+A'_2(P/A, 1\%, 12)(P/F, 1\%, 4)+A'_3(P/A, 1\%, 8)(P/F, 1\%, 16)$

$=400×3.9020+600×11.2551×0.9610+810×7.6517×0.8528$

$=1560.80+6489.69+5285.55$

$=13336.04$(万元)

两者的差额

$$PV'-PV_0=13336.04-13265.45=70.59(万元)$$

因此,采用不平衡报价法后,该承包商所得工程款的现值比原估价增加70.59万元。

## 【案例分析五】

某市重点工程项目计划投资4000万元,采用工程量清单计价方式公开招标。经资格预审后,确定A、B、C共3家合格投标人。该3家投标人分别于10月13—14日领取了招标文件,同时按要求递交投标保证金50万元,购买招标文件费500元。

招标文件规定:投标截止时间为10月31日,投标有效期截止时间为12月30日,投标保证金有效期截止时间为次年1月30日。招标人对开标前的主要工作安排为:10月16—17日,由招标人分别安排各投标人踏勘现场;10月20日,举行投标预备会,会上主要对招标文件和招标人能提供的施工条件等内容进行答疑。各投标人按时递交了投标文件,所有投标文件均有效。

评标办法规定，商务标权重 60 分(包括总报价 20 分、分部分项工程综合单价 10 分、其他内容 30 分)，技术标权重 40 分。

(1) 总报价的评标方法：评标基准价等于各有效投标总报价的算术平均值下浮两个百分点。当投标人的投标总价等于评标基准价时得满分，投标总价每高于评标基准价一个百分点时扣 2 分，每低于评标基准价一个百分点时扣 1 分。

(2) 分部分项工程综合单价的评标方法：在清单报价中按合价大小抽取 5 项(每项权重 2 分)，分别计算投标人综合单价报价平均值，投标人所报综合单价在平均值的 95%～102% 范围内得满分，超出该范围的，每超出一个百分点扣 0.2 分。

各投标人总报价和抽取的异形梁 C30 混凝土综合单价见表 6-9。

表 6-9 投标数据

| 投 标 人 | A | B | C |
|---|---|---|---|
| 总报价/万元 | 3179.00 | 2998.00 | 3123.00 |
| 异形梁 C30 混凝土综合单价/元/m³ | 456.20 | 451.50 | 485.80 |

除总报价外的其他商务标和技术标指标评标得分见表 6-10。

表 6-10 投标人部分指标得分

| 投 标 人 | A | B | C |
|---|---|---|---|
| 商务标(除总报价之外)得分 | 32 | 29 | 28 |
| 技术标得分 | 30 | 35 | 37 |

问题：

(1) 在该工程开标之前所进行的招标工作有哪些不妥之处？说明理由。

(2) 列式计算总报价和异形梁 C30 混凝土综合单价的报价平均值，并计算各投标人得分(计算结果保留两位小数)。

(3) 列式计算各投标人的总得分，根据总得分的高低确定第一中标候选人。

(4) 评标工作于 11 月 1 日结束并于当天确定中标人。11 月 2 日招标人向当地主管部门提交了评标报告；11 月 10 日招标人向中标人发出中标通知书；12 月 1 日双方签订了施工合同；12 月 3 日招标人将未中标结果通知给另两家投标人，并于 12 月 9 日将投标保证金退还给未中标人。

请指出评标结束后招标人的工作有哪些不妥之处并说明理由。

**参考答案**

**问题 1：**

解：(1) 要求投标人领取招标文件时递交投标保证金不妥，应在投标截止日前递交。

(2) 投标截止时间不妥。从投标文件发出到投标截止时间不能少于 20 日。

(3) 踏勘现场安排不妥。招标人不得单独或者分别组织任何一个投标人进行现场踏勘。

**问题 2：**

解：(1) 总报价平均值=(3179+2908+3213)/3=3130(万元)

评分基准价=3130×(1-2%)=3067.40(万元)

(2) 异形梁 C30 混凝土综合单价报价平均值=(456.20+451.50+485.80)/3=464.50(元/m³)

总报价和 C30 混凝土综合单价评分见表 6-11。

表 6-11 部分商务指标评分

| 评标项目 | 投标人 | A | B | C |
| --- | --- | --- | --- | --- |
| 总报价评分 | 总报价 | 3179 | 2998 | 3213 |
|  | 总报价占评分基准价百分比/% | 103.64 | 97.74 | 104.75 |
|  | 扣分 | 7.28 | 2.26 | 9.50 |
|  | 得分 | 12.72 | 17.74 | 10.50 |
| C30 混凝土综合单价评分 | 综合单价/元/m³ | 456.20 | 451.50 | 485.80 |
|  | 综合单价占平均值/% | 98.21 | 97.20 | 104.59 |
|  | 扣分 | 0 | 0 | 0.52 |
|  | 得分 | 2 | 2 | 1.48 |

**问题 3：**

解：投标人 A 的总得分：30+12.72+32=74.72(分)

投标人 B 的总得分：35+17.74+29=81.74(分)

投标人 C 的总得分：37+10.50+28=75.50(分)

所以，第一中标候选人为投标人 B。

**问题 4：**

解：(1) 招标人向主管部门提交的书面报告内容不妥，应提交招投标活动的书面报告，而不仅仅是评标报告。

(2) 招标人仅向中标人发出中标通知书不妥，还应同时将中标结果通知未中标人。

(3) 招标人通知未中标人不妥，应在向中标人发出中标通知书的同时通知未中标人。

(4) 退还未中标人的投标保证金时间不妥，中标人应在与中标人签订合同后的 5 个工作日内向未中标人退还投标保证金。

## 【案例分析六】

某大型工程，由于技术难度大，对施工单位的施工设备和同类工程施工经验要求高，而且对工期的要求也比较紧迫。招标人在对有关单位及其在建工程考察的基础上，仅邀请了 4 家国有特级施工企业参加投标，并预先与咨询单位和该 4 家施工单位共同研究确定了施工方案。招标人要求投标人将技术标和商务标分别装订报送。招标文件中规定采用综合评估法进行评标，具体的评标标准如下。

(1) 技术标共 30 分，其中施工方案 10 分(因已确定施工方案，各投标人均得 10 分)、施工总工期 10 分、工程质量 10 分。满足招标人总工期要求(36 个月)者得 4 分，每提前 1 个月加 1 分，不满足者为废标；招标人希望该工程今后能被评为省优工程，自报工程质量合格者得 4 分，承诺将该工程建成省优工程者得 6 分(若该工程未被评为省优工程，将扣罚合同价的 2%，该款项在竣工结算时不支付给施工单位)，近 3 年内获"鲁班工程奖"每项加 2 分，获"省优工程奖"每项加 1 分。

(2) 商务标共 70 分。招标控制价为 36500 万元，评标时有效报价的算术平均数为评标基准价。报价为评标基准价的 98%者得满分(70 分)，在此基础上，报价比评标基准价每下降 1%扣 1 分，每上升 1%扣 2 分(计分按四舍五入取整)。

各投标人有关情况列于表 6-12。

表 6-12 各投标人的有关情况

| 投标人 | 报价/万元 | 总工期/月 | 自报工程质量 | 鲁班工程奖 | 省优工程奖 |
| --- | --- | --- | --- | --- | --- |
| A | 35642 | 33 | 省优 | 1 | 1 |
| B | 34364 | 31 | 省优 | 0 | 2 |
| C | 33867 | 32 | 合格 | 0 | 1 |
| D | 36578 | 34 | 合格 | 1 | 2 |

问题：

(1) 该工程采用邀请招标方式且仅邀请 4 家投标人投标，是否违反有关规定？为什么？

(2) 请按综合得分最高者中标的原则确定中标人。

(3) 若改变该工程评标的有关规定，将技术标增加到 40 分，其中施工方案 20 分(各投标人均得 20 分)，商务标减少为 60 分，是否会影响评标结果？为什么？若影响则应由哪家投标人中标？

**参考答案**

**问题 1：**

答：不违反(或符合)有关规定。因为根据有关规定，对于技术复杂的工程，允许采用邀请招标方式，邀请的投标人不得少于 3 家。

**问题 2：**

解：(1) 计算各投标人的技术标得分，见表 6-13。

投标人 D 的报价 36578 万元超过招标控制价 36500 万元，根据招标文件规定按废标处理，不再进行评审。

表 6-13 技术标得分计算

| 投标人 | 施工方案 | 总工期 | 工程质量 | 合计 |
| --- | --- | --- | --- | --- |
| A | 10 | 4+(36−33)×1=7 | 6+2+1=9 | 26 |
| B | 10 | 4+(36−31)×1=9 | 6+1×2=8 | 27 |
| C | 10 | 4+(36−32)×1=8 | 4+1=5 | 23 |

(2) 计算各投标人的商务标得分，见表 6-14。

评标基准价=(35642+34364+33867)÷3=34624(万元)

(3) 计算各投标人的综合得分，见表 6-15。

表 6-14 商务标得分计算

| 投标人 | 报价/万元 | 报价与评标基准价的比例/% | 扣 分 | 得 分 |
|---|---|---|---|---|
| A | 35642 | 35642/34624=102.9 | (102.9-98)×2=10 | 70-10=60 |
| B | 34364 | 34364/34624=99.2 | (99.2-98)×1=2 | 70-2=68 |
| C | 33867 | 33867/34624=97.8 | (98-97.8)×1=0 | 70-0=70 |

表 6-15 各投标人的综合得分

| 投 标 人 | 技术标得分 | 商务标得分 | 综合得分 |
|---|---|---|---|
| A | 26 | 60 | 86 |
| B | 27 | 68 | 95 |
| C | 23 | 70 | 93 |

因为投标人 B 的综合得分最高,故应选择其作为中标人。

**问题 3:**

答:这样改变评标办法不会影响评标结果,因为各投标人的技术标得分均增加 10 分(20-10),而商务标得分均减少 10 分(70-60),综合得分不变。

## 【案例分析七】

某工程采用公开招标方式,有 A、B、C、D、E、F 6 家投标人参加投标,经资格预审该 6 家投标人均满足招标人要求。该工程采用两阶段评标法评标,评标委员会由 7 名委员组成。招标文件中规定采用综合评估法进行评标,具体的评标标准如下。

### 1. 第一阶段评技术标

技术标共计 40 分,其中施工方案总分为 15 分,总工期总分为 8 分,工程质量总分为 6 分,项目班子总分为 6 分,企业信誉总分为 5 分。

技术标各项内容的得分,为各评委评分去除一个最高分和一个最低分后的算术平均数。

技术标合计得分不满 28 分者,不再评其商务标。

表 6-16 所列为各评委对 6 家投标人施工方案评分的汇总表。

表 6-16 施工方案评分的汇总

| 投标人 \ 评委 | 一 | 二 | 三 | 四 | 五 | 六 | 七 |
|---|---|---|---|---|---|---|---|
| A | 13.0 | 11.5 | 12.0 | 11.0 | 11.0 | 12.5 | 12.5 |
| B | 14.5 | 13.5 | 14.5 | 13.0 | 13.5 | 14.5 | 14.5 |
| C | 12.0 | 10.0 | 11.5 | 11.0 | 10.5 | 11.5 | 11.5 |
| D | 14.0 | 13.5 | 13.5 | 13.0 | 13.5 | 14.0 | 14.5 |
| E | 12.5 | 11.5 | 12.0 | 11.0 | 11.5 | 12.5 | 12.5 |
| F | 10.5 | 10.5 | 10.5 | 10.0 | 9.5 | 11.0 | 10.5 |

表6-17所列为各投标人总工期、工程质量、项目班子、企业信誉得分汇总表。

表6-17 总工期、工程质量、项目班子、企业信誉得分汇总

| 投标人 | 总工期 | 工程质量 | 项目班子 | 企业信誉 |
|---|---|---|---|---|
| A | 6.5 | 5.5 | 4.5 | 4.5 |
| B | 6.0 | 5.0 | 5.0 | 4.5 |
| C | 5.0 | 4.5 | 3.5 | 3.0 |
| D | 7.0 | 5.5 | 5.0 | 4.5 |
| E | 7.5 | 5.0 | 4.0 | 4.0 |
| F | 8.0 | 4.5 | 4.0 | 3.5 |

**2. 第二阶段评商务标**

商务标共计60分。以标底的50%与投标人报价算术平均数的50%之和为基准价，但最高(或最低)报价高于(或低于)次高(或次低)报价的15%者，在计算投标人报价算术平均数时不予考虑，且商务标得分为15分。

以基准价为满分(60分)，报价比基准价每下降1%扣1分，最多扣10分；报价比基准价每增加1%扣2分，扣分不保底。

表6-18所列为标底和各投标人的报价汇总表。

表6-18 标底和各投标人报价汇总

单位：万元

| 投标人 | A | B | C | D | E | F | 标底 |
|---|---|---|---|---|---|---|---|
| 报价 | 13656 | 11108 | 14303 | 13098 | 13241 | 14125 | 13790 |

计算结果保留两位小数。

问题：

(1) 根据招标文件中的评标标准和方法，通过列式计算的方式确定3名中标候选人，并排出顺序。

(2) 若该工程未编制标底，以各投标人报价的算术平均数作为基准价，其余评标规定不变，试按原评定标准和方法确定3名中标候选人，并排出顺序。

(3) 依法必须进行招标的项目，在什么情况下招标人可以确定非排名第一的中标候选人为中标人？

**参考答案**

**问题1：**

解：(1) 计算各投标人施工方案的得分见表6-19。

(2) 计算各投标人技术标的得分见表6-20。

表 6-19 计算各投标人施工方案的得分

| 投标人\评委 | 一 | 二 | 三 | 四 | 五 | 六 | 七 | 平均得分 |
|---|---|---|---|---|---|---|---|---|
| A | 13.0 | 11.5 | 12.0 | 11.0 | 11.0 | 12.5 | 12.5 | 11.9 |
| B | 14.5 | 13.5 | 14.5 | 13.0 | 13.5 | 14.5 | 14.5 | 14.1 |
| C | 12.0 | 10.0 | 11.5 | 11.0 | 10.5 | 11.5 | 11.5 | 11.2 |
| D | 14.0 | 13.5 | 13.5 | 13.0 | 13.5 | 14.0 | 14.5 | 13.7 |
| E | 12.5 | 11.5 | 12.0 | 11.0 | 11.5 | 12.5 | 12.5 | 12.0 |
| F | 10.5 | 10.5 | 10.5 | 10.0 | 9.5 | 11.0 | 10.5 | 10.4 |

表 6-20 计算各投标人技术标的得分

| 投标人 | 施工方案 | 总工期 | 工程质量 | 项目班子 | 企业信誉 | 合计 |
|---|---|---|---|---|---|---|
| A | 11.9 | 6.5 | 5.5 | 4.5 | 4.5 | 32.9 |
| B | 14.1 | 6.0 | 5.0 | 5.0 | 4.5 | 34.6 |
| C | 11.2 | 5.0 | 4.5 | 3.5 | 3.0 | 27.2 |
| D | 13.7 | 7.0 | 5.5 | 5.0 | 4.5 | 35.7 |
| E | 12.0 | 7.5 | 5.0 | 4.0 | 4.0 | 32.5 |
| F | 10.4 | 8.0 | 4.5 | 4.0 | 3.5 | 30.4 |

由于投标人 C 的技术标仅得 27.2 分,小于 28 分的最低限,按规定,不再评其商务标,实际上已作为废标处理。

(3) 计算各投标人的商务标得分见表 6-21。

因为:(13098-11108)/13098=15.19%>15%

(14125-13656)/13656=3.43%<15%

投标人 B 的报价(11108 万元)在计算基准价时不予考虑。

则基准价=13790×50%+(13656+13098+13241+14125)/4×50%=13660(万元)

表 6-21 商务标得分计算

| 投标人 | 报价/万元 | 报价与基准价的比例/% | 扣 分 | 得 分 |
|---|---|---|---|---|
| A | 13656 | (13656/13660)×100=99.97 | (100-99.97)×1=0.03 | 59.97 |
| B | 11108 | | | 15.00 |
| D | 13098 | (13098/13660)×100=95.89 | (100-95.89)×1=4.11 | 55.89 |
| E | 13241 | (13241/13660)×100=96.93 | (100-96.93)×1=3.07 | 56.93 |
| F | 14125 | (14125/13660)×100=103.40 | (103.40-100)×2=6.80 | 53.20 |

(4) 计算各投标人的综合得分见表 6-22。

据此,3 名中标候选人顺序依次是 A、D、E。

表 6-22　综合得分计算

| 投 标 人 | 技术标得分 | 商务标得分 | 综合得分 |
|---|---|---|---|
| A | 32.9 | 59.97 | 92.87 |
| B | 34.6 | 15.00 | 49.60 |
| D | 35.7 | 55.89 | 91.95 |
| E | 32.5 | 56.93 | 89.43 |
| F | 30.4 | 53.20 | 83.60 |

**问题 2：**

解：(1) 计算各投标人的商务标得分见表 6-23。

基准价=(13656+13098+13241+14125)/4=13530(万元)

表 6-23　商务标得分计算

| 投标人 | 报价/万元 | 报价与基准价的比例/% | 扣　分 | 得　分 |
|---|---|---|---|---|
| A | 13656 | (13656/13530)×100=100.93 | (100.93−100)×2=1.86 | 58.14 |
| B | 11108 |  |  | 15.00 |
| D | 13098 | (13098/13530)×100=96.81 | (100−96.81)×1=3.19 | 56.81 |
| E | 13241 | (13241/13530)×100=97.86 | (100−97.86)×1=2.14 | 57.86 |
| F | 14125 | (14125/13530)×100=104.40 | (104.40−100)×2=8.80 | 51.20 |

(2) 计算各投标人的综合得分见表 6-24。

表 6-24　综合得分计算

| 投标人 | 技术标得分 | 商务标得分 | 综合得分 |
|---|---|---|---|
| A | 32.9 | 58.14 | 91.04 |
| B | 34.6 | 15.00 | 49.60 |
| D | 35.7 | 56.81 | 92.51 |
| E | 32.5 | 57.86 | 90.36 |
| F | 30.4 | 51.20 | 81.60 |

据此，3 名中标候选人顺序依次是 D、A、E。

**问题 3：**

答：根据《中华人民共和国招标投标法实施条例》第五十五条的规定：排名第一的中标候选人放弃中标、因不可抗力不能履行合同、不按照招标文件要求提交履约保证金，或者被查实存在影响中标结果的违法行为等情形，不符合中标条件的，招标人可按照评标委员会提出的中标候选人名单排序依次确定其他中标候选人为中标人。

## 本 章 小 结

本章详细叙述了招标过程管理和控制工程造价的手段,包括招标文件、招标工程量清单、招标控制价、投标报价的编制,结合工程实际,根据相关法律法规,论述了施工合同的类型,重点掌握招投标报价的方法。

## 复习思考题

6-1 简述施工招标文件的编制内容。
6-2 简述招标工程量清单的编制依据。
6-3 简述分部分项工程量清单的编制内容。
6-4 简述措施项目清单的编制内容。
6-5 简述招标控制价与标底的关系。
6-6 综合单价的组成是什么?
6-7 确定综合单价应考虑哪些因素?
6-8 简述初步评审的标准有哪些。
6-9 简述详细评审的方法有哪些。
6-10 简述投标报价的策略。

# 第 7 章 建设项目施工阶段工程造价计价与管理

**本章学习要求和目标:**

- 熟悉工程变更与合同价的调整。
- 掌握索赔的分类及计算。
- 掌握工程价款的主要结算方式及备料款的扣回。
- 熟悉资金使用计划的编制。

## 7.1 合同价款的调整

### 7.1.1 工程变更引起的合同价款调整

工程变更可以理解为合同工程实施过程中由发包人提出或由承包人提出,经发包人批准的对合同工程的工作内容、工程数量、质量要求、施工顺序与时间、施工条件、施工工艺或其他特征及合同条件等的任何改变。工程变更指令发出后,应当迅速落实指令,全面修改相关的各种文件。承包人也应当抓紧落实,如果承包人不能全面落实变更指令,则扩大的损失应当由承包人承担。

**1. 工程变更的范围**

根据《建设工程合同(示范文本)》(CF-2017-0201)中的通用合同条款,工程变更的范围和内容包括以下几点。

(1) 增加或减少合同中任何工作,或追加额外的工作。
(2) 取消合同中任何工作,但转由他人实施的工作除外。
(3) 改变合同中任何工作的质量标准或其他特性。
(4) 改变工程的基线、标高、位置和尺寸。
(5) 改变工程的时间安排或实施顺序。

**2. 工程变更的程序**

1) 发包人提出变更

发包人提出变更的,应通过监理人向承包人发出变更指示,变更指示应说明计划变更的工程范围和变更的内容。

2) 监理人提出变更建议

监理人提出变更建议的,需要向发包人以书面形式提出变更计划,说明计划变更工程范围和变更的内容、理由,以及实施该变更对合同价格和工期的影响。发包人同意变更的,由监理人向承包人发出变更指示。发包人不同意变更的,监理人无权擅自发出变更指示。

3) 变更执行

承包人收到监理人下达的变更指示后,认为不能执行,应立即提出不能执行该变更指示的理由。承包人认为可以执行变更的,应当书面说明实施该变更指示对合同价格和工期的影响,且合同当事人应当按照变更估价的约定确定变更估价。

**3. 工程变更的价款调整方法**

(1) 分部分项工程费的调整。工程变更引起分部分项工程项目发生变化的,应按照下列规定调整。

① 已标价工程量清单中有适用于变更工程项目的,且工程变更导致的该清单项目的工程数量变化不足15%时,采用该项目的单价。直接采用适用的项目单价的前提是其采用的材料、施工工艺和方法相同,也不因此增加关键线路上工程的施工时间。

② 已标价工程量清单中没有适用、但有类似于变更工程项目的,可在合理范围内参照类似项目的单价或总价调整。采用类似项目单价的前提是其采用的材料、施工工艺和方法基本相似,不增加关键线路上工程的施工时间,可仅就其变更后的差异部分,参考类似的项目单价由发、承包双方协商新的项目单价。

③ 已标价工程量清单中没有适用也没有类似于变更工程项目的,由承包人根据变更工程资料、计量规则和计价办法、工程造价管理机构发布的信息(参考)价格和承包人报价浮动率,提出变更工程项目的单价或总价,报发包人确认后调整。承包人报价浮动率可按下列公式计算。

对实行招标的工程,有

$$承包人报价浮动率 L = (1-中标价/招标控制价) \times 100\% \quad (7-1)$$

对不实行招标的工程,有

$$承包人报价浮动率 L = (1-报价值/施工图预算) \times 100\% \quad (7-2)$$

上述公式中的中标价、招标控制价或报价值、施工图预算,均不含安全文明施工费。

④ 已标价工程量清单中没有适用也没有类似于变更工程项目,且工程造价管理机构发布的信息(参考)价格缺价的,由承包人根据变更工程资料、计量规则、计价办法和通过市场调查等的有合法依据的市场价格提出变更工程项目的单价或总价,报发包人确认后调整。

(2) 措施项目费的调整。工程变更引起措施项目发生变化的,承包人提出调整措施项目费的,应事先将拟实施的方案提交发包人确认,并详细说明与原方案措施项目相比的变化情况。拟实施的方案经发、承包双方确认后执行,并应按照下列规定调整措施项目费。

① 安全文明施工费,按照实际发生变化的措施项目调整,不得浮动。

② 采用单价计算的措施项目费,按照实际发生变化的措施项目按前述分部分项工程费的调整方法确定单价。

③ 按总价(或系数)计算的措施项目费,除安全文明施工费外,按照实际发生变化的措施项目调整,但应考虑承包人报价浮动因素,即调整金额按照实际调整金额乘以按照式(7-1)或式(7-2)得出的承包人报价浮动率 $L$ 计算。

如果承包人未事先将拟实施的方案提交给发包人确认,则视为工程变更不引起措施项目费的调整或承包人放弃调整措施项目费的权利。

(3) 删减工程或工作的补偿。如果发包人提出的工程变更,非因承包人原因删减了合同中的某项原定工作或工程,致使承包人发生的费用或(和)得到的收益不能被包括在其他已支付或应支付的项目中,也未被包含在任何替代的工作或工程中,则承包人有权提出并得到合理的费用及利润补偿。

## 7.1.2 物价波动引起的工程价款调整

### 1. 物价波动

施工合同履行期间,因人工、材料、工程设备和施工机械台班等价格波动影响合同价款时,发、承包双方可以根据合同约定的调整方法,对合同价款进行调整。因物价波动引起的合同价款调整方法有两种:一种是采用价格指数调整价格差额;另一种是采用造价信息调整价格差额。承包人采购材料和工程设备的,应在合同中约定主要材料、工程设备价格变化的范围或幅度,如没有约定,则材料、工程设备单价变化超过 5%,超出部分的价格按上述两种方法之一进行调整。

1) 采用价格指数调整价格差额

采用价格指数调整价格差额的方法,主要适用于施工中所用的材料品种较少,但每种材料使用量较大的土木工程,如公路、水坝等。

(1) 价格调整公式。因人工、材料、工程设备和施工机械台班等价格波动影响合同价款时,根据投标函附录中的价格指数和权重表约定的数据,按式(7-3)计算差额并调整合同价款,即

$$\Delta P = P_0 \left[ A + \left( B_1 \times \frac{F_{t1}}{F_{01}} + B_2 \times \frac{F_{t2}}{F_{02}} + B_3 \times \frac{F_{t3}}{F_{03}} + \cdots + B_n \times \frac{F_{tn}}{F_{0n}} \right) - 1 \right] \quad (7\text{-}3)$$

式中:$\Delta P$——需调整的价格差额;

$P_0$——根据进度付款、竣工付款和最终结清等付款证书中,承包人应得到的已完成工程量的金额,此项金额应不包括价格调整、不计质量保证金的扣留和支付、预付款的支付和扣回,变更及其他金额已按现行价格计价的,也不计在内;

$A$——定值权重(即不调部分的权重);

$B_1, B_2, B_3, \cdots, B_n$——各可调因子的变值权重(即可调部分的权重)为各可调因子在投标函投标总报价中所占的比例;

$F_{t1}, F_{t2}, F_{t3}, \cdots, F_{tn}$——各可调因子的现行价格指数,指根据进度付款、竣工付款和最终结清等约定的付款证书相关周期最后一天的前 42 天的各可调因子价格指数;

$F_{01}, F_{02}, F_{03}, \cdots, F_{0n}$——各可调因子的基本价格指数,指基准日的各可调因子的价格指数。

以上价格调整公式中的各可调因子、定值和变值权重,以及基本价格指数及其来源在投标函附录价格指数和权重表中约定。价格指数应首先采用工程造价管理机构提供的价格指数,缺乏上述价格指数时,可采用工程造价管理机构提供的价格代替。

在计算调整差额时得不到现行价格指数的,可暂用上一次价格指数计算,并在以后的付款中再按实际价格指数进行调整。

(2) 权重的调整。按变更范围和内容所约定的变更,导致原定合同中的权重不合理时,由承包人和发包人协商后进行调整。

(3) 工期延误后的价格调整。由于发包人原因导致工期延误的,则对于计划进度日期(或竣工日期)后续施工的工程,在使用价格调整公式时,应采用计划进度日期(或竣工日期)与实际进度日期(或竣工日期)的两个价格指数中较高者作为现行价格指数。

由于承包人原因导致工期延误的,则对于计划进度日期(或竣工日期)后续施工的工程,在使用价格调整公式时,应采用计划进度日期(或竣工日期)与实际进度日期(或竣工日期)的两个价格指数中较低者作为现行价格指数。

【例 7-1】某直辖市城区道路扩建项目进行施工招标,投标截止日期为 2018 年 8 月 1 日。通过评标确定中标人后,签订的施工合同总价为 80000 万元,工程于 2018 年 9 月 20 日开工。施工合同中约定:①预付款为合同总价的 5%,分 10 次按相同比例从每月应支付的工程进度款中扣还。②工程进度款按月支付,进度款金额包括:当月完成的清单子目的合同价款;当月确认的变更、索赔金额;当月价格调整金额;扣除合同约定应当抵扣的预付款和扣留的质量保证金。③质量保证金从月进度付款中按 5%扣留,最高扣至合同总价的 5%。④工程价款结算时人工单价、钢材、水泥、沥青、砂石料以及机械使用费采用价格指数法给承包商以调价补偿,各项权重系数及价格指数如表 7-1 所列。根据表 7-2 所列工程前 4 个月的完成情况,计算 11 月份应当实际支付给承包人的工程款数额。

表 7-1 工程调价因子权重系数及造价指数

| 指 数 | 人 工 | 钢 材 | 水 泥 | 沥 青 | 砂石料 | 机械使用费 | 定值部分 |
| --- | --- | --- | --- | --- | --- | --- | --- |
| 权重系数 | 0.12 | 0.10 | 0.08 | 0.15 | 0.12 | 0.10 | 0.33 |
| 2018 年 7 月指数 | 91.7 | 78.95 | 106.97 | 99.92 | 114.57 | 115.18 | — |
| 2018 年 8 月指数 | 91.7 | 82.44 | 106.80 | 99.13 | 114.26 | 115.39 | — |
| 2018 年 9 月指数 | 91.7 | 86.53 | 108.11 | 99.09 | 114.03 | 115.41 | — |
| 2018 年 10 月指数 | 95.96 | 85.84 | 106.88 | 99.38 | 113.01 | 114.94 | — |
| 2018 年 11 月指数 | 95.96 | 86.75 | 107.27 | 99.66 | 116.08 | 114.91 | — |
| 2018 年 12 月指数 | 101.47 | 87.80 | 128.37 | 99.85 | 126.26 | 116.41 | — |

表 7-2　2018 年 9—12 月工程完成情况

| 金额(万元)支付项目 | 9 月份 | 10 月份 | 11 月份 | 12 月份 |
|---|---|---|---|---|
| 截至当月完成的清单子目价款 | 1200 | 3510 | 6950 | 9840 |
| 当月确认的变更金额(调价前) | 0 | 60 | −110 | 100 |
| 当月确认的索赔金额(调价前) | 0 | 10 | 30 | 50 |

**解：**(1) 计算 11 月份完成的清单子目的合同价款：6950−3510=3440(万元)

(2) 计算 11 月份的价格调整金额。

说明：①由于当月的变更和索赔金额不是按照现行价格计算的，所以应当计算在调价基数内；②基准日为 2018 年 7 月 3 日，所以应当选取 7 月份的价格指数作为各可调因子的基本价格指数；③人工费缺少价格指数，可以用相应的人工单价代替。

$$价格调整金额 = (3440 - 110 + 30) \times \left[ \left( 0.33 + 0.12 \times \frac{95.96}{91.7} + 0.10 \times \frac{86.75}{78.95} + 0.08 \times \frac{107.27}{106.97} \right. \right.$$

$$\left. \left. + 0.15 \times \frac{99.66}{99.92} + 0.12 \times \frac{116.08}{114.57} + 0.10 \times \frac{114.91}{115.18} \right) - 1 \right]$$

$$= 3360 \times [(0.33 + 0.1256 + 0.1099 + 0.0802 + 0.1496 + 0.1216 + 0.0998) - 1]$$

$$= 3360 \times 0.0167 = 56.11(万元)$$

(3) 计算 11 月份应当实际支付的金额。

① 11 月份的应扣预付款：80000×5%/10=400(万元)

② 11 月份的应扣质量保证金：(3440−110+30+56.11)×5%=170.81(万元)

③ 11 月份应当实际支付的进度款金额=(3440−110+30+56.11−400−170.81)=2845.30(万元)

2) 采用造价信息调整价格差额

采用造价信息调整价格差额的方法，主要适用于使用的材料品种较多，相对而言每种材料使用量较小的房屋建筑与装饰工程。

施工合同履行期间，因人工、材料、工程设备和施工机械台班价格波动影响合同价格时，人工、施工机械使用费按照国家或省、自治区、直辖市建设行政管理部门、行业建设管理部门或其授权的工程造价管理机构发布的人工成本信息、施工机械台班单价或施工机械使用费系数进行调整；需要进行价格调整的材料，其单价和采购数应由发包人复核，发包人确认需调整的材料单价及数量，作为调整合同价款差额的依据。

(1) 人工单价的调整。人工单价发生变化时，发、承包双方应按省级或行业建设主管部门或其授权的工程造价管理机构发布的人工成本文件调整合同价款。

(2) 材料和工程设备价格的调整。材料、工程设备价格变化的价款调整，按照承包人提供主要材料和工程设备一览表，根据发、承包双方约定的风险范围，按以下规定进行调整。

① 如果承包人投标报价中材料单价低于基准单价，工程施工期间材料单价涨幅以基准单价为基础超过合同约定的风险幅度值时，或材料单价跌幅以投标报价为基础超过合同约定的风险幅度值时，其超出部分按实调整。

② 如果承包人投标报价中材料单价高于基准单价，工程施工期间材料单价跌幅以基准单价为基础超过合同约定的风险幅度值时，或材料单价涨幅以投标报价为基础超过合同约定的风险幅度值时，其超出部分按实调整。

③ 如果承包人投标报价中材料单价等于基准单价，工程施工期间材料单价涨跌幅以基准单价为基础超过合同约定的风险幅度值时，其超出部分按实调整。

④ 承包人应当在采购材料前将采购数量和新的材料单价报发包人核对，确认用于本合同工程时，发包人应当确认采购材料的数量和单价。发包人在收到承包人报送的确认资料后 3 个工作日内不予答复的，视为已经认可，作为调整合同价款的依据。如果承包人未报经发包人核对即自行采购材料，再报发包人确认调整合同价款的，如发包人不同意，则不作调整。

【例 7-2】施工合同中约定，承包人承担的钢筋材料价格风险幅度为±5%，超出部分依据《建设工程工程量清单计价规范》(GB 50500—2013)造价信息法调差。已知投标人投标价格、基准期发布价格分别为 2400 元/t、2200 元/t，2017 年 12 月、2018 年 7 月的造价信息发布价分别为 2000 元/t、2600 元/t，则该两月钢筋的实际结算价格应分别为多少？

解：(1) 2017 年 12 月信息价下降，应以较低的基准价为基础计算合同约定的风险幅度值，2200×5%=110(元/t)。

因此钢筋应下浮价格=(2200-2000)-110=90(元/t)。

2017 年 12 月实际结算价格=2400-90=2310(元/t)。

(2) 2018 年 7 月信息价上涨，应以较高的基准价为基础计算合同约定的风险幅度值，2400×5%=120(元/t)。

因此钢筋应下浮价格=(2600-2400)-120=80(元/t)。

2018 年 7 月实际结算价格=2400+80=2480(元/t)。

(3) 施工机械台班单价的调整。施工机械台班单价或施工机械使用费发生变化超过省级或行业建设主管部门或其授权的工程造价管理机构规定的范围时，按照其规定调整合同价款。

**2. 暂估价**

暂估价是指招标人在工程量清单中提供的用于支付必然发生但暂时不能确定价格的材料、工程设备的单价以及专业工程的金额。

1) 给定暂估价的材料、工程设备

(1) 不属于依法必须招标的项目。发包人在招标工程量清单中给定暂估价的材料和工程设备不属于依法必须招标的，由承包人按照合同约定采购，发包人确认后以此为依据取代暂估价，调整合同价款。

(2) 属于依法必须招标的项目。发包人在招标工程量清单中给定暂估价的材料和工程设备属于依法必须招标的，由发、承包双方以招标的方式选择供应商。依法确定中标价格以此为依据取代暂估价，调整合同价款。

2) 给定暂估价的专业工程

(1) 不属于依法必须招标的项目。发包人在工程量清单中给定暂估价的专业工程不属于依法必须招标的,应按照前述工程变更事件的合同价款调整方法,确定专业工程价款并以此为依据取代专业工程暂估价,调整合同价款。

(2) 属于依法必须招标的项目。发包人在招标工程量清单中给定暂估价的专业工程,依法必须招标的,应当由发、承包双方依法组织招标选择专业分包人,并接受建设工程招标投标管理机构的监督。

① 除合同另有约定外,承包人不参加投标的专业工程,应由承包人作为招标人,但拟定的招标文件、评标方法、评标结果应报送发包人批准。与组织招标工作有关的费用应当被认为已经包括在承包人的签约合同价(投标总报价)中。

② 承包人参加投标的专业工程,应由发包人作为招标人,与组织招标工作有关的费用由发包人承担。同等条件下,应优先选择承包人中标。

③ 专业工程依法进行招标后,以中标价为依据取代专业工程暂估价,调整合同价款。

## 7.1.3 工程索赔引起的工程价款调整

### 1. 工程索赔的概念及分类

工程索赔是指在工程合同履行过程中,合同一方当事人因对方不履行或未能正确履行合同义务或者由于其他非自身原因而遭受经济损失或权利损害,通过合同约定的程序向对方提出经济和(或)时间补偿要求的行为。

1) 按索赔的当事人分类

根据索赔的合同当事人不同,可以将工程索赔分为以下两种。

(1) 承包人与发包人之间的索赔。该类索赔发生在建设工程施工合同的双方当事人之间,既包括承包人向发包人的索赔,也包括发包人向承包人的索赔。但是在工程实践中,经常发生的索赔事件,大都是承包人向发包人提出的,教材中所提及的索赔,如果未作特别说明,即是指此类情形。

(2) 总承包人和分包人之间的索赔。在建设工程分包合同履行过程中,索赔事件发生后,不论是发包人的原因还是总承包人的原因所致,分包人都只能向总承包人提出索赔要求,而不能直接向发包人提出。

2) 按索赔目的和要求分类

根据索赔的目的和要求不同,可以将工程索赔分为工期索赔和费用索赔。

(1) 工期索赔。工期索赔一般是指承包人依据合同约定,对于非因自身原因导致的工期延误向发包人提出工期顺延的要求。工期顺延的要求获得批准后,不仅可以免除承包人承担拖期违约赔偿金的责任,而且承包人还有可能因工期提前获得赶工补偿(或奖励)。

(2) 费用索赔。费用索赔的目的是要求补偿承包人(或发包人)的经济损失,费用索赔的要求如果获得批准,必然会引起合同价款的调整。

3) 按索赔事件的性质分类

根据索赔事件的性质不同,可以将工程索赔分为以下几种。

(1) 工程延误索赔。因发包人未按合同要求提供施工条件,或因发包人指令工程暂停或不可抗力事件等原因造成工期拖延的，承包人可以向发包人提出索赔；如果由于承包人原因导致工期拖延，发包人可以向承包人提出索赔。

(2) 加速施工索赔。由于发包人指令承包人加快施工速度，缩短工期，引起承包人的人力、物力、财力的额外开支，承包人提出的索赔。

(3) 工程变更索赔。由于发包人指令增加或减少工程量或增加附加工程、修改设计、变更工程顺序等，造成工期延长和(或)费用增加，承包人就此提出索赔。

(4) 合同终止的索赔。由于发包人违约或发生不可抗力事件等原因造成合同非正常终止，承包人因其遭受经济损失而提出索赔。如果由于承包人的原因导致合同非正常终止，或者合同无法继续履行，发包人可以就此提出索赔。

(5) 不可预见的不利条件索赔。承包人在工程施工期间，施工现场遇到一个有经验的承包人通常不能合理预见的不利施工条件或外界障碍。例如，地质条件与发包人提供的资料不符，出现不可预见的地下水、地质断层、溶洞、地下障碍物等，承包人可以就因此遭受的损失提出索赔。

(6) 不可抗力事件的索赔。工程施工期间，因不可抗力事件的发生而遭受损失的一方，可以根据合同中对不可抗力风险分担的约定，向对方当事人提出索赔。

(7) 其他索赔，如因货币贬值、汇率变化、物价上涨、政策法令变化等原因引起的索赔。

《标准施工招标文件》(2007年版)的通用合同条款中，按照引起索赔事件的原因不同，对一方当事人提出的索赔可能给予合理补偿工期、费用和(或)利润的情况，分别作出了相应的规定。其中，引起承包人索赔的事件以及可能得到的合理补偿内容如表7-3所示。

表7-3 《标准施工招标文件》中承包人的索赔事件及可补偿内容

| 序号 | 条款号 | 索赔事件 | 可补偿内容 | | |
|---|---|---|---|---|---|
| | | | 工期 | 费用 | 利润 |
| 1 | 1.6.1 | 迟延提供图纸 | √ | √ | √ |
| 2 | 1.10.1 | 施工中发现文物、古迹 | √ | √ | |
| 3 | 2.3 | 迟延提供施工场地 | √ | √ | √ |
| 4 | 3.4.5 | 监理人指令迟延或错误 | √ | √ | |
| 5 | 4.11 | 施工中遇到不利物质条件 | √ | √ | |
| 6 | 5.2.4 | 提前向承包人提供材料、工程设备 | | √ | |
| 7 | 5.2.6 | 发包人提供材料、工程设备不合格或迟延提供或变更交货地点 | √ | √ | √ |
| 8 | 5.4.3 | 发包人更换其提供的不合格材料、工程设备 | | √ | |
| 9 | 8.3 | 承包人依据发包人提供的错误资料导致测量放线错误 | √ | √ | √ |
| 10 | 9.2.6 | 因发包人原因造成承包人人员工伤事故 | | √ | |
| 11 | 11.3 | 因发包人原因造成工期延误 | √ | √ | |
| 12 | 11.4 | 异常恶劣的气候条件导致工期延误 | √ | | |
| 13 | 11.6 | 承包人提前竣工 | | √ | |

续表

| 序号 | 条款号 | 索赔事件 | 工期 | 费用 | 利润 |
|---|---|---|---|---|---|
| 14 | 12.2 | 发包人暂停施工造成工期延误 | √ | √ | √ |
| 15 | 12.4.2 | 工程暂停后因发包人原因无法按时复工 | √ | √ | √ |
| 16 | 13.1.3 | 因发包人原因导致承包人工程返工 | √ | √ | √ |
| 17 | 13.5.3 | 监理人对已经覆盖的隐蔽工程要求重新检查且检查结果合格 | √ | √ | √ |
| 18 | 13.6.2 | 因发包人提供的材料、工程设备造成工程不合格 | √ | √ | √ |
| 19 | 14.1.3 | 承包人应监理人要求对材料、工程设备和工程作重新检验且检验结果合格 | √ | √ | √ |
| 20 | 16.2 | 基准日后法律的变化 |  | √ |  |
| 21 | 18.4.2 | 发包人在工程竣工前提前占用工程 | √ | √ | √ |
| 22 | 18.6.2 | 因发包人的原因导致工程试运行失败 |  | √ | √ |
| 23 | 19.2.3 | 工程移交后因发包人原因出现新的缺陷或损坏的修复 |  | √ | √ |
| 24 | 19.4 | 工程移交后因发包人原因出现的缺陷修复后的试验和试运行 |  | √ |  |
| 25 | 21.3.1(4) | 因不可抗力停工期间应监理人要求照管、清理、修复工程 |  | √ |  |
| 26 | 21.3.1(4) | 因不可抗力造成工期延误 | √ |  |  |

#### 2. 索赔的依据和前提条件

1) 索赔的依据

提出索赔和处理索赔都要依据下列文件或凭证。

(1) 工程施工合同文件。工程施工合同是工程索赔中最关键和最主要的依据，工程施工期间，发、承包双方关于工程的洽商、变更等书面协议或文件，也是索赔的重要依据。

(2) 国家法律、法规。国家制定的相关法律、行政法规是工程索赔的法律依据。工程项目所在地的地方性法规或地方政府规章，也可以作为工程索赔的依据，但应当在施工合同专用条款中约定为工程合同的适用法律。

(3) 国家、部门和地方有关的标准、规范和定额。对于工程建设的强制性标准，是合同双方必须严格执行的；对于非强制性标准，必须在合同中有明确规定的情况下才能作为索赔的依据。

(4) 工程施工合同履行过程中与索赔事件有关的各种凭证。这是承包人因索赔事件所遭受费用或工期损失的事实依据，它反映了工程的计划情况和实际情况。

2) 索赔成立的条件

承包人工程索赔成立的基本条件包括以下几项。

(1) 索赔事件已造成了承包人直接经济损失或工期延误。

(2) 造成费用增加或工期延误的索赔事件是非因承包人的原因发生的。

(3) 承包人已经按照工程施工合同规定的期限和程序提交了索赔意向通知、索赔报告及相关证明材料。

## 3. 工程索赔的计算

1) 费用索赔的计算

(1) 索赔费用的组成。对于不同原因引起的索赔，承包人可索赔的具体费用内容是不完全一样的。但归纳起来，索赔费用的要素与工程造价的构成基本类似，一般可归纳为人工费、材料费、施工机械使用费、分包费、施工管理费、利息、利润、保险费等。

① 人工费。人工费的索赔包括：由于完成合同之外的额外工作所花费的人工费用；超过法定工作时间加班劳动；法定人工费增长；非因承包人原因导致工效降低所增加的人工费用；非因承包人原因导致工程停工的人员窝工费和工资上涨费等。在计算停工损失中人工费时，通常采取人工单价乘以折算系数计算。

② 材料费。材料费的索赔包括：由于索赔事件的发生造成材料实际用量超过计划用量而增加的材料费；由于发包人原因导致工程延期期间的材料价格上涨和超期储存费用。材料费中应包括运输费、仓储费以及合理的损耗费用。如果由于承包人管理不善，造成材料损坏失效，则不能列入索赔款项内。

③ 施工机械使用费。施工机械使用费的索赔包括：由于完成合同之外的额外工作所增加的机械使用费；非因承包人原因导致工效降低所增加的机械使用费；由于发包人或工程师指令错误或迟延导致机械停工的台班停滞费。在计算机械设备台班停滞费时，不能按机械设备台班费计算，因为台班费中包括设备使用费。如果机械设备是承包人自有设备，一般按台班折旧费计算；如果是承包人租赁的设备，一般按台班租金加上每台班分摊的施工机械进出场费计算。

④ 现场管理费。现场管理费的索赔包括承包人完成合同之外的额外工作以及由于发包人原因导致工期延期期间的现场管理费，包括管理人员工资、办公费、通信费、交通费等。

现场管理费索赔金额的计算公式为

$$现场管理费索赔金额 = 索赔的直接成本费用 \times 现场管理费率 \qquad (7-4)$$

其中，现场管理费率的确定可以选用下面的方法：合同百分比法，即管理费比率在合同中规定；行业平均水平法，即采用公开认可的行业标准费率；原始估价法，即采用投标报价时确定的费率；历史数据法，即采用以往相似工程的管理费率。

⑤ 总部(企业)管理费。总部管理费的索赔主要指的是由于发包人原因导致工程延期期间所增加的承包人向公司总部提交的管理费，包括总部职工工资、办公大楼折旧、办公用品、财务管理、通信设施以及总部领导人员赴工地检查指导工作等开支。总部管理费索赔金额的计算，目前还没有统一的方法。通常可采用以下几种方法。

(A) 按总部管理费的比率计算，即

$$总部管理费索赔金额 = (直接费索赔金额 + 现场管理费索赔金额) \times 总部管理费比率(\%)$$
$$(7-5)$$

其中，总部管理费的比率可以按照投标书中的总部管理费比率计算(一般为3%～8%)，也可以按照承包人公司总部统一规定的管理费比率计算。

(B) 按已获补偿的工程延期天数为基础计算。该方法是在承包人已经获得工程延期索赔的批准后，进一步获得总部管理费索赔的计算方法。计算步骤如下。

Ⅰ. 计算被延期工程应当分摊的总部管理费,即

延期工程应分摊的总部管理费=同期公司计划总部管理费

×延期工程合同价格/同期公司所有合同价格 (7-6)

Ⅱ. 计算被延期工程的日平均总部管理费,即

延期工程的日平均总部管理费=延期工程应分担的总部管理费/延期工程计划工期 (7-7)

Ⅲ. 计算索赔的总部管理费,即

索赔的总部管理费=延期工程的日平均总部管理费×工程延期的天数 (7-8)

⑥ 保险费。因发包人原因导致工程延期时,承包人必须办理工程保险、施工人员意外伤害保险等各项保险的延期手续,对于由此而增加的费用承包人可以提出索赔。

⑦ 保函手续费。因发包人原因导致工程延期时,承包人必须办理相关履约保函的延期手续,对于由此而增加的手续费,承包人可以提出索赔。

⑧ 利息。利息的索赔包括:发包人拖延支付工程款利息;发包人迟延退还工程保留金的利息;承包人垫资施工的垫资利息;发包人错误扣款的利息等。至于具体的利率标准,双方可以在合同中明确约定,没有约定或约定不明的,可以按照中国人民银行发布的同期同类贷款利率计算。

⑨ 利润。一般来说,由于工程范围的变更、发包人提供的文件有缺陷或错误、发包人未能提供施工场地以及因发包人违约导致的合同终止等事件引起的索赔,承包人都可以列入利润。比较特殊的是,根据《标准施工招标文件》(2007年版)通用合同条款第11.3款的规定,对于因发包人原因暂停施工导致的工期延误,承包人有权要求发包人支付合理的利润(见表 7-3)。索赔利润的计算通常是与原报价单中的利润百分率保持一致。

但应当注意的是,由于工程量清单中的单价是综合单价,已经包含了人工费、材料费、施工机械使用费、企业管理费、利润以及一定范围内的风险费用,在索赔计算中不应重复计算。

同时,由于一些引起索赔的事件,同时也可能是合同中约定的合同价款调整因素(如工程变更、法律法规的变化以及物价波动等),因此,对于已经进行了合同价款调整的索赔事件,承包人在费用索赔的计算时不能重复计算。

⑩ 分包费用。由于发包人的原因导致分包工程费用增加时,分包人只能向总承包人提出索赔,但分包人的索赔款项应当列入总承包人对发包人的索赔款项中。分包费用索赔指的是分包人的索赔费用,一般也包括与上述费用类似的内容索赔。

(2) 费用索赔的计算方法。索赔费用的计算应以赔偿实际损失为原则,包括直接损失和间接损失。索赔费用的计算方法通常有3种,即实际费用法、总费用法和修正的总费用法。

① 实际费用法。实际费用法又称为分项法,即根据索赔事件所造成的损失或成本增加,按费用项目逐项进行分析、计算索赔金额的方法。这种方法比较复杂,但能客观地反映施工单位的实际损失,比较合理,易于被当事人接受,在国际工程中被广泛采用。

由于索赔费用组成的多样化,不同原因引起的索赔,承包人可索赔的具体费用内容有所不同,必须具体问题具体分析。由于实际费用法所依据的是实际发生的成本记录或单据,所以,在施工过程中,系统、准确地积累记录资料是非常重要的。

② 总费用法。总费用法也称为总成本法，就是当发生多次索赔事件后，重新计算工程的实际总费用，再从该实际总费用中减去投标报价时的估算总费用，即为索赔金额。总费用法计算索赔金额的公式为

$$索赔金额=实际总费用-投标报价估算总费用 \quad (7-9)$$

但是，在总费用法的计算方法中，没有考虑实际总费用中可能包括由于承包人的原因（如施工组织不善）而增加的费用，投标报价估算总费用也可能由于承包人为谋取中标而导致过低地报价，因此，总费用法并不十分科学。只有在难以精确地确定某些索赔事件导致的各项费用增加额时，总费用法才得以采用。

③ 修正的总费用法。修正的总费用法是对总费用法的改进，即在总费用计算的原则上，去掉一些不合理的因素，使其更为合理。修正的内容如下。

a. 将计算索赔款的时段局限于受到索赔事件影响的时间，而不是整个施工期。

b. 只计算受到索赔事件影响时段内的某项工作所受影响的损失，而不是计算该时段内所有施工工作所受的损失。

c. 与该项工作无关的费用不列入总费用中。

d. 对投标报价费用重新进行核算，即按受影响时段内该项工作的实际单价进行核算，乘以实际完成的该项工作的工程量，得出调整后的报价费用。

按修正后的总费用计算索赔金额的公式为

$$索赔金额=某项工作调整后的实际总费用-该项工作的报价费用 \quad (7-10)$$

修正的总费用法与总费用法相比，有了实质性的改进，它的准确程度已接近于实际费用。

【例7-3】某施工合同约定，施工现场主导施工机械一台，由施工企业租得，台班单价为300元/台班，租赁费为100元/台班，人工工资为40元/工日，窝工补贴为10元/工日，以人工费为基数的综合费率为35%。在施工过程中，发生了以下事件：①出现异常恶劣天气导致工程停工两天，人员窝工30个工日；②因天气原因导致场外道路中断抢修道路用工20工日；③场外大面积停电，停工两天，人员窝工10工日。为此，施工企业可向业主索赔费用为多少？

解：各事件处理结果如下。

(1) 异常恶劣天气导致的停工通常不能进行费用索赔。

(2) 抢修道路用工的索赔额=20×40×(1+35%)=1080(元)

(3) 停电导致的索赔额=2×100+10×10=300(元)

总索赔费用=1080+300=1380 (元)

2) 工期索赔的计算

工期索赔一般是指承包人依据合同对由于非承包人责任的原因导致的工期延误向发包人提出的工期顺延要求。

(1) 工期索赔中应当注意的问题。在工期索赔中特别应当注意以下问题。

① 划清施工进度拖延的责任。因承包人的原因造成施工进度滞后，属于不可原谅延期；只有承包人不应承担任何责任的延误，才是可原谅的延期。有时工程延期的原因中可能包

含双方责任,此时监理人应进行详细分析,分清责任比例,只有可原谅延期部分才能批准顺延合同工期。可原谅延期又可细分为可原谅并给予补偿费用的延期和可原谅但不给予补偿费用的延期;后者是指非承包人责任的影响并未导致施工成本的额外支出,大都属于发包人应承担风险责任事件的影响,如异常恶劣的气候条件影响的停工等。

② 被延误的工作应是处于施工进度计划关键线路上的施工内容。只有位于关键线路上工作内容的滞后,才会影响到竣工日期。但有时也应注意,既要看被延误的工作是否在批准进度计划的关键路线上,又要详细分析这一延误对后续工作的可能影响。因为若对非关键路线工作的影响时间较长,超过了该工作可用于自由支配的时间,也会导致进度计划中非关键路线转化为关键路线,其滞后将影响总工期的拖延。此时,应充分考虑该工作的自由时间,给予相应的工期顺延,并要求承包人修改施工进度计划。

(2) 工期索赔的具体依据。承包人向发包人提出工期索赔的具体依据主要包括以下内容。
① 合同约定或双方认可的施工总进度规划。
② 合同双方认可的详细进度计划。
③ 合同双方认可的对工期的修改文件。
④ 施工日志、气象资料。
⑤ 业主或工程师的变更指令。
⑥ 影响工期的干扰事件。
⑦ 受干扰后的实际工程进度等。

(3) 工期索赔的计算方法。
① 直接法。如果某干扰事件直接发生在关键线路上,造成总工期的延误,可以直接将该干扰事件的实际干扰时间(延误时间)作为工期索赔值。
② 比例计算法。如果某干扰事件仅仅影响某单项工程、单位工程或分部分项工程的工期,要分析其对总工期的影响,可以采用比例计算法。

a. 已知受干扰部分工程的延期时间,按下式计算,即

$$\text{工期索赔值} = \text{受干扰部分工期拖延时间} \times \text{受干扰部分工程的合同价格} / \text{原合同总价} \quad (7-11)$$

b. 已知额外增加工程量的价格,按下式计算,即

$$\text{工期索赔值} = \text{原合同总工期} \times \text{额外增加的工程量的价格} / \text{原合同总价} \quad (7-12)$$

比例计算法虽然简单方便,但有时不符合实际情况,而且比例计算法不适用于变更施工顺序、加速施工、删减工程量等事件的索赔。

③ 网络图分析法。网络图分析法是利用进度计划的网络图,分析其关键线路。如果延误的工作为关键工作,则延误的时间为索赔的工期;如果延误的工作为非关键工作,当该工作由于延误超过时限而成为关键工作时,可以索赔延误时间与时差的差值;若该工作延误后仍为非关键工作,则不存在工期索赔问题。

该方法通过分析干扰事件发生前和发生后网络计划的计算工期之差来计算工期索赔值,可以用于各种干扰事件和多种干扰事件共同作用所引起的工期索赔。

(4) 共同延误的处理。在实际施工过程中,工期拖期很少是只由一方造成的,往往是两三种原因同时发生(或相互作用)而形成的,故称为"共同延误"。在这种情况下,要具

体分析哪一种情况延误是有效的,应依据以下原则。

① 首先判断造成拖期的哪一种原因是最先发生的,即确定初始延误者,它应对工程拖期负责。在初始延误发生作用期间,其他并发的延误者不承担拖期责任。

② 如果初始延误者是发包人原因,则在发包人原因造成的延误期内,承包人既可得到工期延长,又可得到经济补偿。

③ 如果初始延误者是客观原因,则在客观因素发生影响的延误期内,承包人可以得到工期延长,但很难得到费用补偿。

④ 如果初始延误者是承包人原因,则在承包人原因造成的延误期内,承包人既不能得到工期延长,也不能得到费用补偿。

**【例 7-4】** 某建安工程施工合同总价为 6000 万元,合同工期为 6 个月,合同签订日期为 1 月初,从当年 2 月份开始施工。

(1) 合同规定了以下内容。

① 预付款按合同价的 20%,累计支付工程进度款达到施工合同总价的 40%后的下月起至竣工各月平均扣回。

② 从每次工程款中扣留 10%作为预扣质量保证金,竣工结算时将其一半退还给承包人。

③ 工期每提前 1 天,奖励 1 万元;推迟 1 天,罚款 2 万元。

④ 合同规定,当人工或材料价格比签订合同时上涨 5%及以上时,按以下公式调整合同价格,即

$$P=P_0\times(0.15A/A_0+0.6B/B_0+0.25)$$

其中,0.15 为人工费在合同总价中的比例,0.60 为材料费在合同总价中的比例。

人工或材料上涨幅度小于 5%者,不予调整,其他情况均不予调整。

⑤ 合同中规定:非承包人责任的人工窝工补偿费为 800 元/天,机械闲置补偿费为 600 元/天。

(2) 工程如期开工,该工程每月实际完成合同产值如表 7-4 所示,施工期间实际造价指数如表 7-5 所示。

表 7-4 每月实际完成合同产值

单位:万元

| 月份 | 2 | 3 | 4 | 5 | 6 | 7 |
|---|---|---|---|---|---|---|
| 完成合同产值 | 1000 | 1200 | 1200 | 1200 | 800 | 600 |

表 7-5 施工期间实际造价指数

| 月份 | 1 | 2 | 3 | 4 | 5 | 6 | 7 |
|---|---|---|---|---|---|---|---|
| 人工 | 110 | 110 | 110 | 115 | 115 | 120 | 110 |
| 材料 | 130 | 135 | 135 | 135 | 140 | 130 | 130 |

(3) 施工过程中，某一关键工作面上发生了几种原因造成的临时停工。

① 5月10—16日承包人的施工设备出现了从未出现过的故障。

② 应于5月14日交给承包人的后续图纸直到6月1日才交给承包人。

③ 5月28日至6月3日施工现场下了该季节罕见的特大暴雨，造成了6月1—5日该地区的供电全面中断。

④ 为了赶工期，施工单位采取赶工措施，赶工措施费5万元。

(4) 实际工期比合同工期提前10天完成。

问题：

(1) 该工程预付款为多少？预付款起扣点是多少？

(2) 施工单位的可索赔工期是多少？可索赔费用是多少？

(3) 每月实际应支付工程款为多少？

(4) 工期提前奖为多少？竣工结算时还应支付承包人多少万元？

**解：**

(1) 工程预付款起扣点的计算如下。

① 该工程预付款为：6000×20%=1200(万元)。

② 起扣点为：6000×40%=2400(万元)。

(2) 各事件索赔如下。

① 5月10—16日出现的设备故障，属于承包人应承担的风险，不能索赔。

② 5月15—31日是由于业主迟交图纸引起的，为业主应承担的风险，工期索赔为15天，费用索赔额=15×800+600×15=2.1(万元)。

③ 5月28日—6月3日的特大暴雨属于双方共同风险，工期索赔为3天，但不应考虑费用索赔。

④ 6月1—5日的停电属于业主应承担风险，工期可索赔2天，费用索赔额=(800+600)×2=0.28(万元)。

⑤ 赶工措施费不能索赔。

综上所述，可索赔工期20天，可索赔费用2.38万元。

(3) 2月份：完成合同价1000万元，预扣质量保证金为1000×10%=100(万元)，支付工程款为1000×90%=900(万元)。

累计支付工程款900万元，累计预扣质量保证金100万元。

3月份：完成合同价1200万元。预扣质量保证金为1200×10%=120(万元)，支付工程款为1200×90%=1080(万元)，累计支付工程款为900+1080=1980(万元)，累计预扣质量保证金为100+120=220(万元)。

4月份：完成合同价1200万元。预扣质量保证金为1200×10%=120(万元)，支付工程款为1200×90%=1080(万元)，累计支付工程款为1980+1080=3060(万元)>2400(万元)，下月开始每月扣1200/3=400(万元)预付款，累计预扣质量保证金为220+120=340(万元)。

5月份：完成合同价1200万元。

材料价格上涨：(140−130)/130×100%=7.69%>5%，应调整价款。

调整后价款：1200×(0.15+0.6×140/130+0.25)=1255(万元)

索赔款 2.1 万元，预扣质量保证金：(1255+2.1)×10%=125.71(万元)

支付工程款：(1255+2.1)×90%-400=731.39(万元)

累计支付工程款：3060+731.39=3791.39(万元)

累计预扣质量保证金：340+125.71=465.71(万元)

6 月份：完成合同价 800 万元。

人工价格上涨：(120-110)/110×100%=9.09%>5%，应调整价款。

调整后价款：800×(0.15×120/110+0.6+0.25)=810.91(万元)

索赔款 0.28 万元，预扣质量保证金：(810.91+0.28)×10%=81.119(万元)

支付工程款：(810.91+0.28)×90%-400=690.071(万元)

累计支付工程款：3791.39+690.071=4481.461(万元)

累计预扣质量保证金：465.71+81.119=546.829(万元)

7 月份：完成合同价 600 万元。

预扣质量保证金：600×10%=60(万元)

支付工程款：600×90%-400=140(万元)

累计支付工程款：4481.461+140=4621.461(万元)

累计预扣质量保证金：546.829+60=606.829(万元)

(4) 工期提前奖：(10+20)×10000=30(万元)

退还预扣质量保证金：606.829÷2=303.415(万元)

竣工结算时还应支付承包人：30+303.415=333.415(万元)

【例 7-5】某单位通过招标选择了一具有相应资质的事务所承担施工招标代理和施工阶段造价控制工作，并在中标通知书发出后第 45 天，与该事务所签订了委托合同。之后双方又另行签订了一份酬金比中标价降低 10%的协议。

在施工公开招标中，有 A、B、C、D、E、F、G、H 等施工单位报名投标，经事务所资格预审均符合要求，但建设单位以 A 施工单位是外地企业为由不同意其参加投标，而事务所坚持认为 A 施工单位有资格参加投标。

评标委员会由 5 人组成，其中当地建设行政管理部门的招投标管理办公室主任 1 人、建设单位代表 1 人、政府提供的专家库中抽取的技术经济专家 3 人。

评标时发现，B 施工单位投标报价明显低于其他投标单位报价且未能合理说明理由；D 施工单位投标报价大写金额小于小写金额；F 施工单位投标文件提供的检验标准和方法不符合招标文件的要求；H 施工单位投标文件中某分项工程的报价有个别漏项；其他施工单位的投标文件均符合招标文件要求。

建设单位最终确定 G 施工单位中标，并按照《建设工程施工合同》与该施工单位签订了施工合同。

工程按期进入安装调试阶段后，由于雷电引发了一场火灾。火灾结束后 48h 内，G 施工单位向项目监理机构通报了火灾损失情况：工程本身损失 150 万元；总价值 100 万元的待安装设备彻底报废；G 施工单位人员烧伤所需医疗费及补偿费预计 15 万元，租赁的施工设备损坏赔偿 10 万元；其他单位临时停放在现场的一辆价值 25 万元的汽车被烧毁。另外，大火扑灭过程中 G 施工单位停工 5 天，造成其他施工机械闲置损失 2 万元以及留在现场的管理保卫人员费用支出 1 万元；预计工程所需清理、修复费用 200 万元。损失情况经项目造价工程师审核属实。

问题：

(1) 指出建设单位在事务所招标和委托合同签订过程中的不妥之处，并说明理由。

(2) 在施工招标资格预审中，事务所认为 A 施工单位有资格参加投标是否正确？说明理由。

(3) 指出施工招标评标委员会组成的不妥之处，说明理由，并写出正确做法。

(4) 判别 B、D、F、H 这 4 家施工单位的投标是否为有效标？说明理由。

(5) 安装调试阶段发生的这场火灾是否属于不可抗力？指出建设单位和 G 施工单位应各自承担哪些损失或费用(不考虑保险因素)？

解：

(1) 在中标通知书发出后第 45 天签订委托合同不妥，依照《中华人民共和国招投标法》，应于 30 天内签订合同。

在签订委托合同后双方又另行签订了一份酬金比中标价降低 10%的协议不妥。依照《中华人民共和国招投标法》，招标人和中标人不得再行订立背离合同实质性内容的其他协议。

(2) 事务所认为 A 施工单位有资格参加投标是正确的。以所处地区作为确定投标资格的依据是一种歧视性的依据，这是《中华人民共和国招投标法》明确禁止的。

(3) 评标委员会组成不妥，不应包括当地建设行政管理部门的招投标管理办公室主任。

正确组成应为：评标委员会由招标人或其委托的招标代理机构熟悉相关业务的代表以及有关技术、经济等方面的专家组成，成员人数为 5 人以上单数。其中，技术、经济等方面的专家不得少于成员总数的 2/3。

(4) B、F 两家施工单位的投标不是有效标。B 单位的情况可以认定为低于成本，F 单位的情况可以认定为是明显不符合技术规格和技术标准的要求，属重大偏差。D、H 两家施工单位的投标是有效标，它们的情况不属于重大偏差。

(5) 由于雷电引发了一场火灾，属于自然事件引发的不可抗力。对于应承担的责任及费用分析如下：

① 不可抗力风险承担责任的原则如下。

a. 工程本身的损失由业主承担。

b. 人员伤亡由其所在单位负责，并承担相应费用。

c. 施工单位的机械设备损坏及停工损失，由施工单位承担。

d. 工程所需清理、修复费用，由建设单位承担。

e. 延误的工期相应顺延。

② 各自承担的费用。

a. 建设单位承担以下费用。

● 工程本身损失 150 万元。

- 总价值 100 万元的待安装设备彻底报废。
- 工程所需清理、修复费用 200 万元。
- 其他单位临时停放在现场的一辆价值 25 万元的汽车被烧毁。

合计：150+100+200+25=475(万元)

工期顺延 5 天(大火扑灭过程中 G 施工单位停工 5 天)。

b. 施工单位承担以下费用。
- G 施工单位人员烧伤所需医疗费及补偿费预计 15 万元。
- 租赁的施工设备损坏赔偿 10 万元。
- 施工机械闲置损失 2 万元。
- 现场的管理保卫人员费用支出 1 万元。

合计：15+10+2+1=28(万元)

【例 7-6】某工程项目施工采用了包工包全部材料的固定价格合同。工程招标文件参考资料中提供的用砂地点距工地 4km。但是开工后，检查该砂质量不符合要求，承包人只得从另一距工地 20km 的供砂地点采购。而在一个关键工作面上又发生了几种原因造成的临时停工：5 月 20—26 日承包人的施工设备出现了从未出现过的故障；应于 5 月 27 日交给承包人的后续图纸直到 6 月 10 日才交给承包人；6 月 7—12 日施工现场下了罕见的特大暴雨，造成了 6 月 13—14 日的该地区的供电全面中断。

问题：

(1) 承包人的索赔要求成立的条件是什么？

(2) 由于供砂距离的增大，必然引起费用的增加，承包人经过仔细认真计算后，在业主指令下达的第 3 天，向业主的造价工程师提交了将原用砂单价每吨提高 5 元的索赔要求。如作为一名造价工程师，你会批准该索赔要求吗？为什么？

(3) 若承包人对因业主原因造成窝工损失进行索赔时，要求设备窝工损失按台班计算，人工的窝工损失按日工资标准计算是否合理？如不合理应怎样计算？

(4) 由于几种情况的暂时停工，承包人在 6 月 25 日向业主的造价工程师提出延长工期 26 天，成本损失费 20000 元/天(此费率已经造价工程师核准)和利润损失费 2000 元/天的索赔要求，共计索赔款 57.2 万元。作为一名造价工程师拟批准延长工期多少天？索赔款额多少万元？

(5) 你认为应该在业主支付给承包人的工程进度款中扣除因设备故障引起的竣工拖期违约损失赔偿金吗？为什么？

解：

(1) 承包人的索赔要求成立必须同时具备以下 4 个条件。

① 与合同相比较，已造成了实际的额外费用或工期损失。

② 造成费用增加或工期损失的原因不是由于承包人的过失。

③ 造成的费用增加或工期损失不是应由承包人承担的风险。

④ 承包人在事件发生后的规定时间内提出了索赔的书面意向通知和索赔报告。

(2) 因砂场地点的变化提出的索赔不能被批准，原因如下。

① 承包人应对自己就招标文件的解释负责。

② 承包人应对自己报价的正确性与完备性负责。

③ 作为一个有经验的承包人可以通过现场踏勘确认招标文件参考资料中提供的用砂质量是否合格，若承包人没有通过现场踏勘发现用砂质量问题，其相关风险应由承包人承担。

(3) 不合理。因窝工闲置的设备按折旧费或停滞台班费或租赁费计算，只考虑折旧费等，不包括运转费部分；人工费损失应考虑这部分工作的工人调做其他工作时工效降低的损失费用；一般用工日单价乘以一个测算的降效系数计算这部分损失，而且只按成本费用计算，不包括利润。

(4) 可以批准的延长工期为 19 天，费用索赔额为 32 万元。原因如下：

① 5 月 20—26 日出现的设备故障，属于承包人应承担的风险，不应考虑承包人的延长工期和费用索赔要求。

② 5 月 27 日至 6 月 9 日是由于业主迟交图纸引起的，为业主应承担的风险，应延长工期 14 天。成本损失索赔额为 14 天×2 万/天=28 万元，但不应考虑承包人的利润要求。

③ 6 月 7—12 日的特大暴雨属于双方共同的风险，应延长工期为 3 天。但不应考虑承包人的费用索赔要求。

④ 6 月 13—14 日的停电属于业主应承担的风险，应延长工期为 2 天，索赔额为 2 天×2 万/天=4 万元。但不应考虑承包人的利润要求。

(5) 业主不应在支付给承包人的工程进度款中扣除竣工拖期违约损失赔偿金。因为设备故障引起的工程进度拖延不等于竣工工期的延误。如果承包人能够通过施工方案的调整将延误的工期补回，不会造成工期延误。如果承包人不能通过施工方案的调整将延误的工期补回，将会造成工期延误。所以，工期提前奖励或拖期罚款应在竣工时处理。

## 7.1.4 法规变化类合同价款调整事项

因国家法律、法规、规章和政策发生变化影响合同价款的风险，发、承包双方应在合同中约定由发包人承担。

**1. 基准日的确定**

为了合理划分发、承包双方的合同风险，施工合同中应当约定一个基准日，对于基准日之后发生的、作为一个有经验的承包人在招标投标阶段不可能合理预见的风险，应当由发包人承担。对于实行招标的建设工程，一般以施工招标文件中规定的提交投标文件的截止时间前的第 28 天作为基准日；对于不实行招标的建设工程，一般以建设工程施工合同签订前的第 28 天作为基准日。

**2. 合同价款的调整方法**

施工合同履行期间，国家颁布的法律、法规、规章和有关政策在合同工程基准日之后发生变化，且因执行相应的法律、法规、规章和政策引起工程造价发生变化的，合同双方当事人应当依据法律、法规、规章和政策的规定调整合同价款。但是，如果有关价格(如人工、材料和工程设备等价格)的变化已经包含在物价波动事件的调价公式中，则不再予以考虑。

#### 3. 工期延误期间的特殊处理

如果由于承包人原因导致的工期延误，按不利于承包人的原则调整合同价款。在工程延误期间国家的法律、行政法规和相关政策发生变化引起工程造价变化的，造成合同价款增加的，合同价款不予调整；造成合同价款减少的，合同价款予以调整。

## 7.2 建设工程价款的结算

### 7.2.1 我国工程价款的结算方法

#### 1. 工程价款结算的重要意义

工程价款结算是指承包人在工程实施过程中，依据承包合同中关于付款条款规定和已经完成的工程量，并按照规定的程序向建设单位(业主)收取工程价款的一项经济活动。工程价款结算是工程项目承包中的一项十分重要的工作，主要表现在以下方面。

(1) 工程价款结算是反映工程进度的主要指标。

(2) 工程价款结算是加速资金周转的重要环节。

(3) 工程价款结算是考核经济效益的重要指标。

#### 2. 工程价款的主要结算方式

工程价款结算有多种方式，一般分为以下几种。

(1) 按月结算。实行月末或月中预支，月终结算，竣工后清算的方法。跨年度竣工的工程，在年终进行工程盘点，办理年度结算。我国现行建筑安装工程价款结算中，相当一部分是实行这种按月结算。

(2) 竣工后一次结算。建设项目或单项工程全部建筑安装工程建设期在 12 个月以内，或者工程承包合同价值在 100 万元以下的，可以实行工程价款每月月中预支，竣工后一次结算。

(3) 分段结算，即当年开工，当年不能竣工的单项工程或单位工程按照工程形象进度，划分不同阶段进行结算。分段结算可以按月预支工程款。分段的划分标准由各部门、自治区、直辖市、计划单列市规定。

(4) 目标结款方式，即在工程合同中，将承包工程的内容分解成不同的控制界面，以业主验收控制界面作为支付工程价款的前提条件。也就是说，将合同中的工程内容分解成不同的验收单元，当承包人完成单元工程内容并经业主(或其委托人)验收后，业主支付构成单元工程内容的工程价款。目标结款方式实质上是运用合同手段、财务手段对工程的完成进行主动控制。

(5) 结算双方约定的其他结算方式。

## 7.2.2 工程预付款及计算

### 1. 预付款

工程预付款是指建设工程施工合同订立后，由发包人按照合同约定，在正式开工前预先支付给承包人的工程款。它是施工准备和所需材料、结构件等流动资金的主要来源，国内习惯上又称为预付备料款。

预付款的支付方法如下。

(1) 预付款的额度。各地区、各部门对工程预付款额度的规定不完全相同，主要是保证施工所需材料和构件的正常储备。工程预付款额度一般是根据施工工期、建安工作量、主要材料和构件费用占建安工程费的比例以及材料储备周期等因素经测算确定。

① 百分比法。发包人根据工程的特点、工期长短、市场行情、供求规律等因素，招标时在合同条款中约定工程预付款的百分比。根据《建设工程价款结算暂行办法》的规定，预付款的比率原则上不低于合同金额的 10%，不高于合同金额的 30%。

② 公式计算法。公式计算法是根据主要材料(含结构件等)占年度承包工程总价的比例，材料储备定额天数和年度施工天数等因素，通过公式计算预付款额度的一种方法。其计算公式为

工程预付款数额=(工程总造价×材料比例/年度施工天数)×材料储备定额天数 　(7-13)

式中，年度施工天数按 365 天日历材料储备定额天数，由当地材料供应的在途天数、加工天数、整理天数、供应间隔天数、保险天数等因素决定。

(2) 预付款的支付时间。根据《建设工程价款结算暂行办法》的规定，在具备施工条件的前提下，发包人应在双方签订合同后的一个月内或不迟于约定的开工日期前的 7 天内预付工程款，发包人不按约定预付，承包人应在预付时间到期后 10 天内向发包人发出要预付的通知，发包人收到通知后仍不按要求预付，承包人可在发出通知 14 天后停止施工，发包人应从约定应付之日起向承包人支付应付款的利息(利率按同期银行贷款利率计)，并承担违约责任。

① 承包人应在签订合同或向发包人提供与预付款等额的预付款保函(如有)后向发包人提交预付款支付申请。

② 发包人应在收到支付申请的 7 天内进行核实后向承包人发出预付款支付证书，并在签发支付证书后的 7 天内向承包人支付预付款。

③ 发包人没有按合同约定按时支付预付款的，承包人可催告发包人支付；发包人在预付款期满后的 7 天内仍未支付的，承包人可在付款期满后的第 8 天起暂停施工。发包人应承担由此增加的费用和(或)延误的工期，并向承包人支付合理利润。

## 2. 预付款的扣回

发包人支付给承包人的工程预付款属于预支性质，随着工程的逐步实施后，原已支付的预付款应以充抵工程价款的方式陆续扣回，抵扣方式应当由双方当事人在合同中明确约定。扣款的方法主要有以下两种。

(1) 按合同约定扣款。预付款的扣款方法由发包人和承包人通过洽商后在合同中予以确定，一般是在承包人完成金额累计达到合同总价的一定比例后，由承包人开始向发包人还款，发包人从每次应付给承包人的金额中扣回工程预付款，发包人至少在合同规定的完工期前将工程预付款的总金额逐次扣回。国际工程中的扣款方法一般如下。

当工程进度款累计金额超过合同价格的 10%～20%时开始起扣，每月从进度款中按一定比例扣回。

(2) 起扣点计算法。从未施工工程尚需的主要材料及构件的价值相当于工程预付款数额时起扣，此后每次结算工程价款时，按材料所占比重扣减工程价款，至工程竣工前全部扣清。起扣点的计算公式为

$$T = p - M/N \tag{7-14}$$

式中：$T$——起扣点，即预付备料款开始扣回时的累计完成工作量金额；

$M$——预付备料款限额；

$N$——主要材料所占比例；

$p$——承包工程价款总额。

## 3. 预付款担保

(1) 预付款担保的概念及作用。预付款担保是指承包人与发包人签订合同后领取预付款前，承包人正确、合理使用发包人支付的预付款而提供的担保。其主要作用是保证承包人能够按合同规定的目的使用，并及时偿还发包人已支付的全部预付金额。如果承包人中途毁约，中止工程，使发包人不能在规定期限内从应付工程款中扣回全部预付款，则发包人有权从该项担保金额中获得补偿。

(2) 预付款担保的形式。预付款担保的主要形式为银行保函。预付款担保的担保金额通常与发包人的预付款是等值的。预付款一般逐月从工程预付款中扣除，预付款担保的担保金额也相应逐月减少。承包人在施工期间，应当定期从发包人处取得同意此保函减值的文件，并送交银行确认。承包人还清全部预付款后，发包人应退还预付款担保，承包人将其退回银行注销，解除担保责任。

预付款担保也可以采用发、承包双方约定的其他形式，如由担保公司提供担保，或采取抵押等担保形式。承包人的预付款保函的担保金额根据预付款扣回的数额相应递减，但在预付款全部扣回之前一直保持有效。发包人应在预付款扣完后的 14 天内将预付款保函退还给承包人。

## 4. 安全文明施工费

发包人应在工程开工后的 28 天内预付不低于当年施工进度计划的安全文明施工费总

额的60%，其余部分按照提前安排的原则进行分解，与进度款同期支付。

发包人没有按时支付安全文明施工费的，承包人可催告发包人支付；发包人在付款期满后的7天内仍未支付的，若发生安全事故，发包人应承担连带责任。

## 7.2.3 工程进度款的支付

工程进度款支付的规定如下。

工程进度款的支付也叫合同价款的期中支付，是指发包人在合同工程施工过程中，按照合同约定对付款周期内承包人完成的合同价款给予支付的款项，也就是工程进度款的结算支付。发、承包双方应按照合同约定的时间、程序和方法，根据工程计量结果，办理期中价款结算，支付进度款。进度款支付周期应与合同约定的工程计量周期一致。

1) 工程进度款的计算

(1) 已完工程的结算价款。已标价工程量清单中的单价项目，承包人应按工程计量确认的工程量与综合单价计算。如综合单价发生调整的，以发、承包双方确认调整的综合单价计算进度款。

已标价工程量清单中的总价项目，承包人应按合同中约定的进度款支付分解，分别列入进度款支付申请中的安全文明施工费和本周期应支付的总价项目的金额中。

(2) 结算价款的调整。承包人现场签证和得到发包人确认的索赔金额列入本周期应增加的金额中。由发包人提供的材料、工程设备金额，应按照发包人签约提供的单价和数量从进度款支付中扣出，列入本周期应扣减的金额中。

2) 进度款支付的程序

(1) 承包人提交进度款支付申请。承包人应在每个计量周期到期后的7天内向发包人提交已完工程进度款支付申请一式四份，详细说明此周期认为有权得到的款额，包括分包人已完工程的价款。支付申请的内容包括以下几项。

① 累计已完成的合同价款。

② 累计已实际支付的合同价款。

③ 本周期合计完成的合同价款。其中包括：(a)本周期已完成单价项目的金额；(b)本周期应支付的总价项目的金额；(c)本周期已完成的计日工价款；(d)本周期应支付的安全文明施工费；(e)本周期应增加的金额。

④ 本周期合计应扣减的金额。其中包括：(a)本周期应扣回的预付款；(b)本周期应扣减的金额。

⑤ 本周期实际应支付的合同价款。

(2) 发包人签发进度款支付证书。发包人应在收到承包人进度款支付申请后的14天内，根据计量结果和合同约定对申请内容予以核实，确认后向承包人出具进度款支付证书。若发、承包双方对有的清单项目的计量结果出现争议，发包人应就无争议部分的工程计量结果向承包人出具进度款支付证书。

(3) 发包人支付进度款。发包人应在签发进度款支付证书后的14天内，按照支付证书列明的金额向承包人支付进度款。若发包人逾期未签发进度款支付证书，则视为承包人提交的进度款支付申请已被发包人认可，承包人可向发包人发出催告付款的通知。发包人在收到通知后的14天内，按照承包人支付申请的金额向承包人支付进度款。

发包人未按照规定的程序支付进度款的，承包人可催告发包人支付，并有权获得延迟支付的利息；发包人在付款期满后的7天内仍未支付的，承包人可在付款期满后的第8天起暂停施工。发包人应承担由此增加的费用和(或)延误的工期，向承包人支付合理利润，并承担违约责任。

(4) 进度款的支付比率。进度款的支付比率按照合同约定，按期中结算价款总额计，不低于60%，不高于90%。

(5) 支付证书的修正。发现已签发的任何支付证书有错、漏或重复的数额，发包人有权予以修正，承包人也有权提出修正申请。经发、承包双方复核同意修正的，应在本次到期的进度款中支付或扣除。

### 7.2.4 工程竣工结算

#### 1. 工程竣工结算的含义及要求

工程竣工结算是指施工企业按照合同规定的内容全部完成所承包的工程，经验收质量合格，并符合合同要求之后，向发包单位进行的最终工程价款结算。

《建设工程施工合同(示范文本)》中对竣工结算做了详细规定。

(1) 工程竣工验收报告经发包方认可后28天内，承包方向发包方递交竣工结算报告及完整的结算资料，双方按照协议书约定的合同价款及专用条款约定的合同价款调整内容，进行工程竣工结算。

(2) 发包方收到承包方递交的竣工结算报告及结算资料后28天内进行核实，给予确认或者提出修改意见。发包方确认竣工结算报告后通知经办银行向承包方支付工程竣工结算价款。承包方收到竣工结算价款后14天内将竣工工程交付发包方。

(3) 发包方收到竣工结算报告及结算资料后28天内无正当理由不支付工程竣工结算价款，从第29天起按承包方同期向银行贷款利率支付拖欠工程价款的利息，并承担违约责任。

(4) 发包方收到竣工结算报告及结算资料后28天内不支付工程竣工结算价款，承包方可以催告发包方支付结算价款。发包方在收到竣工结算报告及结算资料后56天内仍不支付的，承包方可以与发包方协议将该工程折价，也可以由承包方申请人民法院将该工程依法拍卖，承包方就该工程折价或者拍卖的价款优先受偿。

(5) 工程竣工验收报告经发包方认可后28天内，承包方未能向发包方递交竣工结算报告及完整的结算资料，造成工程竣工结算不能正常进行或工程竣工结算价款不能及时支付，发包方要求交付工程的，承包方应当交付；发包方不要求交付工程的，承包方承担保管责任。

(6) 发包方和承包方对工程竣工结算价款发生争议时，按争议的约定处理。在实际工作中，当年开工、当年竣工的工程，只需办理一次性结算。跨年度的工程，在年终办理一次年终结算,将未完工程结转到下一年度,此时竣工结算等于各年度结算的总和。

#### 2. 工程竣工结算审查

施工企业按照合同规定的内容全部完成,经验收质量合格,并符合合同要求之后,向发包人进行的最终工程价款结算。

1) 工程竣工价款结算

竣工结算工程价款=预算(概算)或合同价款+施工过程中预算或合同价款调整数额
-预付及已结算工程价款-保修金  (7-15)

2) 工程竣工结算的审查

工程竣工结算审查是竣工结算阶段的一项重要工作。经审查核定的工程竣工结算是核定建设工程造价的依据,也是建设项目验收后编制竣工决算和核定新增固定资产价值的依据。因此,建设单位、监理公司及审计部门等都十分关注竣工结算的审核把关。一般从以下几方面入手。

(1) 核对合同条款。
(2) 检查隐蔽工程验收记录。
(3) 落实设计变更签证。
(4) 按图核实工程数量。
(5) 认真核实单价。
(6) 注意各项费用计取。
(7) 防止各种计算误差。

### 7.2.5 工程价款价差调整的主要方法及应用

#### 1. 工程价款价差调整的主要方法

工程价款价差调整的方法有指数调整法、实际价格调整法、调价文件计算法及调值公式法等。下面具体介绍。

1) 指数调整法

这种方法是甲、乙方采用当时的预算(或概算)定额单价计算出承包合同价,待竣工时根据合理的工期及当地工程造价管理部门所公布的该月度(或季度)的工程造价指数,对原承包合同价予以调整,重点调整那些由于实际人工费、材料费、施工机械费等费用上涨及工程变更因素造成的价差,并对承包人给予调价补偿。

2) 实际价格调整法

在我国,由于建筑材料需要市场采购的范围越来越大,有些地区规定对钢材、木材、水泥三大材料的价格采取按实际价格结算的方法。工程承包人可凭发票按实报销。这种方法方便而正确。但由于是实报实销,因而承包人对降低成本不感兴趣,为了避免产生副作用,地方主管部门要定期发布最高限价,同时合同文件中应规定建设单位或工程师有权要求承包人选择更廉价的供应来源。

3) 调价文件计算法

这种方法是甲、乙方采取按当时的预算价格承包,在合同工期内,按照造价管理部门调价文件的规定,进行抽料补差,在同一价格期内按所完成的材料用量乘以价差。也有的地方定期发布主要材料供应价格和管理价格,对这一时期的工程进行抽料补差。

4) 调值公式法

建筑安装工程费用价格调值公式一般包括固定部分、材料部分和人工部分。但当建筑安装工程的规模和复杂性增大时,公式也变得更为复杂。调值公式一般为

$$p=p_0(a_0+a_1\times a/a_0+a_2\times b/b_0+a_3\times c/c_0+a_4\times d/d_0+\cdots) \quad (7\text{-}16)$$

式中:$p$——调值后合同价款或工程实际结算款;

$p_0$——合同价款中工程预算进度款;

$a_0$——固定要素,代表合同支付中不能调整的部分占合同总价的比例;

$a_1, a_2, a_3, a_4, \cdots$——有关各项费用(如人工费、钢材费、水泥费、运输费等)在合同总价中所占比例,$a_0+a_1+a_2+a_3+a_4+\cdots=1$;

$a_0, b_0, c_0, d_0, \cdots$——基准日期与 $a_1, a_2, a_3, a_4, \cdots$ 对应的各项费用的基期价格指数或价格;

$a, b, c, d, \cdots$——与特定付款证书有关的期间最后一天的49天前与 $a_1, a_2, a_3, a_4, \cdots$ 对应的各项费用的现行价格指数或价格。

在运用这一调值公式进行工程价款价差调整中,要注意以下几点。

(1) 固定要素通常的取值范围为0.15~0.35。

(2) 调值公式中有关的各项费用,按一般国际惯例,只选择用量大、价格高且具有代表性的一些典型人工费和材料费,并用它们的价格指数变化综合代表材料费的价格变化,以便尽量与实际情况接近。

(3) 各部分成本的比例系数,在许多招标文件中要求承包方在投标中提出,并在价格分析中予以论证。

(4) 调整有关各项费用要与合同条款规定相一致。

(5) 调整有关各项费用应注意地点与时间。

(6) 各品种系数之和加上固定要素系数应该等于1。

2. 工程合同价款的约定与调整

工程的合同价款应当在规定时间内,依据招标文件、中标人的投标文件,由发包人与承包人(以下简称"发、承包人")订立书面合同约定。非招标工程的合同价款依据审定的工程预(概)算书由发、承包人在合同中约定。合同价款在合同中约定后,任何一方不得擅自改变。

承包人应当在合同条款中对涉及工程价款结算的下列事项进行约定。

(1) 预付工程款的数额、支付时限及抵扣方式。

(2) 工程进度款的支付方式、数额及时限。

(3) 工程施工中发生变更时,工程价款的调整方法、索赔方式、时限要求及金额支付

方式。

(4) 发生工程价款纠纷的解决方法。

(5) 约定承担风险的范围及幅度以及超出约定范围和幅度的调整办法。

(6) 工程竣工价款的结算与支付方式、数额及时限。

(7) 工程质量保证(保修)金的数额、预扣方式及时限。

(8) 安全措施和意外伤害保险费用。

(9) 工期及工期提前或延后的奖惩办法。

(10) 与履行合同、支付价款相关的担保事项。

承包人在签订合同时对于工程价款的约定,可选用下列一种约定方式。

(1) 固定总价。合同工期较短且工程合同总价较低的工程,可以采用固定总价合同方式。

(2) 固定单价。双方在合同中约定综合单价包含的风险范围和风险费用的计算方法,在约定的风险范围内综合单价不再调整。风险范围以外的综合单价调整方法,应当在合同中约定。

(3) 可调价格。可调价格包括可调综合单价和措施费等,双方应在合同中约定综合单价和措施费的调整方法,调整因素包括以下几个。

① 法律、行政法规和国家有关政策变化影响合同价款。

② 工程造价管理机构的价格调整。

③ 经批准的设计变更。

④ 发包人更改经审定批准的施工组织设计造成费用增加。

⑤ 双方约定的其他因素。

承包人应当在合同规定的调整情况发生后 14 天内,将调整原因、金额以书面形式通知发包人,发包人确认调整金额后将其作为追加合同价款,与工程进度款同期支付。发包人收到承包人通知后 14 天内不予确认也不提出修改意见,视为已经同意该项调整。

当合同规定的调整合同价款的调整情况发生后,承包人未在规定时间内通知发包人,或者未在规定时间内提出调整报告,发包人可以根据有关资料,决定是否调整和调整的金额,并书面通知承包人。

3. 设计变更的价款调整

(1) 在工程建设过程中发生工程变更,承包人按照经发包人认可的变更设计文件,进行变更施工,其中,政府投资项目重大变更,需按基本建设程序报批后方可施工。

(2) 设计变更确定后 14 天内,设计变更涉及工程价款调整的,由承包人向发包人提出,经发包人审核同意后调整合同价款。变更合同价款按下列方法进行。

① 合同中已有适用于变更工程的价格,按合同已有的价格变更合同价款。

② 合同中只有类似于变更工程的价格,可以参照类似价格变更合同价款。

③ 合同中没有适用或类似于变更工程的价格,由承包人或发包人提出适当的变更价格,经对方确认后执行。如双方不能达成一致的,双方可提请工程所在地工程造价管理机构进行咨询或按合同约定的争议或纠纷解决程序办理。

(3) 设计变更确定后 14 天内,如承包人未提出变更工程价款报告,则发包人可根据所掌握的资料决定是否调整合同价款和调整的具体金额。重大工程变更涉及工程价款变更报告和确认的时限由发、承包双方协商确定。收到变更工程价款报告一方,应在收到变更报告之日起 14 天内予以确认或提出协商意见,自变更工程价款报告送达之日起 14 天内,对方未确认也未提出协商意见时,视为变更工程价款报告已被确认。确认增(减)的工程变更价款作为追加(减)合同价款与工程进度款同期支付。

### 4. FIDIC 合同条件下工程价款的支付与结算程序

按合同约定,承包人完成合同约定的工程内容,业主支付价款。

1) 工程价款支付的条件

(1) 质量合格。

(2) 符合合同条件。

(3) 变更项目必须有工程师的变更通知。

(4) 支付金额必须大于临时支付证书规定的最小限额。

(5) 承包人的工作使工程师满意。

2) 工程价款结算程序

承包人提出付款申请→工程师审核→业主支付。

【例 7-7】某工程项目施工承包合同价为 3200 万元,工期 18 个月,承包合同规定如下。

(1) 发包人在开工前 7 天应向承包人支付合同价 20%的工程预付款。

(2) 工程预付款自工程开工后的第 8 个月起分 5 个月等额抵扣。

(3) 工程进度款按月结算。工程质量保证金为承包合同价的 5%,发包人从承包人每月的工程款中按比例扣留。

(4) 当分项工程实际完成工程量比清单工程量增加 10%以上时,超出部分的相应综合单价调整系数为 0.9。

(5) 规费费率 4.8%,以工程量清单中分部分项工程合价为基数计算;税金税率 3.44%,按规定计算。

在施工过程中,发生以下事件。

(1) 工程开工后,发包人要求变更设计。增加一项花岗石墙面工程,由发包人提供花岗石材料,双方商定该项综合单价中的管理费、利润均以人工费与机械费之和为计算基数,管理费率为 40%,利润率为 14%。消耗量及价格信息资料见表 7-6。

(2) 在工程进度至第 8 个月时,施工单位按计划进度完成了 200 万元建安工作量,同时还完成了发包人要求增加的一项工作内容。经工程师计量后的该工作工程量为 260$m^3$。经发包人批准的综合单价为 352 元/$m^2$。

(3) 施工至第 14 个月时,承包人向发包人提交了按原综合单价计算的该月已完工程量结算报价 180 万元。经工程师计量,其中某分项工程因设计变更实际完成工程量为 580$m^3$(原清单工程量为 360$m^3$,综合单价为 1200 元/$m^3$)。

表 7-6 铺贴花岗石面层定期消耗量及价格信息

| 项 目 | | 单 位 | 消 耗 量 | 市场价/元 |
|---|---|---|---|---|
| 人工 | 综合工日 | 工日 | 0.56 | 60.00 |
| 材料 | 白水泥 | kg | 0.155 | 0.80 |
| | 花岗石 | m³ | 1.06 | 530.00 |
| | 水泥砂浆(1:3) | m³ | 0.0299 | 240.00 |
| | 其他材料费 | | | 6.40 |
| 机械 | 灰浆搅拌机 | 台班 | 0.0052 | 49.18 |
| | 切割机 | 台班 | 0.0969 | 52.60 |

问题：

(1) 计算该项目工程预付款。

(2) 编制花岗石墙面工程的工程量清单综合单价分析表，列式计算并把计算结果填入表 7-7 中。

表 7-7 分部分项工程量清单综合单价分析      单位：元/m²

| 项目编号 | 项目名称 | 工程内容 | 综合单价组成 | | | | | 综合单价 |
|---|---|---|---|---|---|---|---|---|
| | | | 人工费 | 材料费 | 机械费 | 管理费 | 利润 | |
| 020108001001 | 花岗石墙面 | 进口花岗岩板(25mm) 1:3水泥砂浆结合层 | 33.60 (0.5分) | 13.70 (或 575.50) (0.5分) | 5.29 (0.5分) | 15.56 (0.5分) | 5.44 (0.5分) | 73.59 (或 635.39) (0.5分) |

(3) 列式计算第 8 个月的应付工程款。

(4) 列式计算第 14 个月的应付工程款。

(计算结果均保留两位小数，问题(3)和问题(4)的计算结果以万元为单位)

解：

(1) 工程预付款：3200×20%=640(万元)

(2) 人工费：0.56×60=33.60(元/m²)

材料费：0.155×0.8+0.0299×240+6.4=13.70(元/m²)

或 13.70+1.06×530=575.50(元/m²)

机械费：0.0052×49.18+0.0969×52.6=5.29(元/m²)

管理费：(33.60+5.29)×40%=15.56(元/m²)

利润：(33.60+5.29)×14%=5.44(元/m²)

综合单价：33.60+13.70+5.29+15.56+5.44=73.59(元/m²)

或 33.60+575.50+5.29+15.56+5.44=635.39(元/m²)

(3) 增加工作的工程款：260×352×(1+4.8%)×(1+3.44%)=98931=9.90(万元)

第 8 个月应付工程款：(200+9.9)×(1−5%)−640÷5=71(万元)

(4) 该分项工程的工程款应为：

[360×1.1×1200+(580−360×1.1)×1200×0.9]×(1+4.8%)×(1+3.44%)=74(万元)

承包人结算报告中该分项工程的工程款为：

580×1200×(1+4.8%)×(1+3.44%)=76(万元)

承包人多报的该分项工程的工程款为：76−74=2(万元)

第 14 个月应付工程款：(180−2)×(1−5%)=169(万元)

【例 7-8】某工程项目业主与承包人签订了工程施工承包合同。合同中估算工程量为 5300m³，全费用单价为 180 元/m³。合同工期为 6 个月。有关付款条款如下。

(1) 开工前业主应向承包人支付估算合同总价 20%的工程预付款。

(2) 业主自第 1 个月起，从承包人的工程款中按 5%的比率扣留质量保证金。

(3) 当实际完成工程量增减幅度超过估算工程量的 15%时，可进行调价，调价系数为 0.9(或 1.1)。

(4) 每月支付工程款最低金额为 15 万元。

(5) 工程预付款从累计已完工程款超过估算合同价 30%以后的下一个月起，至第 5 个月均匀扣除。

承包人每月实际完成并经签证确认的工程量如表 7-8 所示。

表 7-8  每月实际完成工程量

| 月份 | 1 | 2 | 3 | 4 | 5 | 6 |
|---|---|---|---|---|---|---|
| 完成工程量/m³ | 800 | 1000 | 1200 | 1200 | 1200 | 800 |
| 累计完成工程量/m³ | 800 | 1800 | 3000 | 4200 | 5400 | 6200 |

问题：

(1) 估算合同总价为多少？

(2) 工程预付款为多少？工程预付款从哪个月起扣留？每月应扣工程预付款为多少？

(3) 每月工程量价款为多少？业主应支付给承包人的工程款为多少？

解：

问题 1：

估算合同总价：5300×180=95.4(万元)

问题 2：

(1) 工程预付款：95.4×20%=19.08(万元)

(2) 工程预付款应从第 3 个月起扣留，因为第 1、2 两个月累计已完工程款：

1800×180=32.4(万元)>95.4×30%=28.62(万元)

(3) 每月应扣工程预付款:19.08÷3=6.36(万元)

问题 3：

第 1 个月工程量价款：800×180=14.40(万元)

应扣留质量保证金：14.40×5%=0.72(万元)

本月应支付工程款：14.40−0.72=13.68(万元)<15 万元

第 1 个月不予支付工程款。

第 2 个月工程量价款：1000×180=18.00(万元)

应扣留质量保证金：18.00×5%=0.9(万元)

本月应支付工程款：18.00-0.9=17.10(万元)

3.68+17.10=30.78(万元)>15 万元

第 2 个月业主应支付给承包人的工程款为 30.78 万元。

第 3 个月工程量价款：1200×180=21.60(万元)

应扣留质量保证金：21.60×5%=1.08(万元)

应扣工程预付款：6.36 万元

本月应支付工程款：21.60-1.08-6.36=14.16(万元)<15 万元

第 3 个月不予支付工程款。

第 4 个月工程量价款：1200×180=21.60(万元)

应扣留质量保证金：1.08 万元

应扣工程预付款：6.36 万元

本月应支付工程款：14.16 万元

14.16+14.16=28.32(万元)>15 万元

第 4 个月业主应支付给承包人的工程款为 28.32 万元。

第 5 个月累计完成工程量为 5400$m^3$，比原估算工程量超出 100$m^3$，但未超出估算工程量的 15%，所以仍按原单价结算。

本月工程量价款：1200×180=21.60(万元)

应扣留质量保证金：1.08 万元

应扣工程预付款：6.36 万元

本月应支付工程款：14.16 万元<15 万元

第 5 个月不予支付工程款。

第 6 个月累计完成工程量为 6200$m^3$，比原估算工程量超出 900$m^3$，已超出估算工程量的 15%，对超出的部分应调整单价。

应按调整后的单价结算的工程量：6200-5300×(1+15%)=105($m^3$)

本月工程量价款：105×180×0.9+(800-105)×180=14.21(万元)

应扣留质量保证金：14.21×5%=0.71(万元)

本月应支付工程款：14.21-0.711=13.50(万元)

第 6 个月业主应支付给承包人的工程款为 14.16+13.50=27.66(万元)。

## 7.3 资金使用计划的编制

### 7.3.1 施工阶段资金使用计划的编制方法

**1. 编制施工阶段资金使用计划的相关因素**

前序阶段的资金投入与策划直接影响到后续工作的进程与效果，资金的不断投入过程即是工程造价的逐步实现过程。施工阶段工程造价的计价与控制与其前序阶段的众多因素密切相关。可行性研究报告、设计方案、施工图预算是施工阶段造价计价与控制的关键因素。

与施工阶段造价计价与控制有直接关系的是施工组织设计，其任务是实现建设计划和实际要求，对整个工程施工选择科学的施工方案和合理安排施工进度，是施工过程控制的依据，也是施工阶段资金使用计划编制的依据之一。

总进度计划的相关因素为项目工程量、建设总工期、单位工程工期、施工程序与条件、资金资源和需要、供给的能力与条件。总进度计划成为确定资金使用计划与控制目标、编制资源需要与调度计划的最为直接的重要依据。

确定施工阶段资金使用计划时还应考虑施工阶段出现的各种风险因素对于资金使用计划的影响。在制订资金使用计划时要考虑计划工期与实际工期、计划投资与实际投资、资金供给与资金调度等多方面的关系。

**2. 施工阶段资金使用计划的作用与编制方法**

1) 作用

施工阶段资金使用计划的编制与控制在整个工程造价管理中处于重要而独特的地位，其作用表现在以下几个方面。

(1) 通过编制资金使用计划，合理确定工程造价施工阶段目标值，使工程造价的控制有所依据，并为资金的筹集与协调打下基础。

(2) 通过资金使用计划的科学编制，可以对未来工程项目的资金使用和进度控制有所预测，消除不必要的资金浪费和进度失控，也能够避免在今后工程项目中由于缺乏依据而进行轻率判断所造成的损失，减少盲目性，增加自觉性，使现有资金充分地发挥作用。

(3) 通过资金使用计划的严格执行，可以有效地控制工程造价上升，最大限度地节约投资，提高投资效益。

对脱离实际的工程造价目标值和资金使用计划，应在科学评估的前提下，允许修订和修改，使工程造价更加趋于合理水平，从而保障建设单位和承包人各自的合法利益。

2) 编制方法

施工阶段资金使用计划的编制方法，主要有以下几种。

(1) 按不同子项目编制资金使用计划。按不同子项目划分资金的使用，进而做到合理分配，必须对工程项目进行合理划分，划分的粗细程度根据实际需要而定。在实际工作中，总投资目标按项目分解只能分到单项工程或单位工程。

(2) 按时间进度编制的资金使用计划。按时间进度编制的资金使用计划，通常可利用项目进度网络图进一步扩充后得到。利用网络图控制投资，即要求在拟订工程项目的执行计划时，一方面确定完成某项施工活动所需的时间，另一方面也要确定完成这一工作的合适的支出预算。

## 7.3.2 施工阶段的投资偏差分析

### 1. 偏差形成原因及类型

(1) 偏差形成原因。一般来讲，引起投资偏差的原因主要有以下4个方面。

① 客观原因：由于人工费、材料费、机械使用费涨价；自然因素；地基因素；交通原因；社会原因；法规变化等。

② 业主原因：投资规划不当；组织不落实；建设手续不健全；未及时付款；协调不佳等。

③ 设计原因：设计错误或缺陷；设计标准变更；图纸提供不及时；结构变更等。

④ 施工原因：施工组织设计不合理；质量事故；进度安排不当等。

由于客观原因是无法避免的，双方按合同约定解决；施工原因造成的损失由施工单位自己负责。因此，纠偏的主要对象是由于业主原因和设计原因造成的投资偏差。

(2) 偏差的类型。在数量分析的基础上，可以将偏差的类型分为4种形式。

① 投资增加且工期拖延。这种类型是纠正偏差的主要对象，必须引起高度重视。

② 投资增加但工期提前。这种情况下要适当考虑工期提前带来的效益。从资金使用的角度，如果增加的资金值超过增加的效益时，要采取纠偏措施。

③ 工期拖延但投资节约。这种情况下是否采取纠偏措施要根据实际需要确定。

④ 工期提前且投资节约。这种情况是最理想的，不需要采取纠偏措施。

### 2. 偏差的纠正措施

纠偏措施通常分为组织措施、经济措施、技术措施、合同措施4个方面。

(1) 组织措施：从投资控制的组织管理方面采取的措施。

(2) 经济措施：最易被人们接受，但运用中要特别注意不可把经济措施简单理解为审核工程量及相应的支付价款。

(3) 技术措施：要对不同的技术方案进行技术经济分析综合评价后加以选择。

(4) 合同措施：合同措施在纠偏方面主要指索赔管理。

### 3. 施工阶段投资偏差分析

施工阶段投资偏差的形成过程，是由于施工过程随机因素与风险因素的影响形成了实际投资与计划投资、实际工程进度与计划工程进度的差异，这些差异称为投资偏差与进度偏差，这些偏差是施工阶段工程造价计算与控制的对象。

1) 投资偏差及进度偏差

投资偏差指投资计划值与投资实际值的差异；进度偏差指已完工程的实际时间与计划时间的差异。

$$投资偏差=已完工程实际投资-已完工程计划投资 \tag{7-17}$$

$$进度偏差=已完工程实际时间-已完工程计划时间 \tag{7-18}$$

为了与投资偏差联系起来，进度偏差也可表示为

$$进度偏差=拟完工程计划投资-已完工程计划投资 \tag{7-19}$$

拟完工程计划投资是指根据进度计划安排在某一确定时间内所应完成的工程内容的计划投资。进度偏差为正值时，表示工期拖延；结果为负值时，表示工期提前。

2) 投资偏差的类型

(1) 局部偏差和累计偏差。局部偏差有两层含义：一是相对于总项目的投资而言，指各单项工程、单位工程和分部分项工程的偏差；二是相对于项目实施的时间而言，指每一控制周期所发生的投资偏差。累计偏差则是在项目已经实施的时间内累计发生的偏差。在进行投资偏差分析时，对局部偏差和累计偏差都要进行分析。

(2) 绝对偏差和相对偏差。绝对偏差是指投资计划值与实际值比较所得的差额。相对偏差则是指投资偏差的相对数或比例数，通常是用绝对偏差与投资计划值的比例来表示。其公式为

$$相对偏差=绝对偏差/投资计划值=(投资实际值-投资计划值)/投资计划值 \quad (7\text{-}20)$$

绝对偏差和相对偏差的数值均可正可负，且两者符号相同，正值表示投资增加，负值表示投资节约。在进行投资偏差分析时，对绝对偏差和相对偏差都要进行计算。

### 4. 偏差的分析方法

常用的偏差分析方法有横道图法、时标网络图法、表格法、曲线法。具体内容如表7-9所示。

表7-9 常用的偏差分析方法

| 方法<br>选项 | 横道图法 | 时标网络图法 | 表格法 | 曲线法 |
| --- | --- | --- | --- | --- |
| 基本原理 | 用不同的横道标识拟完工程计划投资、已完工程实际投资和已完工程计划投资，再确定投资偏差与进度偏差 | 根据时标网络图可以得到拟完工程计划投资，考虑实际进度前锋线就可以得到已完工程计划投资，已完工程实际投资可以根据实际工作完成情况测得，从而进行投资偏差和进度偏差计算 | 进行偏差分析最常用的方法，根据项目的具体情况、数据来源、投资控制工作的要求等条件来设计表格，进行偏差计算 | 用投资时间曲线进行偏差分析，通过3条曲线的横向和竖向距离确定投资偏差和进度偏差 |
| 关键问题 | 需要根据拟完工程计划投资和已完工程实际投资确定已完工程计划投资 | 通过实际进度前锋线计算已完工程计划投资 | 准确测定各项目的已完工程量、计划工程量、计划单价、实际单价 | 曲线的绘制须准确 |
| 优点 | 简单直观，便于了解项目投资的概貌。主要反映累计偏差和局部偏差 | 简单、直观，主要用来反映累计偏差和局部偏差 | 适用性强，信息量大，可以反映各种偏差变量和指标，还便于计算机辅助管理 | 形象直观，主要反映累计偏差和绝对偏差 |
| 缺点 | 信息量较少，使用有局限性 | 实际进度前锋线的绘制有时会遇到一定的困难 |  | 不能直接用于定量分析，主要反映绝对偏差，与表格法结合起来较好 |

【例 7-9】某工程 1 月份拟完工程计划投资 150 万元，已完工程实际投资 170 万元，已完工程计划投资 166 万元，求该工程投资偏差和进度偏差。

解：
投资偏差=已完工程实际投资-已完工程计划投资=170-166=4(万元)
进度偏差=拟完工程计划投资-已完工程计划投资=150-166=-16(万元)
结论：投资增加 4 万元，工期提前 16 万元。

## 本 章 小 结

本章详细讲述了工程变更及现场签证的结算和办理程序，工程索赔的原因及索赔的费用和工期如何处理。工程预付款及进度款的支付程序及金额。竣工结算的办理及施工使用计划的编制。要深刻理解工程索赔依据在实际工程中的作用。

## 复习思考题

7-1 简述工程变更的处理程序。
7-2 工程变更的范围有哪些？
7-3 什么是现场签证？
7-4 物价波动的调整方法有哪些？
7-5 预付款的额度及时限是多少？
7-6 工程索赔的概念是什么？
7-7 掌握工程价款的主要结算方式。

# 第 8 章 竣工决算的编制和保修费用的处理

**本章学习要求和目标：**
- 了解竣工决算的概念、竣工决算的编制依据。
- 熟悉竣工决算的编制步骤、竣工决算的作用。
- 掌握竣工决算的内容、新增资产和无形资产价值的确定。

## 8.1 竣工决算

### 8.1.1 竣工决算的概念及作用

**1. 竣工决算的概念**

竣工决算是以实物数量和货币指标为计量单位，综合反映竣工项目从筹建开始到项目竣工交付使用为止的全部建设费用、投资效果和财务情况的总结性文件。

**2. 竣工决算的作用**

(1) 竣工决算是综合、全面地反映竣工项目建设成果及财务情况的总结性文件。

它采用货币指标、实物数量、建设工期等各种技术经济指标，综合、全面地反映建设项目自开始建设到竣工为止的全部建设成果和财物状况。

(2) 竣工决算是办理交付使用资产的依据，也是竣工验收报告的重要组成部分。

建设单位与使用单位在办理交付资产的验收交接手续时，通过竣工决算反映了交付使用资产的全部价值，包括固定资产、流动资产、无形资产和递延资产的价值。同时，它还详细提供了交付使用资产的名称、规格、数量、型号和价值等明细资料，是使用单位确定各项新增资产价值并登记入账的依据。

(3) 竣工决算是分析和检查设计概算的执行情况，考核投资效果的依据。

竣工决算反映了竣工项目计划、实际的建设规模、建设工期以及设计和实际的生产能力，反映了概算总投资和实际的建设成本，同时还反映了所达到的主要技术经济指标。通过对这些指标计划数、概算数与实际数进行对比分析，不仅可以全面掌握建设项目计划和概算执行情况，而且可以考核建设项目投资效果，为今后制订基建计划、降低建设成本、提高投资效果提供必要的资料。

## 8.1.2 竣工决算的内容

其内容应包括从项目策划到竣工投产全过程的全部实际费用，包括竣工财务决算说明书、竣工财务决算报表、建设工程竣工图和工程造价对比分析 4 个部分，其中竣工财务决算说明书和竣工财务决算报表又合称为竣工财务决算，它是竣工决算的核心内容。

**1. 竣工决算说明书**

竣工决算说明书主要反映竣工工程建设成果和经验，是对竣工决算报表进行分析和补充说明的文件，是全面考核分析工程造价的书面总结，其内容主要包括以下几个方面。

(1) 建设项目概况，对工程总的评价。一般从进度、质量、安全和造价、施工方面进行分析说明。

(2) 资金来源及运用等财务分析。包括工程价款结算、会计账务的处理、财产物资情况及债券债务清偿情况。

(3) 基本建设收入、投资包干结余和竣工结余资金的上交分配情况。

(4) 各项经济技术指标的分析。包括概算执行情况分析，根据实际投资完成额与概算进行对比分析；新增生产能力的效益分析，说明支付使用财产占总投资额的比例、占支付使用财产的比例，不增加固定资产的造价占总投资的比例，分析有机构成和成果。

(5) 工程建设的经验及项目管理和财务管理以及竣工财务决算有待解决的问题。

(6) 需要说明的其他事项。

**2. 竣工财务决算报表**

竣工财务决算表是竣工财务决算报表的一种，用来反映建设项目的全部资金来源和资金占用(支出)情况，是考核和分析投资效果的依据。其采用的是平衡表的形式，即资金来源合计等于资金占用合计。

根据国家财政部印发的有关规定和通知，工程项目竣工财务决算报表应按大、中型工程项目和小型项目分别编制。

1) 大、中型项目需填报

建设项目竣工财务决算审批表(见表 8-1)，大、中型建设项目概况表(见表 8-2)，大、中型建设项目竣工财务决算表(见表 8-3)，大、中型建设项目交付使用资产总表(见表 8-4)，工程项目交付使用资产明细表。

2) 小型项目需填报

工程项目竣工财务决算审批表(同大、中型项目)，小型建设项目竣工财务决算总表(见表 8-5)，工程项目交付使用资产明细表。

表 8-1 建设项目竣工财务决算审批表

| 建设项目法人(建设单位) | | 建设性质 | |
|---|---|---|---|
| 建设项目名称 | | 主管部门 | |
| 开户银行意见: <br><br><br> (盖章) <br> 年 月 日 ||||
| 专员办审批意见: <br><br><br> (盖章) <br> 年 月 日 ||||
| 主管部门或地方财政部门审批意见: <br><br><br> (盖章) <br> 年 月 日 ||||

表 8-2 大、中型建设项目概况表

| 建设项目(单项工程)名称 | | | 建设地址 | | | 项目 | 概算/元 | 实际/元 | 备注 |
|---|---|---|---|---|---|---|---|---|---|
| 主要设计单位 | | | 主要施工企业 | | | 建筑安装工程投资 | | | |
| | | | | | | 设备、工具、器具 | | | |
| 占地面积 | 设计 | 实际 | 总投资/万元 | 设计 | 实际 | 待摊投资 | | | |
| | | | | | | 其中:建设单位管理费 | | | |
| 新增生产能力 | 能力(效益)名称 | | | 设计 | 实际 | 其他投资 | | | |
| | | | | | | 待核销基建支出 | | | |
| 建设起止时间 | 设计 | 从 年 月开工 至 年 月竣工 | | | | 非经营项目转出投资 | | | |
| | 实际 | 从 年 月开工 至 年 月竣工 | | | | 合计 | | | |
| 设计概算批准文号 | | | | | | | | | |
| 完成主要工程量 | 建设规模 | | | | | 设备/台、套、t | | | |
| | 设计 | | 实际 | | | 设计 | | 实际 | |
| 收尾工程 | 工程项目、内容 | | 已完成投资额 | | | 尚需投资额 | | 完成时间 | |

表 8-3 大、中型建设项目竣工财务决算表

| 资金来源 | 金额 | 资金占用 | 金额 |
|---|---|---|---|
| 一、基建拨款 | | 一、基本建设支出 | |
| 1. 预算拨款 | | 1. 交付使用资产 | |
| 2. 基建基金拨款 | | 2. 在建工程 | |
| 其中：国债专项资金拨款 | | 3. 待核销基建支出 | |
| 3. 专项建设基金拨款 | | 4. 非经营性项目转出投资 | |
| 4. 进口设备转财拨款 | | 二、应收生产单位投资借款 | |
| 5. 器材转账拨款 | | 三、拨付所属投资借款 | |
| 6. 煤代油专用基金拨款 | | 四、器材 | |
| 7. 自筹资金拨款 | | 其中：待处理器材损失 | |
| 8. 其他拨款 | | 五、货币资金 | |
| 二、项目资产 | | 六、预付及应收款 | |
| 1. 国家资本 | | 七、有价证券 | |
| 2. 法人资本 | | 八、固定资产 | |
| 3. 个人资本 | | 固定资产原价 | |
| 4. 外商资本 | | 减：累计折旧 | |
| 三、项目资本公积 | | 固定资产净值 | |
| 四、基建借款 | | 固定资产清理 | |
| 其中：国债转贷 | | 待处理固定资产损失 | |
| 五、上级拨入投资借款 | | | |
| 六、企业债券资金 | | | |
| 七、待冲基建支出 | | | |

表 8-4 大、中型建设项目交付使用资产总表

| 序号 | 单项工程项目名称 | 总计 | 固定资产 | | | | 流动资产 | 无形资产 | 其他资产 |
|---|---|---|---|---|---|---|---|---|---|
| | | | 合计 | 建安工程 | 设备 | 其他 | | | |
| | | | | | | | | | |
| | | | | | | | | | |
| | | | | | | | | | |
| | | | | | | | | | |
| | | | | | | | | | |

交付单位： 负责人： 接受单位： 负责人：
盖　　章　　　　年　月　日　　盖　　章　　　　年　月　日

表 8-5　小型建设项目竣工财务决算总表

| 建设项目名称 | | | | | | 资金来源 | | 资金运用 | |
|---|---|---|---|---|---|---|---|---|---|
| 建设地址 | | | | | | | | | |
| 初步设计概算批准文号 | | | | | | 项目 | 金额/元 | 项目 | 金额/元 |
| | | | | | | 一、基建拨款，其中：预算拨款 | | 一、交付使用资产 | |
| 占地面积 | 计划 | 实际 | 总投资(万元) | 计划 | 实际 | | | 二、待核销基建支出 | |
| | | | | 固定资产 | 流动资金 | 固定资产 | 流动资金 | 二、项目资本 | | 三、非经营性项目转出投资 | |
| | | | | | | | | 三、项目资本公积金 | | | |
| 新增生产能力 | 能力(效益名称) | 设计 | 实际 | | | 四、基建借款 | | 四、应收生产单位投资借款 | |
| | | | | | | 五、上级拨入借款 | | | |
| 建设起止时间 | 计划 | 从　年　月开工至　年　月竣工 | | | | 六、企业债券资金 | | 五、拨付所属投资借款 | |
| | 实际 | 从　年　月开工至　年　月竣工 | | | | 七、待冲基建支出 | | 六、器材 | |

### 3. 建设工程竣工图

建设工程竣工图是真实地记录各种地上、地下建筑物、构筑物等情况的技术文件，是工程进行交工验收、维护改建和扩建的依据，是国家的重要技术档案。为了确保竣工图的真实性，提高竣工图的质量，必须在施工过程中及时做好隐蔽工程检查记录，整理好设计变更文件。具体要求如下。

(1) 按图竣工没有变动的，由施工单位在原施工图上加盖"竣工图"标志后，即作为竣工图。

(2) 在施工过程中，虽有一般性设计变更，但能将原施工图加以修改补充为竣工图的，可不重新绘制，由施工单位负责在原施工图上注明修改的部分，并附以设计变更通知单和施工说明，加盖"竣工图"标志后，作为竣工图。

(3) 结构形式改变、施工工艺改变、平面布置改变、项目改变以及有其他重大改变，不宜在原施工图上修改、补充时，应重新绘制改变后的竣工图。由原设计原因造成的，由设计单位负责重新绘制；由施工单位造成的，施工单位负责重新绘制；由其他单位造成的，由建设单位自行绘制或委托设计单位绘制。施工单位负责在新图上加盖"竣工图"标志，并附以有关记录和说明，作为竣工图。

(4) 为了满足竣工验收和竣工决算的需要，还应绘制反映竣工工程全部内容的工程设计平面示意图。

#### 4. 工程造价比较分析

工程造价比较分析是在建设项目施工中或竣工后，对整个项目的执行情况进行分析。进行工程造价比较分析时，先对比整个项目的总概算；然后将建筑安装工程费以及设备、工器具购置费和其他工程费用，逐一与竣工决算表中所提供的实际数据和相关资料及批准的概算预算指标、实际的工程造价进行对比分析，以确定工程项目总造价是节约还是超支。

### 8.1.3 竣工决算与结算的区别

竣工结算是承包方将所承包的工程按照合同规定全部完工交付使用之后，向发包单位进行最终结算的工程价款。竣工决算是发包单位向上级主管部门提供的报告产值的经济文件。竣工决算是以工程竣工结算为基础进行编制的，竣工结算是竣工决算的一个组成部分。竣工结算与竣工决算的区别主要有以下几个方面。

#### 1. 编制、审核单位不同

工程竣工结算由承包人编制，发包人审查；实行总承包的工程，由具体承包人编制，在总承包人审查的基础上，发包人审查。单项工程竣工结算或建设项目竣工总结算由总(承)包人编制，发包人可直接审查，也可以委托具有相应资质的工程造价咨询机构进行审查。

工程竣工决算是由建设单位预算部门负责编制，上报主管部门审查，同时抄送有关设计单位。大、中型建设项目的竣工决算还应抄送财政部、建设银行总行和省、市、自治区的财政局和建设银行分行各一份。

#### 2. 编制范围不同

工程竣工结算是承包人编制完成的，承包单位在工程竣工验收合格后的一定工作日内，向建设单位递交竣工结算报告及完整的结算资料。这里的结算资料是指对施工单位完成的全部工作价值的详细结算，以及根据合同条件对应付给施工方的其他费用的合计。主要包含建筑工程费、安装工程费及合同规定给施工方的其他费用。

工程竣工决算是由建设单位编制完成的，是在项目竣工以及承包单位提交竣工结算报告及结算资料后，建设单位报告全部建设费用、建设成果和财务情况的总结性文件。竣工决算包括从筹集到竣工投产全过程的全部实际费用，即包括建筑工程费、安装工程费、设备工器具购置费用及预备费和投资方向调解税等费用。按照财政部、国家发改委和建设部的有关文件规定，竣工决算是由竣工财务决算说明书、竣工财务决算报表、工程竣工图和工程竣工造价对比分析四部分组成。

可以看出，工程竣工决算是一个工程从无到有的所有相关费用，而工程竣工结算是一个实体工程的建筑和安装工程费用。工程竣工决算包含了工程竣工结算的内容，而工程竣工结算是工程竣工决算的一个重要组成部分。

**3. 编制作用不同**

竣工结算是建设单位与施工单位结算工程价款的依据，是施工单位核算其工程成本、考核其生产成果、确定经营活动最终收入的依据，也是建设项目验收后编制竣工决算和核定新增固定资产价值的依据。竣工结算反映的是基本建设工程的实际造价。

竣工决算是验收报告的重要组成部分，反映了竣工项目计划、实际的建设规模、建设工期以及设计和实际的生产能力，反映了概算总投资和实际的建设成本，同时还反映了所达到的主要技术经济指标，是建设单位考核投资效果、确定正确固定资产价值和正确核定新增固定资产价值的依据。竣工决算是反映建设项目实际造价和投资效果。

**4. 编制依据不同**

工程竣工结算的编制主要依据是财政部、住建部联合发布的《建设工程价款结算暂行办法》；相关法律、法规、规章制度和司法解释；建设工程量清单计价规范；施工承发包合同、专业分包合同和补充合同以及工程竣工后的竣工图等。

工程竣工决算编制的主要依据是财政部发布的《基本建设财务管理规定》，包括经批准的可行性研究报告、投资估算书，初步设计或扩大初步设计，修正总概算及其批复文件等。

### 8.1.4　竣工决算的编制

**1. 竣工决算的编制依据**

(1) 经批准的可行性研究报告及其投资估算书。
(2) 经批准的初步设计或扩大初步设计及其概算书或修正概算书。
(3) 经批准的施工图设计及其施工图预算书。
(4) 设计交底或图纸会审会议纪要。
(5) 招投标的标底、承包合同、工程结算资料。
(6) 施工记录或施工签证单及其他施工发生的费用记录。
(7) 竣工图及各种竣工验收资料。
(8) 历年基建资料、财务决算及批复文件。
(9) 设备、材料等调价文件和调价记录。
(10) 有关财务核算制度、办法和其他有关资料、文件等。

**2. 竣工决算的编制步骤**

(1) 收集、整理和分析有关原始资料。

在编制竣工决算之前，系统地整理所有的技术资料、工料结算的经济文件、施工图纸和各种变更与签证资料。在收集整理原始资料中，特别注意建设工程从筹建到竣工投产或使用的全部费用的各项账物、债权和债务的清理，做到账与物相符，账与账相符，对结余的各种材料、工器具和设备要逐项清点核实，妥善管理，并按规定及时处理，收回资金。

(2) 重新核实各单位工程、单项工程造价。

将竣工资料与原设计图纸进行核对、核实，必要时可实地测量，确认实际变更情况；根据经审定的施工单位竣工决算等原始资料，按照有关规定对原概(预)算进行增减调整，重新核定工程造价。

(3) 经审定的待摊投资、设备工器具投资、建筑安装工程投资、工程建设其他投资严格划分核实后，分别计入相应的建设成本栏目内。

(4) 编制竣工财务决算说明书。

(5) 填报竣工财务决算报表。

(6) 做好工程造价对比分析。

(7) 清理装订好竣工图。

(8) 按国家规定上报、审批、存档。

### 3. 竣工决算编制示例

【例 8-1】某大型建设项目 2016 年开工建设，2018 年年底有关财务核算资料如下。

(1) 已经完成部分单项工程，经验收合格后，已经交付使用的资产包括以下内容。

① 固定资产价值为 75540 万元。

② 为生产准备的使用期限在一年以内的备品备件、工具、器具等流动资产价值为 30000 万元，期限在一年以上，单位价值在 1500 元以上的工具 60 万元。

③ 建造期间购置的专利权、非专利技术等无形资产 2000 万元，摊销期 5 年。

(2) 基本建设支出的未完成项目包括以下内容。

① 建筑安装工程支出 16000 万元。

② 设备工器具投资 44000 万元。

③ 建设单位管理费、勘察设计费等待摊投资 2400 万元。

④ 通过出让方式购置的土地使用权形成的其他投资 110 万元。

(3) 非经营性项目发生待核销基建支出 50 万元。

(4) 应收生产单位投资借款 1400 万元。

(5) 购置需要安装的器材 50 万元，其中待处理器材 16 万元。

(6) 货币资金 470 万元。

(7) 预付工程款及应收有偿调出器材款 18 万元。

(8) 建设单位自用的固定资产原值 60550 万元，累计折旧 10022 万元。

反映在"资金平衡表"上的各类资金来源的期末余额如下。

① 预算拨款 52000 万元。

② 自筹资金拨款 58000 万元。

③ 其他拨款 440 万元。

④ 建设单位向商业银行借入的借款 110000 万元。

⑤ 建设单位当年完成交付生产单位使用的资产价值中，200 万元属于利用投资借款形

成的待冲基建支出。

⑥ 应付器材销售商 40 万元货款和尚未支付的应付工程款 1916 万元。

⑦ 未交税金 30 万元。

根据上述有关资料编制该项目竣工财务决算表。

**解：** 经分析计算，该建设项目竣工财务决算表如表 8-6 所示。

表 8-6　某建设项目竣工财务决算表

| 资金来源 | 金额/万元 | 资金占用 | 金额/万元 |
| --- | --- | --- | --- |
| 一、基建拨款 | 110520 | 一、基本建设支出 | 170160 |
| 1. 预算拨款 | 52000 | 1. 交付使用资产 | 107600 |
| 2. 基建基金拨款 | | 2. 在建工程 | 62510 |
| 其中：国债专项资金拨款 | | 3. 待核销基建支出 | 50 |
| 3. 专项建设基金拨款 | | 4. 非经营性项目转出投资 | |
| 4. 进口设备转账拨款 | | 二、应收生产单位投资借款 | 1400 |
| 5. 器材转账拨款 | | 三、拨付所属投资借款 | |
| 6. 煤代油专用基金拨款 | | 四、器材 | 50 |
| 7. 自筹资金拨款 | 58000 | 其中：待处理器材损失 | 16 |
| 8. 其他拨款 | 440 | 五、货币资金 | 470 |
| 二、项目资产 | | 六、预付及应收款 | 18 |
| 1. 国家资本 | | 七、有价证券 | |
| 2. 法人资本 | | 八、固定资产 | 50528 |
| 3. 个人资本 | | 固定资产原价 | 60550 |
| 4. 外商资本 | | 减：累计折旧 | 10022 |
| 三、项目资本公积 | | 固定资产净值 | 50528 |
| 四、基建借款 | 110000 | 固定资产清理 | |
| 其中：国债转贷 | | 待处理固定资产损失 | |
| 五、上级拨入投资借款 | | | |
| 六、企业债券资金 | | | |
| 七、待冲基建支出 | 200 | | |
| 八、应付款 | 1956 | | |
| 九、未交款 | 30 | | |
| 1. 未交税金 | 30 | | |
| 2. 其他未交款 | | | |
| 十、上级拨入资金 | | | |
| 十一、留成收入 | | | |
| 合计 | 222626 | 合计 | 222626 |

## 8.2 新增资产价值的确定

### 8.2.1 新增资产价值的分类

建设项目竣工投入运营后，所花费的总投资形成相应的资产。按照新的财务制度和企业会计准则，新增资产按资产性质可分为固定资产、流动资产、无形资产和其他资产四大类。

### 8.2.2 新增资产价值的确定方法

#### 1. 新增固定资产价值的确定

新增固定资产价值是建设项目竣工投产后所增加的固定资产的价值，它是以价值形态表示的固定资产投资最终成果的综合性指标。新增固定资产价值的内容包括：已投入生产或交付使用的建筑、安装工程造价；达到固定资产标准的设备、工器具的购置费用；增加固定资产价值的其他费用。

新增固定资产价值的计算是以独立发挥生产能力的单项工程为对象的。单项工程建成经有关部门验收鉴定合格，正式移交生产或使用，即应计算新增固定资产价值。

新增固定资产价值的确定原则：一次交付生产或使用的单项工程，应一次计算确定新增固定资产价值；分期分批交付生产或使用的单项工程，应分期分批计算确定新增固定资产价值。在计算时应注意以下几种情况。

(1) 对于为了提高产品质量、改善劳动条件、节约材料消耗、保护环境而建设的附属辅助工程，只要全部建成，正式验收交付使用后就要计入新增固定资产价值。

(2) 对于单项工程中不构成生产系统，但能独立发挥效益的非生产性项目，如住宅、食堂、医务所、托儿所、生活服务网点等，在建成并交付使用后，也要计算新增固定资产价值。

(3) 凡购置达到固定资产标准无须安装的设备、工器具，应在交付使用后计入新增固定资产价值。

(4) 属于新增固定资产价值的其他投资，应随受益工程交付使用的同时一并计入。

(5) 交付使用财产的成本，应按下列内容计算。

① 房屋、建筑物、管道、线路等固定资产的成本包括建筑工程成果和待分摊的待摊投资。

② 动力设备和生产设备等固定资产的成本包括需要安装设备的采购成本，安装工程成本，设备基础、支柱等建筑工程成本或砌筑锅炉及各种特殊炉的建筑工程成本，应分摊的待摊投资。

③ 运输设备及其他不需要安装的设备、工具、器具、家具等固定资产一般仅计算采购

成本，不计分摊的"待摊投资"。

(6) 共同费用的分摊方法。

新增固定资产的其他费用，如果是属于整个建设项目或两个以上单项工程的，在计算新增固定资产价值时，应在各单项工程中按比例分摊。一般情况下，建设单位管理费按建筑工程、安装工程、需安装设备价值总额等按比例分摊，而土地征用费、地质勘察和建筑工程设计费等费用则按建筑工程造价比例分摊，生产工艺流程系统设计费按安装工程造价比例分摊。

**【例 8-2】** 某工业建设项目及甲车间的建筑工程费、安装工程费、需要安装设备费、建设单位管理费、土地征用费以及勘察设计费如表 8-7 所示。计算新增固定资产价值。

表 8-7 工程建设费用

单位：万元

| 项 目 | 建筑工程费 | 安装工程费 | 需安装设备费 | 建设单位管理费 | 土地征用费 | 勘察设计费 |
|---|---|---|---|---|---|---|
| 甲车间竣工决算 | 500 | 150 | 300 | | | |
| 项目竣工决算 | 1500 | 800 | 1000 | 60 | 120 | 40 |

**解：** 甲车间分摊建设单位管理费=60×(500+150+300)/(1500+800+1000)=17.27(万元)

甲车间分摊土地征用费=120×(500/1500)=40(万元)

甲车间分摊勘察设计费=40×(500/1500)=13.33(万元)

甲车间新增固定资产价值=(500+150+300)+(17.27+40+13.33)=1020.6(万元)

**2. 新增无形资产价值的计算**

(1) 专利权的计价。专利权分为自创和外购两类。自创专利权的价值为开发过程中的实际支出，主要包括专利的研制成本和交易成本。由于专利权是具有独占性并能带来超额利润的生产要素，因此，专利权转让价格不按成本估价，而是按照其所能带来的超额收益计价。

(2) 如果非专利技术是自创的，一般不作为无形资产入账，自创过程中发生的费用，按当期费用处理。对于外购非专利技术，应由法定评估机构确认后再进行估价，其方法往往通过能产生的收益采用收益法进行估价。

(3) 商标权的计价。如果商标权是自创的，一般不作为无形资产入账，而将商标设计、制作、注册、广告宣传等发生的费用直接作为销售费用计入当期损益。只有当企业购入或转让商标时，才需要对商标权计价。商标权的计价一般根据被许可方新增的收益确定。

(4) 当建设单位向土地管理部门申请土地使用权并为之支付一笔出让金时，土地使用权作为无形资产核算；当建设单位获得土地使用权是通过行政划拨的，这时土地使用权就不能作为无形资产核算；在将土地使用权有偿转让、出租、抵押、作价入股和投资，按规定补交土地出让价款时，才作为无形资产核算。

### 3. 新增流动资产价值的计算

流动资产是指可以在一年内或者超过一年的一个营业周期内变现或者运用的资产，包括现金及各种存款以及其他货币性资金、短期投资、存货、应收及预付款项以及其他流动资产等。

(1) 货币性资金。货币性资金是指现金、各种银行存款及其他货币资金，其中现金是指企业的库存现金，包括企业内部各部门用于周转使用的备用金；各种存款是指企业的各种不同类型的银行存款；其他货币资金是指除现金和银行存款以外的其他货币资金，根据实际入账价值核定。

(2) 应收及预付款项。应收账款是指企业因销售商品、提供劳务等应向购货单位或受益单位收取的款项；预付款项是指企业按照购货合同预付给供货单位的购货定金或部分货款。应收及预付款项包括应收票据、应收款项、其他应收款、预付货款和待摊费用。一般情况下，应收及预付款项按企业销售商品、产品或提供劳务时的实际成交金额入账核算。

(3) 短期投资包括股票、债券、基金。股票和债券根据是否可以上市流通分别采用市场法和收益法确定其价值。

(4) 存货。存货是指企业的库存材料、在产品、产成品等。各种存货应当按照取得时的实际成本计价。存货的形成，主要有外购和自制两个途径。外购的存货，按照买价加运输费、装卸费、保险费、途中合理损耗、入库前加工整理及挑选费用，以及缴纳的税金等计价；自制的存货，按照制造过程中的各项实际支出计价。

### 4. 新增其他资产价值的确定方法

其他资产是指除固定资产、无形资产、流动资产以外的资产。包括以下内容。

(1) 开办费的计价。

(2) 租入固定资产改良支出的计价。

【例 8-3】某建设项目企业自有资金 400 万元，向银行贷款 450 万元，其他单位投资 350 万元。建设期完成建筑工程 300 万元，安装工程 100 万元，需安装设备 90 万元，无须安装设备 60 万元，另发生建设单位管理费 20 万元，勘察设计费 105 万元，商标费 40 万元，非专利技术费 35 万元，生产培训费 4 万元，原材料费 45 万元。

问题：

(1) 确定建设项目竣工决算的组成内容。

(2) 新增资产按经济内容划分包括哪些部分？分别是什么？

**解**：(1) 竣工决算包括四部分内容：竣工决算报告说明书、竣工决算财务报表、竣工工程示意图、工程造价比较分析。

(2) 新增资产按经济内容划分为固定资产、无形资产、流动资产和其他资产。其中固定资产主要指已交付使用的建安工程、达到固定资产使用标准的设备和工器具、应分配计入固定资产成本的建设单位管理费、勘察设计费；无形资产主要指专利权、商标权、著作权、非专利技术；流动资产主要指货币性资金、各类应收及预付款项、存货；其他资产主要指除固定资产、无形资产、流动资产以外的资产。

**【例 8-4】** 某建设单位编制某工业生产项目的竣工决算。

该建设工程包括甲、乙两个主要生产车间和 A、B、C、D 这 4 个辅助生产车间，以及部分附属办公、生活建筑工程。在该建设项目的建设期内，以各单项工程为单位进行核算。

各单项工程竣工结算数据见表 8-8。

表 8-8 建设工程竣工结算统计表

单位：万元

| 项目名称 | 建筑工程投资 | 安装工程投资 | 需要安装设备 | 不需要安装设备 | 生产工具 |
| --- | --- | --- | --- | --- | --- |
| 甲生产车间 | 1500 | 450 | 1600 | 300 | 100 |
| 乙生产车间 | 1000 | 300 | 1200 | 210 | 80 |
| 辅助生产车间 | 1500 | 200 | 800 | 120 | 50 |
| 其他建筑物 | 500 | 50 |  | 20 |  |
| 小　计 | 4500 | 1000 | 3600 | 650 | 230 |

建设工程其他费用支出包括以下内容。

(1) 支付土地使用权出让金 650 万元。

(2) 支付土地征用费和拆迁补偿费 600 万元。

(3) 支付建设单位管理费 560 万元，其中 400 万元可以构成固定资产。

(4) 支付勘察设计费 280 万元。

(5) 支付商标权费 40 万元、专利权费 70 万元。

(6) 支付职工提前进厂费 20 万元、生产职工培训费 55 万元、生产线联合试运转费 30 万元，同时出售试生产期间生产的产品，获得收入 4 万元。

(7) 建设项目剩余钢材价值 20 万元，木材价值 15 万元。

根据以上资料回答以下问题。

(1) 什么是建设项目的竣工决算？建设项目的竣工决算由哪些内容构成？

(2) 建设项目的竣工决算由谁来编制？编制依据包括的内容有哪些？

(3) 建设项目的新增资产分别有哪些内容？确定甲生产车间的新增固定资产的价值。

(4) 确定该建设工程的无形资产、流动资产和其他资产的价值。

**解：** 上面的案例是在考核建设项目竣工决算的有关内容和对建设新增资产的确认，新增资产价值的核算。

(1) 建设项目的竣工决算，竣工决算的组成内容、编制单位、编制依据等知识点，已经在正文中进行了详细介绍(可参考作答)。

(2) 建设项目的新增资产，按其性质可分为固定资产、无形资产、流动资产和其他资产。

① 新增固定资产价值主要包括：已经投入生产或者交付使用的建筑安装工程价值；达到固定资产使用标准的设备、工具及器具的购置费用；预备费；增加固定资产价值的其他

费用；新增固定资产建设期间的融资费用。

同时还要注意应由固定资产价值分摊的费用：新增固定资产的其他费用属于两个以上单项工程的，在计算新增固定资产价值时应在各单项工程中按比例分摊。一般情况下，建设单位管理费按建筑工程、安装工程、需要安装设备价值占价值总额的一定比例分摊，而土地征用费、勘察设计费等费用则按建筑工程造价分摊。

② 新增无形资产主要包括专利权、非专利技术、商标权、土地使用权出让金等。

③ 新增流动资产价值是指未达到固定资产使用状态的工具、器具、货币资金、库存材料等项目。

④ 新增其他资产价值是指建设单位管理费中未计入固定资产的费用、职工提前进厂费和劳动培训费等费用支出。

(3) 计算。

① 确定甲车间新增固定资产价值。

分摊建设单位管理费=400×(1500+450+1600)/(4500+1000+3600)=156(万元)

分摊土地征用、土地补偿及勘察设计费=(600+280+30-4)×(1500/4500)=302(万元)

甲车间新增固定资产价值=(1500+450+1600+300)+156+302=4308(万元)

② 新增无形资产价值=650+40+70=760(万元)

③ 新增流动资产价值=230+20+15=265(万元)

④ 新增其他资产价值=160+20+55=235(万元)

## 8.3 保修费用的处理

### 8.3.1 概述

#### 1. 建设项目保修费用

保修费用是指对建设工程在保修期限和保修范围内所发生的维修、返工等各项费用的支出。

#### 2. 建设项目保修

建设项目保修是项目竣工验收交付使用后，在一定期限内由施工单位到建设单位或用户进行回访，对于工程发生的确实是由于施工单位施工责任造成的建筑物使用功能不良或无法使用的问题，由施工单位负责修理，直到达到正常使用的标准。

#### 3. 建设项目保修的意义

建设工程质量保修制度是国家所确定的重要法律制度，对促进承包方加强质量管理、保护用户及消费者的合法权益能够起到重要作用。

## 8.3.2 建设项目保修的期限

建设项目保修期限是指建设项目竣工验收交付使用后，由于建筑物使用功能不良或无法使用的问题，应由相关单位负责修理的期限规定。

建设项目保修的期限应当按照保证建筑物在合理寿命内正常使用，维护消费者合法权益的原则确定。

按照国务院颁布的《建设工程质量管理条例》(国务院第279号令)第四十条规定，建设项目在正常使用条件下，对建设工程的最低保修期限有以下规定。

(1) 基础设施工程、房屋建筑的地基基础工程和主体结构工程，为设计文件规定的该建设工程的合理使用年限。

(2) 屋面防水工程、有防水要求的卫生间、房间和外墙面的防渗漏，为5年。

(3) 供热与供冷系统，为两个采暖期、供冷期。

(4) 电气管线、给排水管道、设备安装和装修工程，为两年。

(5) 涉及其他项目的保修期限应由承包方与业主在合同中规定。

## 8.3.3 工程保修费用的处理

工程保修费用，一般按照"谁的责任，由谁负责"的原则处理，具体规定如下。

(1) 由于设计方面的原因造成的质量缺陷，由设计单位承担经济责任，费用按有关规定通过建设单位向设计单位索赔，不足部分由建设单位负责协同有关方解决。

(2) 使用不当造成的损坏问题，由使用单位自行负责。

(3) 承包单位原因，造成的质量缺陷，由承包单位负责返修并承担经济责任。

(4) 因建筑材料、构配件和设备质量不合格引起的质量缺陷，属于承包单位采购的或经其验收同意的，由承包单位承担经济责任；属于建设单位采购的，由建设单位承担经济责任。

(5) 因不可抗力原因造成的损坏问题，由建设单位负责处理。

【例8-5】远方公司与某省第一建筑公司签订一项建设合同。该项目为生产用厂房以及部分职工宿舍、食堂的建设等。施工范围包括土建工程和水、电、通风等安装工程。合同总价款为5300万元，建设期为2年。按照合同约定，建设单位向施工单位支付备料款和进度款，并进行工程结算。第一年已经完成2500万元，第二年应完成2800万元。

合同规定如下。

(1) 业主应向承包商支付当年合同价款25%的工程预付款。

(2) 施工单位应按照合同要求完成建设项目，并收集保管重要资料，工程交付使用后作为建设单位编制竣工决算的依据。

(3) 除设计变更和其他不可抗力因素外，合同价款不做调整。

(4) 施工过程中，施工单位根据施工要求购置合格的设备、工器具及建筑材料。

(5) 双方按照国务院颁布的《建设工程质量管理条件》(国务院第279号令)第四十条规

定，确定建设项目的保修期限。

项目经过两年建设按期完成，办理相应竣工结算手续后，交付远方公司。建设项目中两个生产用厂房、职工宿舍、食堂发生的费用如表 8-9 所示。

表 8-9　建设项目发生的费用

单位：万元

| 项目名称 | 建筑工程 | 安装工程 | 机械设备 | 生产工具 |
|---|---|---|---|---|
| 生产厂房 | 1900 | 300 | 320 | 40 |
| 职工宿舍 | 1100 | 180 |  | 20 |
| 职工食堂 | 900 | 150 | 120 | 30 |
| 合　　计 | 3900 | 630 | 440 | 90 |

其中生产工具未达到固定资产预计可使用状态。另外，建设单位支付土地征用补偿费用 450 万元，购买一项专利权 300 万元，商标权 25 万元。

问题：

(1) 建设单位第二年应向施工单位支付的工程预付款金额是多少？

(2) 如果施工单位在施工过程中，经工程师批准进行了工程变更，该项变更为一般性设计变更，与原施工图相比变动较小。建设单位编制竣工决算时，应如何处理竣工平面示意图？

(3) 建设单位编制竣工决算时，施工单位应该向其提供哪些资料？

(4) 如果该建设项目为小型建设项目，竣工财务决算报表中应该包括的内容有哪些？

(5) 建设项目的新增资产分别有哪些内容？

(6) 生产厂房的新增固定资产价值应该是多少？

(7) 建设项目的无形资产价值是多少？

(8) 如果该项目在正常使用一年半后出现排水管道排水不畅等故障，建设单位应该如何处理？

(9) 该项目所在地为沿海城市，在一次龙卷风袭击后发生厂房部分毁损，发生维修费用 40 万元，建设单位应该如何处理？

解：

(1) 第二年向施工单位支付工程预付款：2800×25%=700(万元)。

(2) 按照有关规定：在施工过程中，虽有一般性设计变更，但能将原施工图加以修改补充作为竣工图的，由施工单位负责在原施工图上注明修改的部分，并附以设计变更通知和施工说明，加盖"竣工图"标志后，作为竣工图。

(3) 施工单位向建设单位提交的资料包括所有的技术资料、工料结算的经济资料、施工图纸、施工记录和各种变更与签证资料等。

(4) 小型建设项目竣工财务决算报表的内容包括工程项目竣工财务决算审批表、小型项目竣工财务决算总表和工程项目交付使用资产明细表。

(5) 建设项目的新增资产包括新增固定资产和新增无形资产。

(6) 生产厂房新增固定资产的价值：

分摊土地补偿费=450×(1900/3900)=219.23(万元)

生产厂房的新增固定资产价值=1900+300+320+219.23=2739.23(万元)。

(7) 新增无形资产价值=450+300=750(万元)。

(8) 该故障属于建设工程的最低保修期限内，建设单位应该组织施工单位进行修理并查明故障出现的原因，由责任人支付保修费用。

(9) 由于不可抗力原因造成的质量问题和损失，所发生的维修、处理费用，应由建设单位自行承担经济责任。

# 本 章 小 结

本章从建设项目竣工决算和保修费用的处理两个方面给大家作了介绍。

建设项目竣工决算是建设项目实施过程中的最后一个环节，因此也是建设项目建设过程中进行工程造价控制的最后一个环节。工程竣工决算是建设项目经济效益的全面反映，是建设单位掌握建设项目实际造价的重要文件，也是建设单位核算新增固定资产、新增无形资产、新增流动资产和新增其他资产价值的主要依据资料。因此工程竣工决算应包括竣工财务决算说明书、竣工财务决算报表、竣工工程平面示意图和工程造价比较分析四部分内容，其中竣工财务决算说明书和竣工财务决算报表是竣工决算的核心部分。在编制竣工财务决算报表时，应该分别按照大、中型项目和小型项目的编制要求进行编写；在编制建设项目竣工决算时，应该按照编制依据、编制步骤进行编写，保证竣工决算的完整性和准确性；在确定建设项目新增资产价值时，应根据各类资产的确认原则确认其价值。

建设项目竣工交付使用后，施工单位还应定期对建设单位和建设项目的使用者进行回访，如果建设项目出现质量问题应及时进行维修和处理。建设项目保修的期限应当按照保证建筑物在合理寿命内正常使用，维护消费者合法权益的原则确定。建设项目保修费用，一般按照"谁的责任，由谁负责"的原则处理。

# 习 题

8-1 建设项目竣工决算的作用不包括(    )。

　　A. 全面反映竣工项目建设成果

　　B. 是竣工验收报告的重要组成部分

　　C. 是办理交付使用资产的依据

　　D. 是支付承包商工程款的依据

8-2 建设项目竣工决算的作用有(    )。

　　A. 是分析和检查设计概算的执行情况，考核投资效果的依据

　　B. 是工程造价对比分析的依据

C. 是能综合、全面地反映竣工项目建设成果及财务情况的总结性文件

D. 是办理交付使用资产的依据

E. 是施工组织、工程进度安排及竣工验收的依据

8-3 竣工决算的内容主要包括( )。

A. 竣工决算报告情况说明书

B. 竣工决算财务报告

C. 竣工财务决算报表

D. 工程竣工图

E. 工程造价比较分析

8-4 土地使用权的取得方式影响竣工决算新增资产的核定，下列土地使用权的作价应作为无形资产核算的有( )。

A. 通过支付土地出让金取得的土地使用权

B. 通过行政划拨取得的土地使用权

C. 通过有偿转让取得的出让土地使用权

D. 已补交土地出让价款，作价入股的土地使用权

E. 租借房屋的土地使用权

# 复习思考题

8-1 什么是竣工决算？什么是竣工结算？二者有什么区别？

8-2 竣工决算的内容包括哪些？应按什么程序编制？

8-3 简述新增资产的分类以及如何确定。

8-4 什么是工程建设保修？工程建设保修期限怎样规定？保修费用如何处理？

# 参 考 文 献

[1] 丰艳萍，邹坦．工程造价管理[M]．北京：机械工业出版社，2011．

[2] 吴贤国．建筑工程概预算[M]．北京：中国建筑工业出版社，2003．

[3] 马楠，张国兴，等．工程造价管理[M]．北京：中国机械工业出版社，2009．

[4] 全国造价工程师执业资格考试培训教材编审委员会．建筑工程计价[M]．北京：中国计划出版社，2019．

[5] 全国造价工程师执业资格考试培训教材编审委员会．工程造价案例分析[M]．北京：中国城市出版社，2019．

[6] 全国造价工程师执业资格考试培训教材编审委员会．工程造价管理[M]．北京：中国城市出版社，2019．

[7] 马楠．建筑工程预算与报价[M]．4版．北京：科学出版社，2011．

[8] 中国建设工程造价管理协会．建设项目工程结算编审规程[M]．北京：中国计划出版社，2007．

[9] 陈建国，高显义．工程计量与造价管理[M]．上海：同济大学出版社，2007．

[10] 严玲，尹贻林．工程计价实务[M]．北京：科学出版社，2010．

[11] 中国建筑业协会，清华大学，中国建筑工程总公司．工程项目管理与总承包[M]．北京：中国建筑工业出版社，2005．

[12] 黄如宝，等．建设项目投资控制原理、方法与信息系统[M]．上海：同济大学出版社，2000．

[13] 王楠，刘永前．建设工程造价控制与案例分析[M]．武汉：武汉理工大学出版社，2005．

[14] 中国建设工程造价管理协会．建设项目全寿命周期成本控制理论与方法[M]．北京：中国计划出版社，2007．

[15] 戚安邦，孙贤伟．建设项目全过程造价管理理论与方法[M]．天津：天津人民出版社，2004．

[16] 郭婧娟．工程造价管理[M]．北京：清华大学出版社，北京交通大学出版社，2005．

[17] 王伍仁．EPC工程总承包管理[M]．北京：中国建筑工业出版社，2010．

[18] 王有志，等．现代工程项目管理[M]．北京：中国水利水电出版社，2009．

[19] 张友全，陈起俊．工程造价管理[M]．北京：中国电力出版社，2012．

[20] 郑君君，杨学英．工程估价[M]．武汉：武汉大学出版社，2004．